普通高等教育"十三五"规划教材

大学计算机基础

主　编　罗良夫　李建锋
副主编　胡明星

任课教师可申请课件PPT

华中科技大学出版社
http://www.hustp.com
中国·武汉

内 容 提 要

本书主要讲解计算机文化基础、Windows 7、Word 2010、Excel 2010 和 PowerPoint 2010,以及计算机网络基础及应用、多媒体技术基础、信息安全、Access 2010 等,由九章组成。每章前都有内容提要,每章后都附有习题和实验项目。

本书层次清晰,系统地介绍了计算机的基础知识以及计算机科学的前沿知识,附有大量的例题和佐证资料图片,浅显易懂而又主题突出。

为满足教学的实际需要,本书有配套的《大学计算机基础实践教程》,对本书进行学习指导和实验指导。配套书的每章由本章主要内容、习题解答及实验指导等组成,以扩展读者信息量,全面地对学习内容进行辅导和指导。在华中科技大学出版社的网站上有本书的教学辅导资料,注册会员可以下载。

本书可作为大专院校各层次非计算机专业的教材,也兼顾到高职高专计算机信息技术专业的特点,因而本书也可以作为相应层次的成人教育、职业教育的教材,亦可为计算机知识学习者、爱好者和 IT 行业工程技术人员提供参考。

图书在版编目(CIP)数据

大学计算机基础/罗良夫,李建锋主编.—武汉:华中科技大学出版社,2019.1(2022.9 重印)
普通高等教育"十三五"规划教材
ISBN 978-7-5680-4988-7

Ⅰ.①大… Ⅱ.①罗… ②李… Ⅲ.①电子计算机-高等学校-教材 Ⅳ.①TP3

中国版本图书馆 CIP 数据核字(2019)第 009665 号

大学计算机基础 罗良夫 李建锋 主编
Daxue Jisuanji Jichu

策划编辑:	聂亚文
责任编辑:	史永霞
封面设计:	孢 子
责任监印:	朱 玢
出版发行:	华中科技大学出版社(中国·武汉) 电话:(027)81321913
	武汉市东湖新技术开发区华工科技园 邮编:430223
录 排:	华中科技大学惠友文印中心
印 刷:	武汉科源印刷设计有限公司
开 本:	787mm×1092mm 1/16
印 张:	18.25
字 数:	479 千字
版 次:	2022 年 9 月第 1 版第 5 次印刷
定 价:	45.00 元

本书若有印装质量问题,请向出版社营销中心调换
全国免费服务热线:400-6679-118 竭诚为您服务
版权所有 侵权必究

前言

在科学技术突飞猛进的今天,为国家培养一大批掌握和应用现代信息技术和网络技术的人才,在全球信息化的发展中占据主动地位,这不仅是经济和社会发展的需要,也是计算机和信息技术教育者的历史责任。应该看到,计算机科学与技术是一门发展迅速、更新非常快的学科!作为一本大学计算机基础的教材,本书紧跟时代发展,从培养学生计算机应用能力的目标出发,使学生掌握计算机的基本概念和操作技能,了解计算机的基本应用,为学习计算机方面的后续课程和利用计算机的有关知识解决本专业及相关领域的问题打下良好的基础。

本书凝聚了众多长期从事计算机基础教学的高校教师们的心血。其内容是在不断更新、不断充实、不断完善的基础上形成的,体现了与时俱进的思想,力求做到内容新颖、知识全面、概念准确、通俗易懂、实用性强、适应面广。另外,我们也注意到了高职高专计算机信息技术教材的特点,故在编写中兼顾了这一方面的要求。

本书还配有实践教程一书,使得教学体系更加完备,有利于提高学生的实际动手能力。

全书由九章组成,包括计算机文化基础知识、Windows 7、Word 2010、Excel 2010 和 PowerPoint 2010,以及计算机网络基础及应用、多媒体技术基础、信息安全和 Access 2010。每章前有内容提要,每章后附有习题。在本书的配套学习辅导教材《大学计算机基础实践教程》中对各章内容进行了学习辅导、习题解答和实验指导。

本书的主编是武汉传媒学院的罗良夫,桂林理工大学南宁分校的李建锋,副主编是武汉传媒学院的胡明星。教材编写的具体分工是:罗良夫统稿和定稿,并编写第 1、2、9 章;李建锋编写第 3、4、5 章;胡明星编写第 6、7、8 章。

本书可作为大专院校非计算机专业的教材用书,特别适合做高校经济、管理、法律、文学、艺术、外语、体育、农学等专业本科生的相应课程教材,也适合做独立学院、高职高专和成人教育方面关于计算机信息技术课程的教材,对从事计算机教学的教师也是一本极好的参考书。

由于作者水平有限,时间也很仓促,存在错误、不足和疏漏之处亦在所难免。在此衷心希望采用本书做教材的教师、学生和读者们提出宝贵的意见和建议;竭诚希望得到计算机教育界、计算机基础课程方面同仁的批评指正;祈望专家们能够不吝赐教!

最后,我们还要由衷地感谢那些支持和帮助我们的所有朋友们!谢谢你们使用和关心本书,并预祝你们教学或学习成功!

编　者

目 录

第1章 计算机基础知识 ……………………………………………………… (1)
  1.1 计算机概述 …………………………………………………………… (1)
  1.2 计算机中数据的表示 ………………………………………………… (8)
  1.3 计算机系统组成 ……………………………………………………… (15)
  习题1 ……………………………………………………………………… (23)
  实验项目1 ………………………………………………………………… (25)

第2章 Windows 7 …………………………………………………………… (26)
  2.1 操作系统概述 ………………………………………………………… (26)
  2.2 Windows 7 基本知识 ………………………………………………… (27)
  2.3 文件管理 ……………………………………………………………… (38)
  2.4 Windows 7 的常用附件 ……………………………………………… (48)
  2.5 计算机个性设置 ……………………………………………………… (58)
  2.6 系统设置与管理 ……………………………………………………… (60)
  2.7 系统工具 ……………………………………………………………… (63)
  习题2 ……………………………………………………………………… (68)
  实验项目2 ………………………………………………………………… (69)

第3章 Word 2010 …………………………………………………………… (70)
  3.1 概述 …………………………………………………………………… (70)
  3.2 文本输入和编辑 ……………………………………………………… (74)
  3.3 格式编排 ……………………………………………………………… (78)
  3.4 表格 …………………………………………………………………… (83)
  3.5 图形与图文混排 ……………………………………………………… (86)
  3.6 样式、模板和目录 …………………………………………………… (91)
  习题3 ……………………………………………………………………… (94)
  实验项目3 ………………………………………………………………… (96)

第4章 Excel 2010 …………………………………………………………… (97)
  4.1 Excel 2010 基本知识 ………………………………………………… (97)
  4.2 工作簿和工作表操作 ………………………………………………… (103)
  4.3 数据输入和编辑 ……………………………………………………… (121)
  4.4 公式及函数 …………………………………………………………… (129)
  4.5 数据处理 ……………………………………………………………… (133)
  4.6 图表 …………………………………………………………………… (143)
  习题4 ……………………………………………………………………… (152)

实验项目 4 ………………………………………………………………………… (153)

第 5 章　PowerPoint 2010 ………………………………………………………… (154)
5.1　预备知识 …………………………………………………………………… (154)
5.2　基本操作 …………………………………………………………………… (157)
5.3　幻灯片操作 ………………………………………………………………… (160)
5.4　演示文稿制作 ……………………………………………………………… (161)
习题 5 ……………………………………………………………………………… (187)
实验项目 5 ………………………………………………………………………… (189)

第 6 章　计算机网络基础及应用 ………………………………………………… (190)
6.1　计算机网络基础 …………………………………………………………… (190)
6.2　局域网及组网技术 ………………………………………………………… (197)
6.3　Internet 知识与应用 ……………………………………………………… (199)
6.4　基于 Windows 7 的网络配置及 PING 测试 …………………………… (211)
习题 6 ……………………………………………………………………………… (217)
实验项目 6 ………………………………………………………………………… (218)

第 7 章　多媒体技术基础 ………………………………………………………… (219)
7.1　多媒体技术概念 …………………………………………………………… (219)
7.2　多媒体计算机系统 ………………………………………………………… (220)
7.3　Photoshop CS4 …………………………………………………………… (226)
7.4　会声会影 X3 ……………………………………………………………… (237)
习题 7 ……………………………………………………………………………… (242)
实验项目 7 ………………………………………………………………………… (243)

第 8 章　信息安全 ………………………………………………………………… (244)
8.1　信息安全概论 ……………………………………………………………… (244)
8.2　信息安全技术 ……………………………………………………………… (247)
8.3　计算机病毒 ………………………………………………………………… (250)
8.4　道德与行为规范 …………………………………………………………… (253)
8.5　正确使用计算机 …………………………………………………………… (255)
8.6　法规 ………………………………………………………………………… (255)

第 9 章　Access 2010 …………………………………………………………… (259)
9.1　Access 2010 概述 ………………………………………………………… (259)
9.2　Access 2010 数据库 ……………………………………………………… (263)
9.3　Access 2010 数据表 ……………………………………………………… (267)
习题 9 ……………………………………………………………………………… (283)

附录　ASCII 码表 …………………………………………………………………… (285)
参考文献 ……………………………………………………………………………… (286)

第1章 计算机基础知识

【内容提要】

从1946年第一台电子数字积分计算机ENIAC诞生起,至今已有近70年的历史,经历了四代。本章介绍计算机的产生与发展、分类及应用,计算机的数制和计算机内部数据的表示方法,计算机系统,微型计算机配置,操作系统等计算机基础知识。

1.1 计算机概述

现代的计算机已应用到经济建设、社会发展、科技进步和人类生活的各个方面。

1.1.1 计算机发展历程及趋势

计算机最初只是作为一种计算工具出现的。现代计算机始于1946年,但计算工具的历史却要漫长得多。

1. 计算机的定义

现在人们所说的计算机指通用电子数字计算机或称现代计算机,由电子器件构成,处理的是数字信息,英文名称为computer,在学术性较强的文献中翻译成计算机,在科普性读物中翻译成电脑。计算机有两个突出的特点,即数字化和通用性。数字化是指计算机在处理信息时完全采用数字方式,其他非数字形式的信息,如文字、声音、图形、图像等,都要转换成数字形式后再由计算机处理;通用性的含义是采用内存程序控制原理的计算机能够处理一切具有"可解算法"的问题。

2. 计算机的诞生

现代的计算机已应用到经济建设、社会发展、科技进步和人类生活的各个方面,但计算机最初只是作为一种计算工具出现的。现代计算机始于1946年,但计算工具的历史却要漫长得多。

人类与大自然的奋争中,逐步创造和发展了计算工具,经历了漫长的历史过程。公元600多年前中国人创造了算盘,17世纪的1620年欧洲出现计算尺,1642出现机械式计算器,1887年制成第一台机械的手摇式计算机,如图1-1所示。

世界上第一台电子计算机,于1946年2月在美国宾夕法尼亚大学诞生,取名为ENIAC(埃尼阿克,Electronic Numerical Integrator and Calculator,电子数字积分计算机),这台计算机长30.48米,宽1米,有30个操作台,占地面积达170平方米,重达30吨,耗电量150千瓦。它包含了18 000多个电子管、70 000多个电阻器、10 000多个电容器、1500多个继电器和6000多个开关,每秒执行5000次加法运算或500次乘法运算,这比当时最快的继电器计算机的运算速度要快1000多倍,是手工计算的20万倍。这是一台真正现代意义上的计算

图 1-1　计算尺、计算器和手摇式计算机

机,如图 1-2 所示。

图 1-2　电子计算机 ENIAC

3. 计算机的发展历程

电子计算机的发展阶段通常以构成计算机的电子器件来划分,至今已经历了电子管、晶体管、集成电路和超大规模集成电路 4 个时代。

第一代计算机(1946—1957)是电子管计算机时代,如图 1-3 所示。在此期间,计算机采用电子管作为物理器件,以磁鼓、小磁芯作为存储器,存储空间有限,输入输出用读卡机和纸带机,主要用于机器语言编写程序进行科学计算,运算速度一般为每秒 1 000 次到 10 000 次运算。这一阶段计算机的特点是体积庞大、耗能多,操作指令是为特定任务而编制的,每种机器有各自不同的机器语言,功能受到限制,稳定性差、维护困难。

第二代计算机(1958—1964)是晶体管计算机时代,如图 1-4 所示。此时,计算机采用晶体管作为主要元件,体积、重量、能耗大大缩小,可靠性增强。计算机的速度已提高到每秒几万次到几十万次运算,普遍采用磁芯作为内存储器,磁盘、磁带作为外存储器,存储容量大大提高,提出了操作系统的概念,开始出现了汇编语言,产生了如 FORTRAN 和 COBOL 等高级程序设计语言和批处理系统。计算机的应用领域扩大,除科学计算外,还用于数据处理和

图 1-3　电子管和电子管计算机

实时过程控制等。

图 1-4　晶体管和晶体管计算机

第三代计算机(1965—1971)是中小规模集成电路计算机时代,如图 1-5 所示。20 世纪 60 年代中期,随着半导体工艺的发展,已制造出了集成电路元件。集成电路(integrated circuit,简称 IC,产生于 1958 年)是一种微型电子器件,如图 1-5 所示,它的产生揭开了人类 20 世纪电子革命的序幕,同时宣告了数字信息时代的来临。集成电路的发明者是美国工程师杰克·基尔比(Jack Kilby,1923—2005),如图 1-6 所示。他在 2000 年获得了诺贝尔物理学奖,这是一个迟来了 42 年的诺贝尔物理学奖。这份殊荣,因为得奖时间相隔越久,也就越突显他的成就。迄今为止,人类的计算机、手机、电视、照相机、DVD 及所有的电子产品内的核心部件都是"集成电路",都源于杰克·基尔比的发明。

图 1-5　集成电路　　　　　　　　　　图 1-6　杰克·基尔比

第四代计算机(1972 年至今)是大规模集成电路和超大规模集成电路计算机时代。第四代计算机是以大规模和超大规模集成电路作为物理器件的,如图 1-7 所示,体积与第三代相比进一步缩小,可靠性更好,寿命更长。计算速度加快,每秒几千万次到几千亿次运算。软件配置丰富,软件系统工程化、理论化,程序设计实现部分自动化。微型计算机大量进入家庭,产品的更新速度加快。计算机在办公自动化、数据库管理、图像处理、语言识别等社会生活的各个领域大显身手,计算机的发展进入了以计算机网络为特征的时代。

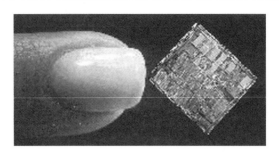

图 1-7　大规模和超大规模集成电路

4. 新一代计算机

新一代计算机正处在设想和研制阶段。新一代计算机是把信息采集、存储处理、通信和人工智能结合在一起的计算机系统。也就是说,新一代计算机由以处理数据信息为主,转向以处理知识信息为主,如获取、表达、存储及应用知识等,并有推理、联想和学习(如理解能力、适应能力、思维能力等)等人工智能方面的能力,能帮助人类开拓未知的领域和获取新的知识。

1.1.2　计算机的分类

按计算机的规模和性能划分,计算机可以分为巨型机、大型机、小型机、服务器、工作站和微型机,这也是比较常见的一种分类方法。

1) 巨型机

巨型机即巨型计算机,也称为超级计算机,是体积很大、速度极快、功能极强、存储量巨大、结构复杂、价格昂贵的一类计算机。巨型机主要用于国防、航天、生物、气象、核能等高级科学研究机构,如图 1-8 所示。

图 1-8　亿次巨型计算机(银河)

2) 大型机

大型机即大型计算机,其规模次于巨型机,也有较高的运算速度和较大的存储容量,有比较完善的指令系统和丰富的外部设备。大型机主要用于大型计算中心、金融业务、大型企业等,如图 1-9 所示。

图 1-9　大型计算机

3）小型机

小型机即小型计算机，是介于微型机和大型机之间的一种计算机。计算机发展的早期主要是研制大型机，大型机性能高、计算能力强，但成本也高，限制了其应用范围的拓展。小型机结构简单、价格便宜，有着很大的市场需求，适合于中小型单位使用，主要用于科学计算、数据处理和自动控制。20世纪70—80年代，小型机发展迅速。从20世纪90年代开始，随着微型机性能的不断提高，小型机市场受到很大冲击，一些原来使用小型机的单位纷纷转向高性能的微型机。图1-10所示为小型计算机。

图 1-10　小型计算机

4）服务器

服务器是一种可以被网络用户共享的高性能的计算机，一般都配置多个CPU，有较高的运行速度，同时具有大容量的存储设备和丰富的外部接口。

服务器用于存放各类网络资源并为网络用户提供不同的资源共享服务，常用的服务器有Web服务器、电子邮件服务器、域名服务器、文件传输服务器FTP等。图1-11所示为戴尔PowerEdge 6950服务器。

5）工作站

工作站可以看作是一种高档微型机，它通常配有大屏幕显示器、大容量的主存和图形加速卡，有较高的运算速度和较强的联网能力。工作站多用于计算机辅助设计和图像处理等领域。图1-12所示为某品牌图形工作站。

图 1-11 戴尔 PowerEdge 6950 服务器　　　图 1-12 某品牌图形工作站

6) 微型机

微型机也称为个人计算机(personal computer，简称 PC)，采用微处理器芯片、半导体存储器芯片和输入输出芯片等元件。其最大的特点就是体积小、功耗低、可靠性高、价格便宜、灵活性好，有利于普及和推广，是当今使用最为广泛的计算机类型。微型机还分台式机和便携机(笔记本式计算机)两类，如图 1-13 所示，后者体积小、重量轻，携带方便。目前，微型机已广泛应用于办公自动化、信息检索、家庭教育和娱乐等。而掌上电脑也很普及，如图 1-14 所示。

图 1-13 台式机和笔记本式计算机　　　图 1-14 掌上电脑

1.1.3　计算机应用

最初发明计算机是为了进行数值计算，但随着人类进入信息社会，计算机的功能已经远远超出了"计算的机器"这一狭义的概念。如今，计算机的应用已渗透到社会的各个领域，诸如科学与工程计算、信息处理、计算机辅助设计与制造、人工智能、电子商务等。

1. 科学计算

科学计算就是数值计算，是指科学研究和工程技术中数学问题的计算。计算机作为一种计算工具，科学计算是其最早的应用领域。在数学、物理、天文学、经济学等多个学科的研究中，在水利工程、桥梁设计、飞机制造、导弹发射、宇宙航行等大量工程技术领域，经常会遇到各种各样的科学计算问题，这些都是离不开计算机的。在这些问题中，有的计算量很大，要计算成千上万个未知数方程组，过去用一般的计算工具很难解决，或无法解决，严重阻碍了科学技术的发展。例如，1964 年美国原子能研究中有一项计划，要做 900 万道题的运算，需要 1500 名工程师计算一年，但当时使用了一台原始的计算机，仅用 150 小时就完成了。

2. 数据处理

数据处理也称为信息处理，主要是指计算机对数据资料的收集、存储、加工、分类、排序、检索和发布等工作。数据处理是计算机应用最广泛的领域，据统计，80% 以上的计算机主要用于数据处理，这类工作量大面宽，决定了计算机应用的主导方向。目前，数据处理已广泛地应用于办公自动化、企事业计算机辅助管理与决策、物资管理、报表统计、情报检索、图书管理、电影电视动画设计、会计电算化等各行各业。

3. 过程控制

过程控制也称实时控制,是利用计算机及时采集检测数据,按最优值迅速地对控制对象进行自动调节或自动控制。采用计算机进行过程控制,不仅可以大大提高控制的自动化水平,而且可以提高控制的及时性和准确性,从而改善劳动条件、提高产品质量及合格率。因此,计算机过程控制已在宇宙探索、国防建设和工业生产等方面得到广泛的应用。例如:火星探测器的飞行、落地及自动拍照,宇宙飞船的飞行与返回;交通运输方面的红绿灯控制、行车调度等。工业生产自动化方面的巡回检测、自动记录、自动启停、自动调控等,利用计算机控制机床、控制整个装配流水线,不仅可以实现精度要求高、形状复杂的零件加工自动化,而且可以使整个车间或工厂实现自动化。这些都是计算机过程控制的典型应用。

4. 计算机辅助技术

计算机帮助人们做的工作越来越多,出现了各种功能的计算机辅助系统。计算机辅助设计、计算机辅助制造、计算机辅助教学、计算机辅助测试等,在各行各业中发挥着越来越重要的作用,极大地减轻了从业人员的工作强度,提高了工作效率和学习效率。

1) 计算机辅助设计

计算机辅助设计(computer aided design,简称CAD)是利用计算机系统辅助设计人员进行工程或产品设计,以实现最佳设计效果的一种技术。

2) 计算机辅助制造

计算机辅助制造(computer aided manufacturing,简称CAM)是利用计算机系统进行生产设备的管理、控制和操作的过程。例如,在产品的制造过程中,利用计算机控制机器的运行,处理生产过程中所需的数据,控制和处理材料的流动以及对产品进行检测等。使用CAM技术可以提高产品质量,降低成本,缩短生产周期,提高生产率和改善劳动条件。

3) 计算机辅助教学

计算机辅助教学(computer aided instruction,简称CAI)是利用计算机系统使用课件来进行教学。它能引导学生循序渐进地学习,使学生轻松自如地从课件中学到所需要的知识。CAI的主要特色是交互教育、个别指导和因人施教。

5. 电子商务

电子商务打破了地域分离,缩短了信息流动的时间,降低了物流、资金流及信息流传输处理成本,是对传统贸易方式的一次重大变革,其特性可以归纳为高效性、方便性、集成性、可扩展性及协作性等。高效性是电子商务最基本的特性,即提供买卖双方进行交易的一种高效的服务方式、场所和机会。方便性是指客户在电子商务环境中可以在全球范围内寻找交易伙伴、选择商品,而不受时空限制。集成性是指电子商务系统能够协调新技术的开发、运用和原有技术设备的改造、利用,而且使事务处理具有整体性和统一性。可扩展性是指电子商务系统能随着网络用户的不断增加而随时扩展。协作性是指电子商务系统能将企业的供货方、购货方及有关的协作部门连接至企业的商务管理系统,并使之协调运作。

6. 电子政务

电子政务是指国家各级政府部门综合运用现代信息网络和数字技术,实现公务、政务、商务、事务的一体化管理与运行。利用网络资源,政府可跨越各部门,超越空间和时间,进行业务流程再造和协同办公,实现信息资源共享和信息最大化公开,为民众提供完整而便利的服务。1993年美国总统克林顿和副总统戈尔首倡"电子政务"(E-Government),后来广为各国政府采纳。

7. 人工智能

人工智能(artificial intelligence)是用计算机模拟人类的一部分智能活动,诸如感知、判断、理解、学习、问题求解和图像识别等。它涉及计算机科学、控制论、信息论、仿生学、神经学、生理学、心理学等学科。

1.2 计算机中数据的表示

计算机在做信息处理时,要对人类能识别的文字、数字、图形、符号等各种信息进行抽象后,形成计算机能识别和处理的信息,即编码。计算机所使用的信息编码可以分为数字、字符、图形图像和声音等几种主要的类型。

1.2.1 数制的概念

1. 数制

数制即进位计数制,是指按一定的规律计数的方法,即采用一组计数符号(称为数符或数码)的组合来表示任意一个数的方法。在我们生活当中,人们习惯于十进制计数,但是在实际运用中,其他的计数制也用得比较多,例如两只鞋等于一双鞋(二进制),一分钟等于六十秒(60进制),一年等于三百六十五天(365进制),等等。

数位、基数和位权是组成进位计数制的三个要素。数位是指数码在一个数中所处的位置。基数也被称为基本特征数,是指在某种特定的进位计数制中,每一个数位上能使用的数码的最大个数,不仅如此,基数还表明了进位计数制的进位规则。例如十进制的基数是十,即每一数位上能使用的数码的最大个数是十个,即0,1,2,…,9,十进制的进位规则是逢十进一。二进制的基数是二,即每一数位上能使用的数码的最大个数是两个(0和1),二进制的进位规则是逢二进一。以此类推,那么M进制的基数为M,进位规则是逢M进一。数的十进制、二进制、八进制和十六进制表示对照表如表1-1所示。

在一个数中,某一数位上的"1"所表示的数值的大小称为该位的位权。例如,十进制第三位的位权为100,二进制第二位的位权为2,第三位的位权为4。一般来说,对于M进制数,整数部分第X位的位权为M^{X-1},而小数部分第Y位的位权为M^{-Y}。

表1-1 数的十进制、二进制、八进制和十六进制表示对照表

十进制	二进制	八进制	十六进制	十进制	二进制	八进制	十六进制
0	0	0	0	9	1001	11	9
1	1	1	1	10	1010	12	A
2	10	2	2	11	1011	13	B
3	11	3	3	12	1100	14	C
4	100	4	4	13	1101	15	D
5	101	5	5	14	1110	16	E
6	110	6	6	15	1111	17	F
7	111	7	7	16	10000	20	10
8	1000	10	8	17	10001	21	11

在掌握了位权的概念之后，我们可将任何一个十进制数按它的位权进行展开：
$$(P)_{10}=d_{n-1}*10^{n-1}+\cdots+d_1*10^1+d_0*10^0+d_{-1}*10^{-1}+\cdots+d_{-m}*10^{-m}$$
例如一个十进制数 367.89，按位权展开后表示如下：
$$(367.89)_{10}=3*10^2+6*10^1+7*10^0+8*10^{-1}+9*10^{-2}$$
同理，对于 M 进制数 P，其位权展开式应为：
$$(P)_M=d_{n-1}*M^{n-1}+\cdots+d_1*M^1+d_0*M^0+d_{-1}*M^{-1}+\cdots+d_{-m}*M^{-m}$$
式中：$d_i(i=n-1,\cdots,-m)$ 表示 P 的各位数字，n 表示 P 所包含的整数的位数，m 表示 P 所包含的小数。

2. 二进制数据表示

二进制是计算技术中广泛采用的一种进位计数制。二进制数是用 0 和 1 两个数码来表示的数。它的基数为 2，进位规则是"逢二进一"，借位规则是"借一当二"。前面已提到过，任意 M 进制数都可以按其位权进行展开，那么二进制数也是如此，例如，一个二进制数 110.01 按位权展开后应该为 $1*2^2+1*2^1+0*2^0+0*2^{-1}+1*2^{-2}$，进而可以算出对应的十进制数为 6.25。

二进制数的运算很简单，其四则运算规则如下。

加法：$0+0=0,0+1=1,1+0=1,1+1=10$（进位）

减法：$0-0=0,1-0=1,1-1=0,0-1=1$（借位）

乘法：$0\times0=0,0\times1=0,1\times0=0,1\times1=1$

除法：$0\div1=0,1\div1=1$

计算机中数据单位有位、字节和字。二进制的一位是计算机中存储数据的最小单位，简称 bit，一个"0"或一个"1"都算一位。字节是计算机中存储数据的基本单位，简称 Byte，8 位组成一个字节，即 1Byte＝8 bit。在学习字的概念之前，首先要了解字长的概念，计算机内一次能表示的二进制的位数叫字长，那么具有这一长度的二进制数我们可以称之为字。字长通常都是字节的整数倍，如 8 位、16 位、32 位、64 位。

1.2.2 不同进制数间的转换

由于计算机内部的数据都是以二进制形式存储的，而人们习惯于用十进制计数，故有必要将十进制数转换成二进制数。但是二进制数的数位太长，不方便阅读和书写，故经常会选择八进制或十六进制作为二进制的缩写方式，所以研究各种进制数之间的转换方法是必要的。

1. 任意进制数转换为十进制数

根据数按位权的展开式可以得到，M 进制数转换为十进制数，只用将 M 进制中的各位在十进制中按位权进行一一展开，然后相加就能得出对应的十进制数。

如二进制数转换成十进制数，将二进制数按位权展开求和即可。

【例 1-1】 填空：$(10001100.101)_2=(\underline{\quad})_{10}$。

$$(10001100.101)_2=1\times2^7+0\times2^6+0\times2^5+0\times2^4+1\times2^3+1\times2^2+0$$
$$\times2^1+0\times2^0+1\times2^{-1}+0\times2^{-2}+1\times2^{-3}$$
$$=128+0+0+0+8+4+0+0+0.5+0+0.125=140.625$$

所以 $(10001100.101)_2=(140.625)_{10}$

2. 十进制数转换为任意进制数

将十进制数转换为任意 M 进制数时，要从整数部分和小数部分分别进行转换。

1）整数部分的转换

方法："除 M 取余法"。假设 P 为十进制数的整数部分，那么它对应的 M 进制数的并列表达式应该是 $(d_{n-1}d_{n-2}d_{n-3}\cdots d_1 d_0)_m$，该数对应的十进制的位权展开式为 $d_{n-1}*M^{n-1}+\cdots+d_1*M^1+d_0*M^0$，即

$$(P)_{10}=(d_{n-1}d_{n-2}d_{n-3}\cdots d_1 d_0)_m=d_{n-1}*M^{n-1}+\cdots+d_1*M^1+d_0*M^0$$

观察位权展开式可得，P 除以 M，余数为 d_0，商为 $d_{n-1}*M^{n-2}+\cdots+d_1*M^0$，同理将商再除以 M，可以得到余数 d_1，依此类推，可以得到所有整数部分的各位数值，最后将求得的余数以先后次序从高位向低位排列，即可求得转换后的任意 M 进制数。

例如，把一个十进制整数转换为二进制整数的方法如下：

把被转换的十进制整数反复地除以 2，直到商为 0，所得的余数（从末位读起）就是该数的二进制表示。

简单地说，该方法就是"除 2 取余法"。

【例 1-2】 将十进制整数 123 转换为二进制整数。

```
2 | 1 2 3 … 1 (低位)
2 |   6 1 … 1
2 |   3 0 … 0
2 |   1 5 … 1
2 |     7 … 1
2 |     3 … 1
2 |     1 … 1 (高位)
          0 … 余数
```

所以 $(123)_{10}=(1111011)_2$

了解十进制整数转换成二进制整数的方法以后，那么，十进制整数转换成八进制整数或十六进制整数就可如此类推了。十进制整数转换成八进制整数的方法是"除 8 取余法"，十进制整数转换成十六进制整数的方法是"除 16 取余法"。

2）小数部分的转换

方法："乘 M 取整法"。假设 Q 为十进制数的小数部分，那么它对应的 M 进制数的并列表达式是 $(0.d_{-1}d_{-2}\cdots d_{-n})_m$，该数对应的十进制的位权展开式为 $d_{-1}*M^{-1}+\cdots+d_{-2}*M^{-2}+d_{-n}*M^{-n}$。观察位权展开式可得，若小数部分 Q 乘以 M，即可以得到 $d_{-1}+d_{-2}*M^{-1}+\cdots+d_{-n}*M^{-n+1}$，$d_{-1}$ 为所得的整数部分，剩下的小数部分可以再次乘以 M，可以得到整数部分为 d_{-2}，依此类推，可以得到其他小数部分的数值。将各位求得的整数部分以先后次序从高位到低位排列，可得转换后的 M 进制数。在转换过程中若遇到乘不尽的情况，需根据需要取近似值。

【例 1-3】 填空：$(0.625)_{10}=(\underline{\quad})_2$。

			0.625
			× 2
(高位)	第一位小数 → 1		250
	(十分位)		× 2
	(第二位小数) 0		500
	(百分位)		× 2
(低位)	第三位小数 1		000
	(千分位)		

所以 $(0.625)_{10} = (0.101)_2$

对于既有整数部分又有纯小数部分的十进制数,转换成 M 进制数时,则要分两部分,分别用除 M 取余法和乘 M 取整法来转换。

3. 二进制数与八进制数及十六进制数之间的转换

1)二进制数与八进制数的相互转换

由于三位的二进制数 000 到 111 这 8 个数,正好对应八进制数中的 0 到 7 这 8 个数字,所以 3 位二进制数对应 1 位八进制数。

二进制数转换为八进制数的方法:以二进制数的小数点为中心,整数部分从右向左每 3 位为一组,不足 3 位时左方用 0 补足,即可得出所对应的八进制数的整数部分;小数部分从左向右每 3 位为一组,不足 3 位时右方用 0 补足,即可得出所对应的八进制数的小数部分;最后将整数部分和小数部分合并即可。

【例 1-4】 将二进制数 11011.1011 转换为八进制数。

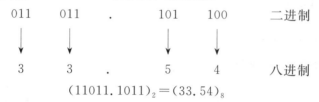

$(11011.1011)_2 = (33.54)_8$

八进制数转换为二进制数的方法:同样以八进制数的小数点为中心,每一位的八进制数用相应的 3 位二进制数代替,然后合并即可。

【例 1-5】 将八进制数 74.136 转换为二进制数。

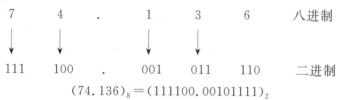

$(74.136)_8 = (111100.00101111)_2$

2)二进制数与十六进制数的相互转换

与二进制数、八进制数相互转换的规律类似,4 位二进制数 0000 到 1111 与十六进制数的 16 个基本符号 0 到 F 存在一一对应的关系。

二进制数转换为十六进制数的方法:以二进制数的小数点为中心,整数部分从右向左每 4 位为一组,不足 4 位时左方用 0 补足,即可得出所对应的十六进制数的整数部分;小数部分从左向右每 4 位为一组,不足 4 位时右方用 0 补足,即可得出所对应的十六进制数的小数部分;最后将整数部分和小数部分合并即可。

【例 1-6】 将二进制数 11010110101.0010011 转换为十六进制数。

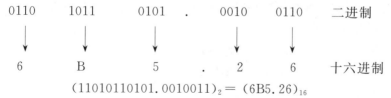

$(11010110101.0010011)_2 = (6B5.26)_{16}$

十六进制数转换为二进制数的方法:同样以十六进制数的小数点为中心,每一位的十六进制数用相应的 4 位二进制数代替,然后合并即可。

【例 1-7】 将十六进制数 3CF.14 转换为二进制数。

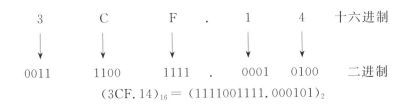

$(3CF.14)_{16} = (1111001111.000101)_2$

1.2.3 信息编码

信息编码(information coding)是为了方便信息的存储、检索和使用,在进行信息处理时赋予信息元素以代码的过程,即用不同的代码与各种信息中的基本单位组成部分建立一一对应的关系。信息编码必须标准、系统化,设计合理的编码系统是关系信息管理系统生命力的重要因素。

1. 信息存储的单位

计算机中的信息用二进制表示,常用的单位有位、字节和字。

1)位(bit)

计算机中最小的数据单位是二进制的一个数位,每个0或1就是一个位。它也是存储器存储信息的最小单位,通常用"b"来表示。

2)字节(Byte)

字节是计算机中表示存储容量的基本单位。一个字节由8位二进制数组成,通常用"B"表示。一个英文字符占一个字节,一个汉字占两个字节。

存储容量的计量单位有字节B、千字节KB、兆字节MB以及十亿字节GB等。它们之间的换算关系如下:

$$1 \text{ B} = 8 \text{ bit}$$
$$1 \text{ KB} = 2^{10} \text{ B} = 1024 \text{ B}$$
$$1 \text{ MB} = 2^{10} \text{ KB} = 1024 \text{ KB}$$
$$1 \text{ GB} = 2^{10} \text{ MB} = 1024 \text{ MB}$$

因为计算机用的是二进制,所以转换单位是2的10次方。

3)字(Word)

字是指在计算机中作为一个整体被存取、传送、处理的一组二进制数。一个字由若干个字节组成,每个字中所含的位数,是由CPU的类型所决定的,如64位微机的一个字是指64位二进制数。通常运算器是以字为单位进行运算的,而控制器是以字为单位进行接收和传递的。

2. 数值型数据的编码

在计算机中用到的数据主要分为两类:表示数量的数值数据和非数值型的符号数据。所有的数据、指令以及一些符号都是以二进制形式在计算机里处理和存储的。这里主要介绍数值数据在计算机里的表示方法。

原码和补码是表示带符号数的两种最常用的方法,在现代计算机中,数据都是用补码表示的,补码又是从原码的基础上发展而来的。

1)原码

用原码表示带符号数,首先要确定用以表示数据的二进制位数,一般是用8位或16位,把其中的最高位用来表示数据的正负符号,其他位表示该数据的绝对值。比如:用8位二进制表示+12就是00001100B,表示-12则是10001100B;用16位二进制表示+1024是

0000010000000000B,表示-1024则是1000010000000000B。

通常,整数 X 的原码指:其符号位的 0 或 1 表示 X 的正或负,其数值部分就是 X 绝对值的二进制表示。通常用$[X]_原$表示 X 的原码。

$$[X]_原 = 符号位 + |X|$$

如:对于 8 位二进制原码

$$[+17]_原 = 00010001,\ [-39]_原 = 10100111$$

注意:

① 由于$[+0]_原 = 00000000$,$[-0]_原 = 10000000$,所以数 0 的原码不唯一,有"正零"和"负零"之分;

② 对于八位二进制来说,原码可表示的范围为$+(127)_D \sim -(127)_D$。

原码表示法的特点是简便、直观,懂得数制转换的人可以很快计算出其表示的数在十进制中究竟是多少,它的缺点之一是 0 的表示有两种,即+0 和-0,这对计算机来说可不是好事。另一缺点是运算比较麻烦。比如两个原码表示的数据相加,首先需要判断两数的符号位,以决定到底是做加法还是做减法,然后用它们的绝对值进行计算;还需要判断计算结果的正负情况,最后在最高位上填上正确的符号。这种做法尽管在计算机上可以实现,但还有更好的方法。

2)反码

正数的反码与原码相同;负数的反码是把其原码除符号位外的各位取反。通常用$[X]_反$表示 X 的反码。

如:$[+45]_反 = [+45]_原 = 00101101$。

由于$[-32]_原 = 10100000$,所以$[-32]_反 = 11011111$。

3)补码

计算机中都采用补码表示法,因为用补码表示法以后,同一加法电路既可以用于有符号数相加,也可以用于无符号数相加,而且减法可用加法来代替,从而使运算逻辑大为简化,速度提高,成本降低。

补码是在原码的基础之上,为简化运算而发展出来的另一种表示带符号二进制数的方法。具体做法是:

①确定表示数据的二进制位数,通常是 8 位、16 位或 32 位;

②如果被表示的数据是非负的,则用其原码表示;

③如果被表示的数据是负数,则把该数的绝对值表示成二进制数,然后对每一位取反(即原位上是 0 就改写成 1,原位上是 1 则改写成 0),再把取反后的结果加 1。

这就是说:正数的补码与原码相同;负数的补码是在其反码的最低有效位上加 1。通常用$[X]_补$表示 X 的补码。

【例 1-8】 把 15 和-27 转换成 8 位补码表示,把 345 和-32768 转换成 16 位补码表示。

因为 15>0,所以直接用 8 位原码表示,即

$$15 = 00001111B = 0FH$$

因为-27<0,所以先把其绝对值 27 转换成 8 位二进制数,再取反加 1,即

-27 → 27 的 8 位二进制表示 00011011B

→ 各位取反,得 11100100B

→ 再加 1 得 11100101B=0E5H

因为 345>0,所以直接用 16 位原码表示,即
$$345=0000000101011001B=0159H$$
因为 $-32768<0$,所以先把其绝对值 32768 转换成 16 位二进制数,再取反加 1,即

-32768 → 　32768 的 16 位二进制表示 1000000000000000B

→ 　各位取反,得 0111111111111111B

→ 　再加 1,得 1000000000000000B=8000H

用补码表示二进制数的好处在于:两个带符号数进行加法或减法运算时,符号位直接参与运算,不需要判断符号,而计算结果的最高位仍然表示符号。现在的电子计算机中都使用补码表示带符号数。

3. 非数值型数据的编码

在非数值型数据中主要有以下几种编码类型。

1) ASCII 码

计算机是电器设备,计算机内部用二进制数,这就要求从外部输入给计算机的所有信息必须用二进制数表示,并且各种命令、字符等都需要转换为二进制数。这也牵涉到信息符号转换成二进制数所采用的编码问题,国际上统一用美国标准信息编码(ASCII,American standard code for information interchange)。

2) 汉字编码

计算机处理汉字信息的前提条件是对每个汉字进行编码,这些编码统称为汉字编码。汉字信息在系统内传送的过程就是汉字编码转换的过程。其中又有几种编码形式。

(1) 汉字输入码。

汉字输入码也称外码,通俗地说,就是解决键盘录入汉字的问题。

目前,汉字输入法主要有键盘输入、文字识别和语音识别。键盘输入法是当前汉字输入的主要方法。

(2) 汉字机内码。

汉字机内码又称汉字 ASCII 码、机内码,简称内码,是指计算机内部存储、处理加工和传输汉字时所用的由 0 和 1 符号组成的两个字节的代码。

(3) 汉字交换码。

要想用计算机来处理汉字,就必须先对汉字进行适当的编码。这就是汉字交换码。我国在 1981 年 5 月对 6000 多个常用的汉字制定了交换码的国家标准,即《GB 2312—1980》,又称为国标码。该标准规定了汉字交换用的基本汉字字符和一些图形字符,共计 7445 个,其中汉字有 6763 个。其中,一级汉字(常用字)3755 个,按汉字拼音字母顺序排列,二级汉字 3008 个,按部首笔画次序排列。该标准给定每个字符的二进制数编码,即国标交换码,简称国标码。

国标码是指中国根据国际标准制定的、用于不同的具有汉字处理功能的计算机系统间交换汉字信息时使用的代码。它用两个字节 ASCII 码联合起来表示一个汉字。两个字节的最高位都是"0"。这虽然使得汉字与英文字符能够完全兼容,但是当英文与汉字混合存储时,还是会产生冲突或混淆不清,所以实际上人们总是把双字节汉字国标码每一个字节的最高位都置 1 后再作为汉字的内码使用。

汉字扩展内码规范——GBK(K 是"扩展"的汉语拼音的第一个字母)。GBK 的目的是解决汉字收字不足、简繁同平面共存、简化代码体系间转换等汉字信息交换的瓶颈问题。GBK 与《GB 2312—1980》的内码体系标准完全兼容。在字汇一级支持《CJK 统一汉字编码

字符集》的全部 CJK 汉字。非汉字符号同时涵盖大部分常用的《BIG5》非汉字符号。

(4) 区位码。

区位码是将《GB 2312—1980》的全部字符集组成一个 94×94 的方阵,每一行称为一个"区"的编码方式。在这种编码中行的编号为 01~94,每一列称为一个"位",编号也为 01~94,这样得到《GB 2312—1980》标准中汉字的区位图。因采用区位图的位置来表示汉字编码,故称为区位码。

(5) 汉字字形码。

汉字字形码即汉字字库或汉字字模。

为了显示或打印输出汉字,必须提供汉字的字形码。汉字字形码是汉字字符形状的表示,一般可用点阵或矢量形式表示。系统提供的所有汉字字形码的集合组成了系统的汉字字形库,简称汉字库。

矢量形式由一组指令来描述字符的外形(轮廓)——轮廓字体。

点阵图形将汉字分解为若干个"点"来组成汉字的点阵字形方式。通用汉字点阵字模的点阵规格有:16×16,24×24,32×32,48×48,64×64。每个点在存储器中用一个二进制数存储,如一个 16×16 点阵汉字需要 32 个字节的存储空间。

图 1-15 所示是 16 点阵字库,存储一个汉字"示"的字形信息需要 16×16 个二进制位,共 2*16=32 字节。

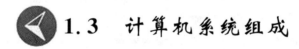

图 1-15　16 点阵汉字字模"示"及其编码

1.3　计算机系统组成

一个完整的计算机系统由硬件系统和软件系统两大部分组成。

1.3.1　基本组成

一个完整的计算机系统由硬件系统和软件系统两部分组成。硬件是有形的物理设备,看得见、摸得着,它可以是电子的、电磁的、机电的或光学的元件或装置,或者是由它们所组成的计算机部件。如计算机的机箱、键盘、主板、显示器等,从计算机的外观来看,硬件系统由主机、显示器、键盘和鼠标等几个部分组成。软件是指在计算机硬件上运行的各类程序和文档的总称,它可以提高计算机的工作效率,扩大计算机的功能。图 1-16 所示为计算机系统组成图。

1.3.2　工作原理

虽然现代计算机系统从性能指标、运算速度、工作方式、应用领域和价格等方面都与以前

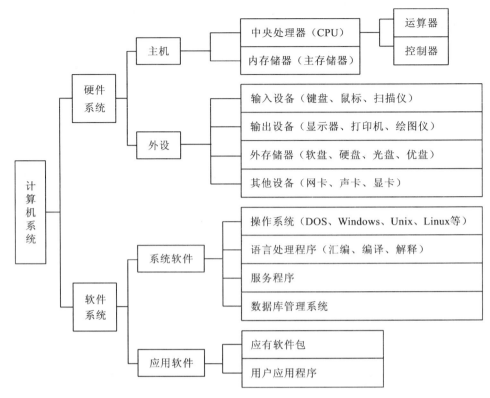

图 1-16　计算机系统组成图

的计算机有很大的差别,但其基本工作原理没有改变,仍然沿用的是冯·诺依曼的"存储程序控制"原理,也称冯·诺依曼原理。该原理奠定了现代电子计算机的基本组成与工作方式。

1946 年 6 月,冯·诺依曼提出了"存储程序控制"原理,其主要内容如下。

用二进制形式表示数据与指令。指令与数据都存放在存储器中,使计算机在工作时能够自动高速地从存储器中取出指令加以执行。程序中的指令通常是按一定顺序一条一条存放,计算机工作时,只要知道程序中第一条指令放在什么地方,就能一次取出每一条指令,然后按照指令规定的操作来执行相应的命令。

计算机系统由运算器、存储器、控制器、输入设备和输出设备 5 大基本部件组成,并规定了 5 大部件的功能。

"存储程序控制"原理的示意图如图 1-17 所示,也叫冯·诺依曼原理或冯·诺依曼结构。它奠定了现代电子计算机的基本结构、基本工作原理,开创了程序设计的时代。

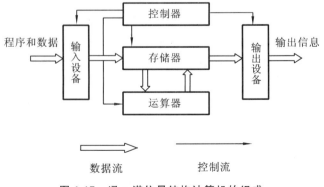

图 1-17　冯·诺依曼结构计算机的组成

1.3.3 硬件系统

微型计算机的硬件体系的基本结构如图 1-18 所示。

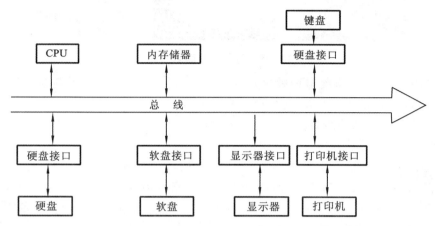

图 1-18　微型计算机的硬件体系的基本结构

1. 主板

微机系统的主板实际上是集成了各类总线的印刷电路板,并在主板上集成了一些重要的核心部件,如 CMOS、BIOS 及一些控制芯片组。微型计算机的主板是微型计算机中最关键的物理部件,在主板上一般有中央处理器、内存储器、扩展槽、控制芯片组以及专用集成电路(如 CMOS、ROM)等,如图 1-19 所示。

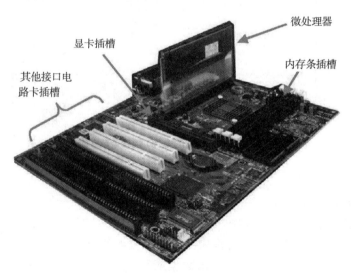

图 1-19　微型计算机主板

2. CPU

CPU(central processing unit)又称中央处理器,由运算器、控制器和寄存器组成,是计算机的核心,对计算机的整体性能有着决定性的影响。

微型计算机典型 CPU 的外观如图 1-20 所示。

计算机内部有一个时钟发生器不断地发出电脉冲信号,控制各个器件的工作节拍。系统每秒钟产生的时钟脉冲个数称为时钟频率,单位为赫兹(Hz)。主频对计算机指令的执行

图 1-20　微型计算机典型 CPU 的外观

速度有非常重要的影响,系统时钟频率越高,整个机器的工作速度也就越快。CPU 的主频就是指 CPU 能适应的时钟频率,或者就是该 CPU 的标准工作频率。

最初的 IBM-PC 机的时钟频率为 4.77 MHz(1 MHz 表示 100 万次/s),现在主流的 Pentium Ⅳ 的时钟频率大都在 1 GHz 以上,高的已经接近 4 GHz。

字长是 CPU 一次能存储、运算的二进制数据的位数。字长一般等于数据总线的宽度或 CPU 内部寄存器的位数,字长较大的计算机在一个指令周期内,比字长较小的计算机处理的数据会更多。单位时间内处理的数据越多,CPU 的性能就越好。目前主流的 Pentium 系列 CPU 都是 64 位的微机,其字长为 64 位。

3. 存储器

存储器是计算机存放程序和数据的物理设备,是计算机的信息存储和交流中心。现代计算机典型的存储系统如图 1-21 所示。

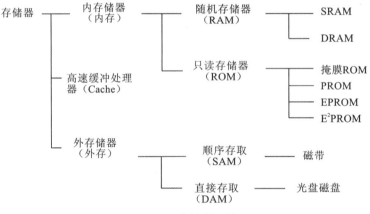

图 1-21　存储器系统

存储器的性能可以从以下两个方面来衡量。

一是存储容量,即存储器所能容纳的二进制信息量的总和。存储容量的大小决定了计算机能存放信息的多少,对计算机执行程序的速度有较大的影响。

二是存取周期,即计算机从存储器读出数据或写入数据所需要的时间。存取周期的大小表明了存储器存取速度的快慢。存取周期越短,速度越快,计算机的整体性能就越高。

由图 1-21 可见,存储器可以分为内存储器(内存即主存)和外存储器(外存即辅存)两种。内存直接与 CPU 连接,用于存放当前正在运行的程序和数据;外存则通过内存与 CPU 间接连接,存放计算机的所有程序和数据。

内存的存取速度快,但存储容量有限,内存中的信息是易丢失的(即只有在计算机通电的时候,内存中的内容才存在,一旦主机电源断电,内存中的信息会全部丢失)。外存则是指类似于硬盘、光盘等能保存计算机程序和数据的存储器,容量很大,存放着计算机系统中几乎所有的信息。外存的信息可以永久保存,即使主机电源断电,信息也不会丢失。

1) 内存储器

一般而言,内存主要分为两类:随机存储器(random access memory,简称 RAM)和只读存储器(read only memory,简称 ROM)。

计算机中常用的内存条的外观如图 1-22 所示。

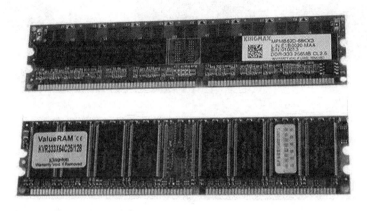

图 1-22　常用内存条的外观

2) 外存储器

计算机中的外存储器主要有硬盘、光盘和磁带等存储设备,这些存储设备主要是磁表面存储器和光盘存储器。

常见的外存储器如下。

(1) 硬磁盘存储器(硬盘)。硬盘是微机系统不可缺少的外存储器。硬盘由一组铝合金盘片组成,磁性材料涂在铝合金盘片上。这些盘片重叠在一起,形成一个圆柱体,然后被永久性地密封固定在硬盘驱动器中。同时,为了长时间高速读写数据,硬盘不仅有多个磁头,而且磁头较小,惯性也比较小,所以硬盘的寻道速度明显快于光盘。

硬盘的容量比较大,一般都有几十 GB(十亿字节)甚至达几百 GB,读写速度也非常快。图 1-23 所示是硬盘外观。

(2) 光盘存储器。光盘存储器有 3 种类型:只读型、一次性写入型和可擦写型。目前使用较多的是只读型光盘(compact disk read only memory,简称 CD-ROM),而 DVD-ROM 是 CD-ROM 的后继产品。光盘的存储容量较大,每一张普通的 CD-ROM 可达 650 MB,而 DVD-ROM 可达 4.7 GB,如果是单面双层 DVD-ROM,则可存储 9.4 GB。可擦写型光盘(CD-RW)允许重复读写,CD-RW 如同硬盘盘片一样,可以随时删除和写入数据,CD-RW 目前容量为 650 MB。一次性写入型光盘可以由用户写入数据,写入后可直接读出,但是它只能写入一次,写入后不能擦除和修改。图 1-24 所示是光盘和光驱。

图 1-23　硬盘外观

(3) 移动存储设备。移动存储设备大都采用 Flash Memory 芯片构成存储介质,它是一种非易失性半导体存储器,在无电源状态下仍能保持芯片内的信息,不需要特殊的高电压即可实现芯片内信息的擦写。

移动硬盘则是直接由台式计算机或笔记本式计算机的硬盘改装而成的,应该说,笔记本式计算机上的硬盘就是移动硬盘。移动硬盘的存储量非常大,性价比较高。

U盘也称优盘,目前非常流行。图1-25所示是常用移动存储设备之一的U盘的常见外观。

图1-24 光盘和光驱　　　　　　　图1-25 U盘的常见外观

4. 输入输出设备

1) 输入设备

输入设备用来把人们能够识别的信息,如声音、图像、文字和图形等一些信号转换成计算机能够识别的二进制形式存放在计算机的存储设备中。目前,常用的输入设备有键盘、鼠标、扫描仪、数码相机等,如图1-26所示。

图1-26 常见输入设备

2) 输出设备

输出设备是指把计算机处理后的信息以人们能够识别的方式(如声音、图形、图像、文字等)表示出来的设备。常见的输出设备有显示器、打印机、绘图仪、投影仪等。

还有部分计算机外设同时具有输入输出的功能,既是输入设备也是输出设备。如光驱、硬盘驱动器、软驱等,当主机的数据来源于这些设备时,它们是输入设备;当计算机将处理结果存储到这些设备时,它们是输出设备。

常见输出设备如图1-27所示。

图1-27 常见输出设备

1.3.4 软件系统

随着计算机科学技术的发展,软件已经成为一种驱动力。它是解决现代科学研究和工程问题的基础,也是区分现代产品和服务的关键因素。它可以应用于各种类型的应用系统中,如办公、交通、教育、医药、通信等。

1. 软件的概念及分类

1)软件的基本概念

软件的概念越来越模糊,但也越来越简单。从通常意义上讲,能够对人们提供帮助的、能在计算机上运行的程序都可以称为软件。

2)软件的功能

软件在用户和计算机之间架起了联系的桥梁,用户只有通过软件才能使用计算机。软件的功能可以概括如下。

(1)管理计算机系统,提高系统资源利用率,协调计算机各组成部件之间的合作关系。

(2)在硬件提供的设施与体系结构的基础上,不断扩展计算机的功能,提高计算机实现和运行各类应用任务的能力。

(3)面向用户服务,向用户提供尽可能方便、合适的计算机使用界面与工作环境,为用户运行各类作业和完成各种任务提供相应的软件支持。

(4)为软件开发人员提供开发工具和开发环境,提供维护、诊断、调试计算机的工具。

3)软件的分类

软件可以分为系统软件和应用软件两大类,如图1-28所示。

系统软件:是为整个计算机系统配置的、不依赖于特定应用领域的通用软件,用来管理计算机的硬件系统和软件系统。只有在系统软件的管理下,计算机的各个硬件部分才能协调一致地工作;系统软件为应用软件提供了运行环境,离开了系统软件,应用软件同样不能运行。

应用软件:适用于应用领域的各种应用程序及其文档资料,是各领域为解决各种不同的问题而编写的软件,在大多数情况下,应用软件是针对某一特定任务而编制成的程序。

2. 系统软件

通常情况下,根据系统软件所实现的功能的不同,系统软件可分为操作系统、语言处理程序、数据库管理系统以及一些服务性程序等类型。

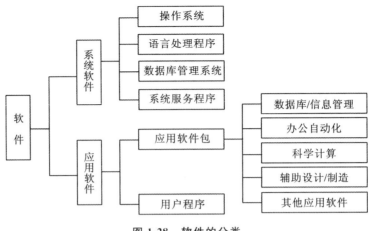

图 1-28 软件的分类

1)操作系统

操作系统(operating system,简称 OS)是直接运行在"裸机"之上的最基本的系统软件,其他软件都必须在操作系统的支持下才能运行。操作系统是由早期的计算机管理程序发展而来的,目前已经成为计算机系统中各种硬件资源和软件资源的统一管理、控制、调度和监督者,由它合理地组织计算机的工作流程,协调计算机和各部件之间、系统与用户之间的关系。

目前比较流行的操作系统有 Windows 2003、Windows XP、Windows Vista、Windows 7、Windows 8、Unix 及 Linux 等。

2)语言处理程序

计算机只能识别和执行由"0"和"1"组成的二进制代码串,这些能被计算机识别和执行的二进制代码串就是机器语言。例如,机器语言中指令"1011011000000000"的作用是让计算机进行一次加法运算;又如"1011011000000001"的作用是让计算机进行一次减法运算。由此可以看出,机器语言难以被用户掌握和理解,因为:首先,机器语言难以记忆,用它编写程序难度大,而且很容易出错;其次,使用机器语言需要用户深入地了解计算机的结构,只有这样才能理解每条机器指令的用法,然后才能编写程序。

编译程序:是将用高级语言所编写的源程序翻译成与之等价的用机器语言表示的目标程序的翻译程序,其翻译过程称为编译。编译程序与解释程序的区别在于:编译程序首先将源程序翻译成目标代码,计算机再执行由此生成的目标程序,而解释程序则是先翻译高级语言书写的源程序,然后直接执行源程序所指定的动作。一般而言,建立在编译基础上的系统在执行速度上都优于建立在解释基础上的系统。但是,编译程序比较复杂,这使得其开发和维护费用较高,而解释程序比较简单,可移植性也好,缺点是执行速度慢。计算机程序从源程序到执行的过程如图 1-29 所示。

3)数据库管理系统

数据库是有效地组织、存储在一起的相关数据和信息的集合,它允许多个用户共享数据库的内容。在组织数据时,尽量减少冗余,使各种数据的关系密切,同时尽量保证数据与应用程序的相互独立性。用于管理数据库的主要软件系统就是数据库管理系统(database management system,简称 DBMS),它是一种操纵和管理数据库的大型软件,用于建立、使用和维护数据库,它对数据库进行统一的管理和控制,以保证数据库的安全性和完整性。

目前常用的数据库管理系统有 DB2、Oracle、Sybase 以及 SQL Server 等。

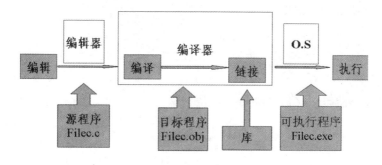

图 1-29 计算机程序从源程序到执行的过程

3. 应用软件

应用软件是专门为某一应用目的而编制的软件。常见的应用软件有文字处理软件（如 Word、WPS 等）、信息管理软件（如工资管理软件、人事管理软件等）、辅助设计软件（如 CAD、PROTEL 等）、实时控制软件等。应用软件按其适用面和开发方式，可分为以下 3 类。

定制软件：是针对具体的应用而定制的软件，这类软件完全按照用户特定的需求而专门进行开发，应用面窄，往往局限于专门的部门使用。定制的软件运行效率较高，但成本较大。

应用软件包：在某一应用领域有一定程度的通用性，但具体不同单位的应用会有一定的差距，往往需要进行二次开发。

通用软件：是在许多行业和部门中可以广泛使用的通用性软件，如文字处理软件、电子表格软件和绘图软件等。

习题 1

1. 问答题

(1) 简述计算机的发展历程。
(2) 计算机的特点是什么？
(3) 计算机可以如何分类？
(4) 计算机未来的发展趋势是什么？
(5) 计算机主要应用在哪些方面？

2. 填空题

(1) 1 KB 表示_____字节。
(2) 1 MB 表示_____字节。
(3) 十进制的整数转换成二进制整数用_____。
(4) 十进制的小数转换成二进制小数用_____。
(5) 八进制数转换为二进制数时，一位八进制数对应转换为_____位二进制数。
(6) 二进制数转换为八进制数时，三位二进制数对应转换为_____位八进制数。
(7) 十六进制数 28 的二进制数为_____。
(8) 二进制数 10111001 的十进制数为_____。
(9) 字符编码叫_____码，意为美国标准信息交换码。
(10) 每个 ASCII 占_____个字节。

3. 计算题(要求写出计算步骤)

(1)将十进制整数 45 转换为二进制数。

(2)将二进制数 10001100.101 转换为十进制数。

4. 单项选择题

(1)计算机的存储器记忆信息的最小单位是(　　　)。
  A. bit   B. Byte   C. KB   D. ASCII

(2)一个 bit 是由(　　　)个二进制位组成的。
  A. 8   B. 2   C. 7   D. 1

(3)计算机系统中存储数据信息是以(　　　)作为存储单位的。
  A. 字节   B. 16 个二进制位   C. 字符   D. 字

(4)在计算机中,一个字节存放的最大二进制数是(　　　)。
  A. 011111111 B. 11111111 C. 255 D. 1111111

(5)32 位计算机的一个字节是由(　　　)个二进制位组成的。
  A. 7   B. 8   C. 32   D. 16

(6)微型计算机的主要硬件设备有(　　　)。
  A. 主机、打印机   B. 中央处理器、存储器、I/O 设备
  C. CPU、存储器   D. 硬件、软件

(7)在微型计算机硬件中,访问速度最快的设备是(　　　)。
  A. 寄存器   B. RAM   C. 软盘   D. 硬盘

(8)计算机的内存与外存比较,(　　　)。
  A. 内存比外存的容量小,但存取速度快,价格便宜
  B. 内存比外存的存取速度慢,价格昂贵,所以没有外存的容量大
  C. 内存比外存的容量小,但存取速度快,价格昂贵
  D. 内存比外存的容量大,但存取速度慢,价格昂贵

(9)操作系统是一种(　　　)。
  A. 应用程序   B. 系统软件
  C. 信息管理软件包   D. 计算机语言

(10)操作系统的作用是(　　　)。
  A. 软件与硬件的接口   B. 把键盘输入的内容转换成机器语言
  C. 进行输入与输出转换   D. 控制和管理系统的所有资源的使用

5. 多项选择题

(1)下面的数中,合法的十进制数有(　　　)。
  A. 1023   B. 111.11   C. A120
  D. 777   E. 123.A   F. 10111

(2)下面的数中,合法的八进制数有(　　　)。
  A. 1023   B. 111.11   C. A120
  D. 777   E. 123.A   F. 10111

(3)下面的数中,合法的十六进制数有(　　　)。
  A. 1023   B. 111.11   C. A120
  D. 777   E. 123.A   F. 10111

6. 名词解释

(1)裸机。

(2)硬件。

(3)软件。

(4)冯·诺依曼原理。

(5)程序。

(6)应用软件。

7. 简答题

(1)简述控制器的功能。

(2)如何衡量存储器的性能?

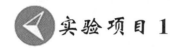

实验1　键盘操作

实验2　鼠标操作

实验3　汉字输入法练习

实验4　了解和熟悉计算机系统

第 2 章　Windows 7

【内容提要】

操作系统是系统软件的核心,管理计算机的硬、软件资源。操作系统的性能在很大程度上决定了计算机系统的工作。本章首先介绍操作系统的基本知识和概念,之后重点讲述在微型计算机上使用比较广泛的、Microsoft 公司的 Windows 7 操作系统,以及 Windows 7 的使用与操作。

操作系统是整个计算机系统的控制和管理中心,是沟通用户和计算机的桥梁,用户可以通过操作系统所提供的各种功能方便地使用计算机。而 Windows 则是 Microsoft 公司开发的、基于图形用户界面的操作系统,也是目前最流行的微机操作系统。

 2.1　操作系统概述

计算机的操作系统是系统软件的核心。操作系统管理计算机的硬、软件资源,因而,操作系统的性能在很大程度上决定了计算机系统的工作。

2.1.1　操作系统的定义

操作系统(operating system,简称 OS)的定义不唯一,但大体上的内容是差不多的。操作系统是用于控制和管理计算机硬件和软件资源、合理组织计算机工作流程、方便用户充分而高效地使用计算机的一组程序集合。

2.1.2　Windows 操作系统简介

Windows 操作系统又称窗口操作系统或视窗操作系统。其发展历史如下。

1985 年 Windows 1.0 正式推出。

1987 年 10 月推出 Windows 2.0。这个版本比 Windows 1.0 有了不少进步,但由于自身的不完善,效果并不理想。

1990 年 5 月 Windows 3.0 推出,Windows 逐渐占据了个人计算机系统,Windows 3.0 也首次加入了多媒体,被称为"多媒体的 DOS"。同年 Windows 进入我国。

1992 年 Windows 3.1 发布。该系统修改了 Windows 3.0 的一些不足,并提供了更完善的多媒体功能。Windows 系统开始流行起来。Windows 在我国得到大范围的应用。

1993 年 11 月 Windows 3.11 发布,这个版本革命性地加入了网络功能和即插即用技术。

1994 年 Windows 3.2 发布,这也是 Windows 系统第一次有了中文版,在我国得到了较为广泛的应用。

1995 年 8 月 24 日 Windows 95 发布,Windows 系统发生了质的变化,具有了全新的面

貌和强大的功能,DOS 走下时代舞台。

1996 年 8 月 24 日 Windows NT 4.0 发布,在 1993、1994 年微软都相继发布了 Windows 3.1、Windows 3.5 等版本的 NT 系统,主要面向服务器市场。

1998 年 6 月 25 日 Windows 98 发布,基于 Windows 95,改良了硬件标准的支持。Windows 98 SE(第二版)发行于 1999 年 6 月 10 日。

2000 年 9 月 14 日 Windows Me 发布,集成了 Internet Explorer 5.5 和 Windows Media Player 7,系统还原功能则是它的另一个亮点。

2000 年 12 月 19 日 Windows 2000(又称 Win NT 5.0)发布,一共四个版本:Professional、Server、Advanced Server 和 Datacenter Server。

2001 年 10 月 25 日 Windows XP 发布,Windows XP 是基于 Windows 2000 代码的产品,同时拥有一个新的用户图形界面(叫作月神 Luna),它包括了一些细微的修改,是目前操作系统使用率最高的一个系统。

2003 年 4 月底 Windows 2003 发布,是当时微软最新的服务器操作系统,算是 Windows 2000 的一个升级。

2005 年 1 月微软正式对外发布了取代 Windows XP 的新一代操作系统——Windows Longhorn。

微软在 2005 年 7 月 22 日将 Windows Longhorn 正式更名为 Windows Vista,标志着新一代操作系统浮出水面。

Windows 7 是微软公司最新的一款视窗操作系统。2009 年 7 月 14 日,Windows 7 开发完成并正式进入批量生产。

Windows 7 将是 Windows Vista 的"小更新大变革"——微软已经宣称 Windows 7 将使用与 Windows Vista 相同的驱动模型,即基本不会出现类似 Windows XP 至 Windows Vista 的兼容问题。

Windows 7 的设计主要围绕五个重点——针对笔记本式计算机的特有设计、基于应用服务的设计、用户的个性化、视听娱乐的优化、用户易用性的新引擎。

Windows 的下一代 Windows 8 是真正意义上的 7.0(Windows 7 是 6.1),是微软关于 Windows 7 的后续操作系统。Windows 8 只提供 64 位版本。Windows 8 采用定制安装模式,必须安装的只有一个系统内核。通俗地说,一台微机上安装了 Windows 8,就不可再安装别的版本的 Windows,即 Windows 8 是独占方式的操作系统。

2.2 Windows 7 基本知识

2.2.1 桌面

登录 Windows 7 后,在屏幕上即可看到 Windows 7 桌面。在默认情况下,Windows 7 的桌面由桌面图标、鼠标光标、任务栏和语言栏 4 个部分组成,如图 2-1 所示。下面分别对这几部分进行讲解。

1. 桌面图标

桌面图标一般是程序或文件的快捷方式。图标下面是图标名,用来区别不同的程序或文件。安装新软件后,桌面上一般会增加相应的快捷图标,如迅雷的快捷图标为,程序或

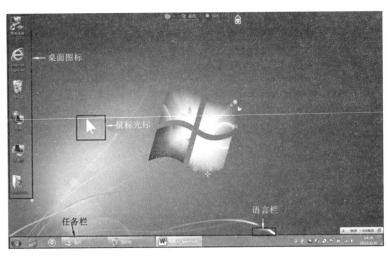

图 2-1　Windows 7 的桌面

文件的快捷图标左下角有一个小箭头。除了一些软件在安装后自动生成快捷图标外，在 Windows 7 桌面上还有一些系统图标，主要有如下几种。

"计算机"图标：用于管理存储在计算机中的各种资源，包括磁盘驱动器、文件和文件夹等。

"网络"图标：用于显示网络上的其他计算机，以访问网络资源。

"回收站"图标：用于保存暂时删除的文件。

"个人文件夹"图标：用于存储用户访问过的文档。

桌面图标的排列又可分为手动排列和自动排列。手动排列是指通过单击鼠标选中单个图标，或拖动鼠标选中多个图标后，将鼠标光标放到选中的图标上面，按住鼠标左键不放，拖动鼠标到目标位置后释放，图标便到了新的位置，如图 2-2 所示。自动排列图标是指在桌面单击鼠标右键，在弹出的快捷菜单中将鼠标指针放到"排序方式"选项上，在弹出的下一级菜单中选择某一项，可按照一定规律将桌面图标自动排列，其中可选择按照名称、大小、项目类型或修改日期 4 种方式，如图 2-3 所示。

图 2-2　手动排列桌面图标

图 2-3　选择自动排列桌面图标的方式

双击桌面上的某个图标即可打开该图标对应的窗口。例如，双击"计算机"图标，将打开如图 2-4 所示的"计算机"窗口。

2. 桌面上的鼠标光标

在 Windows 7 桌面上有一个小箭头，这就是鼠标光标，图 2-5 所示是 Windows 7 的默认鼠标光标。随着鼠标的移动，桌面上的鼠标光标也跟着移动，并且鼠标光标在不同的状态下有不同的形状,这样能够直观地告诉用户当前可进行的操作或系统状态。

图 2-4 打开"计算机"窗口　　　　　图 2-5 鼠标光标

常见的鼠标光标形状及其对应的系统状态如表 2-1 所示。

表 2-1 鼠标光标形状及其对应的系统状态

鼠标光标	表示的状态	鼠标光标	表示的状态	鼠标光标	表示的状态
▸	准备状态	↕	调整对象垂直大小	+	精确调整对象
▸?	帮助选择	↔	调整对象水平大小	I	文本输入状态
▸	后台处理	⤢	等比例调整对象 1	⊘	禁用状态
○	忙碌状态	⤡	等比例调整对象 2	✎	手写状态
✥	移动对象	↑	候选	☝	链接选择

3. 任务栏

任务栏在默认情况下位于桌面的最下方,它由 按钮、任务区、通知区域和显示桌面区域 4 个部分组成,如图 2-6 所示。

图 2-6 任务栏

任务栏各个部分的作用介绍如下。

(1)"开始"按钮 :位于任务栏的最左边,单击该按钮可以打开"开始"菜单,用户可以从"开始"菜单中启动应用程序或选择所需的菜单命令。

(2)任务区:位于 按钮的右侧,用于显示已打开的程序或文件,并可以在它们之间进行快速切换,单击锁定在任务区中的某个图标,还可立即启动相应程序。在任务区中单击鼠标右键,在弹出的快捷菜单中选择"属性"命令,在打开的"任务栏和「开始」菜单属性"对话框中还可对任务栏和"开始"菜单进行设置。

(3)通知区域:位于任务栏的右边,通知区域包括时钟以及一些告知特定程序和计算机设置状态的图标。

(4)显示桌面区域:位于任务栏最右边的一小块空白区域为显示桌面区域,单击该图标可快速显示桌面。

在任务栏上可根据需要添加或隐藏工具栏。其方法是：在任务栏的空白处单击鼠标右键,弹出如图 2-7 所示的快捷菜单,将鼠标光标移至"工具栏"菜单上,在弹出的下一级菜单中单击所要添加或隐藏的工具栏即可。

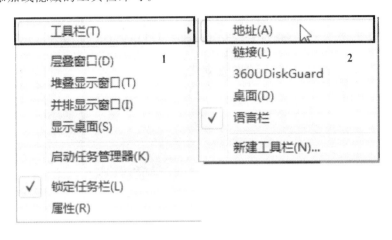

图 2-7　添加快速启动栏

4. 语言栏

在 Windows 7 中,语言栏一般是浮动在桌面上的,用于选择系统所用的语言和输入法,如图 2-8 所示。

在语言栏中可以进行如下几种操作。

(1)当鼠标光标移动到语言栏最左侧的图标█上时,其形状变成✥,这时可以在桌面上任意移动语言栏。

图 2-8　语言栏

(2)单击语言栏中的"输入法"按钮█,可以选择合适的输入法。

(3)单击语言栏中的"帮助"按钮█,则打开语言栏帮助信息。

(4)单击语言栏右上角的"最小化"按钮█,将语言栏最小化到任务栏上,且该按钮变为"还原"按钮█,如图 2-9 所示。

(5)单击语言栏右下角的"选项"按钮█,弹出语言栏的"选项"菜单,可以对语言栏进行设置。

图 2-9　语言栏最小化到任务栏

2.2.2　开始菜单

单击桌面左下角的"开始"按钮█,即可打开"开始"菜单,计算机中几乎所有的操作都可以在"开始"菜单中执行。"开始"菜单是操作计算机的重要门户,即使桌面上没有显示的文件或程序,通过"开始"菜单也能轻松找到相应的程序。"开始"菜单的主要组成部分如图 2-10所示。

"开始"菜单各个部分的作用介绍如下。

（1）用户信息区：显示当前用户的图标和用户名，单击图标可以打开"用户帐户"窗口，通过该窗口可更改用户帐户信息，单击用户名将打开当前用户的用户文件夹。

（2）系统控制区：显示了"计算机"和"控制面板"等系统选项，单击相应的选项可以快速打开或运行程序，便于用户管理计算机中的资源。

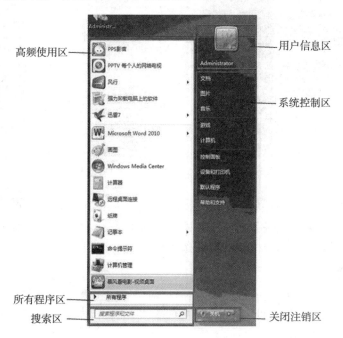

图 2-10 "开始"菜单

（3）关闭注销区：用于关闭、重启、注销计算机或进行用户切换、锁定计算机以及使计算机进入睡眠状态等操作，单击 关机 按钮时将直接关闭计算机，单击右侧的 ▶ 按钮，在弹出的菜单中选择任意选项，可执行相应命令。

（4）高频使用区：根据用户使用程序的频率，Windows 会自动将使用频率较高的程序显示在该区域中，以使用户能快速地启动所需程序。

（5）所有程序区：选择"所有程序"命令，高频使用区将显示计算机中已安装的所有程序的启动图标或程序文件夹，单击某个选项可启动相应的程序，此时"所有程序"命令也会变为"返回"命令。

（6）搜索区：在搜索区的文本框中输入关键字后，系统将搜索计算机中所有相关的文件、程序等信息，搜索结果将显示在上方的区域中，单击即可打开相应程序。

2.2.3 应用程序的启动与退出

在计算机的日常应用中，应用最多的是运行应用程序，如文字编辑要运行 Word 2010，进行平面设计要运行 Photoshop 等。以下介绍在 Windows 7 中运行应用程序的相关方法。

1. 启动应用程序

启动应用程序有很多方法，比较常用的是在桌面上双击应用程序的快捷图标和在"开始"菜单中选择需启动的程序。这里主要介绍从"开始"菜单中启动应用程序。

【例 2-1】 通过"开始"菜单启动"腾讯 QQ"程序。

(1)单击 按钮,打开"开始"菜单,如图 2-11 所示。可以在"开始"菜单左侧的高频使用区中选择需要启动的使用频率比较高的程序。

(2)如果在高频使用区中没有需要启动的程序,则需要选择"所有程序"命令,在显示的列表中找到需要启动的程序,如图 2-12 所示。

图 2-11 从"开始"菜单启动应用程序　　图 2-12 从"所有程序"中启动应用程序

(3)找到相应的程序,单击相应的程序选项即可启动该程序。

2. 退出应用程序

退出应用程序一般有如下两种方法。

(1)单击程序窗口右上角的"关闭"按钮 ,关闭程序。

(2)按 Alt+F4 键关闭程序。

2.2.4 窗口、菜单和对话框

在 Windows 7 中,窗口、菜单和对话框被称为"三大元素",应用非常广泛。几乎所有的操作都要在窗口中完成,在窗口中的相关操作一般是通过鼠标和键盘来进行的。当运行应用程序时,常常会用直观简洁的菜单来进行操作。而对话框则是一种特殊的窗口,在对话框中用户可输入信息或做出某种选择。

1. 窗口的组成

双击桌面上的 图标,打开"计算机"窗口,如图 2-13 所示,这是一个典型的 Windows 7 窗口。

窗口中的各个组成部分介绍如下。

(1)标题栏:位于窗口顶部,右侧有控制窗口大小和关闭窗口的按钮。

(2)地址栏:显示当前窗口文件在系统中的位置。其左侧包括"返回"按钮 和"前进"按钮 ,用于打开最近浏览过的窗口。

(3)搜索栏:用于快速搜索计算机中的文件。

(4)工具栏:该栏会根据窗口中显示或选择的对象同步进行变化,以便于用户进行快速操作。其中单击 按钮,可以在弹出的下拉菜单中选择各种文件管理操作,如复制、删除等。

(5)导航窗格:单击可快速切换或打开其他窗口。

(6)窗口工作区:用于显示当前窗口中存放的文件和文件夹内容。

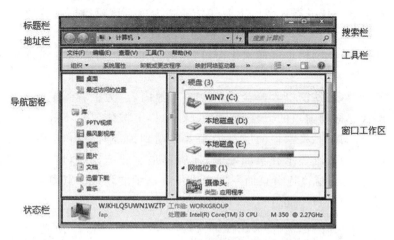

图 2-13 "计算机"窗口

(7)状态栏:用于显示计算机的配置信息或当前窗口中选择对象的信息。

2. 窗口的操作

1)打开窗口

在 Windows 7 中,用户启动一个程序、打开一个文件或文件夹时都将打开一个窗口。打开对象窗口有如下几种具体方法。

(1)双击一个对象,将打开对象窗口。

(2)选中对象后按 Enter 键即可打开该对象窗口。

(3)在对象图标上单击鼠标右键,在弹出的快捷菜单中选择"打开"命令。

2)打开窗口中的对象

一个窗口中包括多个对象,打开某个对象又将打开相应的窗口,该窗口中可能又包括其他不同的对象。

【例 2-2】 打开"计算机"窗口中"本地磁盘(C:)"下的 WINDOWS 目录。

(1)双击"计算机"窗口中的"本地磁盘(C:)"图标,打开"本地磁盘(C:)"窗口,如图 2-14 所示。

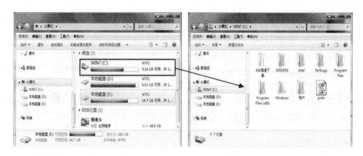

图 2-14 打开窗口中的对象

(2)双击该窗口中的 WINDOWS 文件夹,即可进入 WINDOWS 目录。

3)最大化或最小化窗口

最大化窗口可以把当前窗口放大到整个屏幕,这样可以看到更多的内容。最大化窗口的方法是单击该窗口右上角的"最大化"按钮 ,窗口最大化后"最大化"按钮 将变成"还原"按钮 ,单击"还原"按钮 即可将最大化窗口还原成原始大小。

最小化窗口的方法是单击窗口标题栏右上角的"最小化"按钮 ,最小化后的窗口以标题按钮的形式缩放到任务栏任务区上。在任务栏上单击该窗口标题按钮后窗口将还原到原始大小。

技巧：双击窗口的标题栏也可最大化窗口，也可从最大化窗口恢复到原始窗口大小。

4）移动窗口

打开多个窗口后，有些窗口会遮盖屏幕上的其他内容，为了看到被遮盖的部分，需要适当移动窗口的位置。移动窗口的方法是在窗口标题栏上按住鼠标不放，直到拖动到适当位置再释放鼠标即可。其中：将窗口向屏幕最上方拖动到顶部时，窗口会最大化显示；向屏幕最左侧拖动时，窗口会半屏显示在桌面左侧；向屏幕最右侧拖动时，窗口会半屏显示在桌面右侧。图 2-15 所示为将窗口拖至桌面左侧变成半屏显示的效果示意图。

注意：最大化后的窗口不能进行窗口的移动操作。

图 2-15　将窗口移至桌面左侧变成半屏显示

5）改变窗口大小

当窗口没有处于最大化状态时，可以随时改变窗口的大小。改变窗口大小的方法是，将鼠标光标移至窗口的外边框上，当光标变为 ⇔ 或 ⇕ 形状时，按住鼠标不放，拖动到窗口变为需要的大小时释放鼠标即可。要使窗口的长宽按比例缩放，可将鼠标光标移至窗口的 4 个角上，当光标变为 ⤡ 或 ⤢ 形状时，按住鼠标不放拖动到需要的大小时释放鼠标即可。

6）排列窗口

在使用计算机的过程中常常需要打开多个窗口，如既要用 Word 编辑文档，又要打开 IE 浏览器查询资料等。当打开多个窗口后，为了使桌面更加整洁，可以将打开的窗口进行层叠、横向、纵向和平铺等排列操作。排列窗口的方法是在任务栏空白处单击鼠标右键，弹出如图 2-16 所示的快捷菜单，其中用于排列窗口的命令有"层叠窗口""堆叠显示窗口"和"并排显示窗口"，各命令介绍如下。

（1）"层叠窗口"：选择该命令，可以以层叠的方式排列窗口，层叠的效果如图 2-17 所示。单击某一个窗口的标题栏即可将该窗口切换为当前窗口。

图 2-16　任务栏空白处的快捷菜单（单击鼠标右键）

图 2-17　层叠窗口

(2)"堆叠显示窗口":选择该命令,可以以横向的方式同时在屏幕上显示几个窗口。

(3)"并排显示窗口":选择该命令,可以以垂直的方式同时在屏幕上显示几个窗口。

7)切换窗口

(1)通过任务栏中的按钮切换。

将鼠标光标移至任务栏任务区中的某个任务按钮上,此时将展开所有打开的该类型文件的缩略图,单击某个缩略图即可切换到该窗口,在切换时其他同时打开的窗口将自动变为透明效果,如图2-18所示。

(2)按 Alt+Tab 键切换。

按 Alt+Tab 键后,屏幕上将出现任务切换栏,系统当前打开的窗口都以缩略图的形式在任务切换栏中排列出来,如图2-19所示。此时按住 Alt 键不放,再反复按 Tab 键,有个蓝色方框将在所有图标之间轮流切换,当方框移动到需要的窗口图标上后释放 Alt 键,即可切换到该窗口。

图 2-18　通过任务栏中的按钮切换

图 2-19　按 Alt+Tab 键切换

(3)按 Win+Tab 键切换。

按 Win+Tab 键后,此时按住 Win 键不放,再反复按 Tab 键可利用 Windows 7 特有的3D切换界面切换打开的窗口,如图2-20所示。

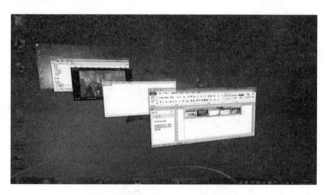

图 2-20　按 Win+Tab 键切换

8)关闭窗口

对窗口的操作结束后要关闭窗口,关闭窗口有以下几种方法。

(1)单击窗口标题栏右上角的"关闭"按钮 ✕ 。

(2)在窗口的标题栏上单击鼠标右键,在弹出的快捷菜单中选择"关闭"命令。

(3)将鼠标光标指向某个任务缩略图后单击右上角的 ✕ 按钮。

(4)将鼠标光标移动到任务栏中需要关闭窗口的任务按钮上,单击鼠标右键,在弹出的快捷菜单中选择"关闭窗口"或"关闭所有窗口"命令。

(5)按 Alt+F4 键。

提示：在退出某些应用程序时，如果有修改过的文件没有保存，系统将打开一个如图 2-21 所示的提示对话框，询问是否保存文件。单击  按钮存盘并关闭窗口，单击 不保存(N) 按钮不存盘并关闭窗口。

图 2-21　关闭记事本时弹出的对话框

3. 菜单的组成与使用

菜单主要用于存放各种操作命令，要执行菜单中的命令，只需单击菜单项，然后在弹出的菜单中单击某个命令即可执行。在 Windows 7 中，常用的菜单类型主要有子菜单、下拉菜单和快捷菜单，如图 2-22 所示。

在菜单中有一些常见的符号标记，它们分别代表的含义如下。

(1) 字母标记：表示该菜单命令的快捷键。

(2) 标记 √：当选择的某个菜单命令后出现 ✓ 标记，表示已将该菜单命令选中并应用的效果。选择该命令后，其他相关的命令也将同时存在。

(3) 标记 ·：当选择某个菜单命令后，其名称左侧出现 · 标记，表示已将该菜单命令选中。选择该命令后，其他相关的命令将不再起作用。

(4) 标记 ▶：如菜单命令后有 ▶ 标记，表示选择该菜单命令，将弹出相应的子菜单，在弹出的子菜单中即可选择所需的菜单命令。

(5) 标记 …：… 表示执行该菜单命令后，将打开一个对话框，在其中可进行相关的设置。

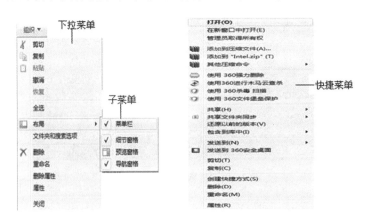

图 2-22　Windows 7 中的菜单

4. 对话框的组成与使用

执行某些命令后将打开一个用于对该命令或操作对象进行下一步设置的对话框，可以通过选择选项或输入数据来进行设置。选择不同的命令，打开的对话框内容不同，但其中包含的设置参数类型是类似的。图 2-23 所示为两个 Windows 7 对话框中各组成元素的名称。有些选项是通过左右或上下拉动滑块来设置相应数值的。图 2-23 中的滑块用于设置显示器的屏幕分辨率，向上拖动滑块可增加屏幕分辨率，向下拖动滑块可减小屏幕分辨率。

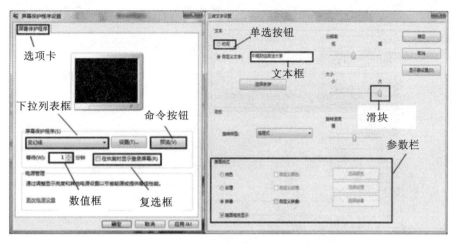

图 2-23 Windows 7 的对话框

1) 选项卡

当对话框中有很多内容时，Windows 7 将对话框按类别分成几个选项卡，每个选项卡都有一个名称，并依次排列在一起，选择其中一个选项卡，将会显示其相应的内容。

2) 下拉列表框

下拉列表框中包含多个选项，单击下拉列表框右侧的 ▼ 按钮，将弹出一个下拉列表，从中可以选择所需的选项。图 2-24 所示为单击"屏幕保护程序"下拉列表框右侧的 ▼ 按钮弹出的下拉列表。

3) 命令按钮

命令按钮用于执行某一操作。图 2-23 所示对话框中的 设置(T)... 、 预览(V) 和 应用(A) 等都是命令按钮。单击某一命令按钮将执行与其名称相应的操作，一般单击对话框中的 确定 按钮，表示关闭对话框，并保存所做的全部更改；单击 取消 按钮，表示关闭对话框，但不保存任何更改；单击 应用(A) 按钮，表示保存所有更改，但不关闭对话框。

4) 数值框

数值框用于输入具体数值。如图 2-23 所示的"等待"数值框用于输入屏幕保护激活的时间。用户可以直接在数值框中输入具体数值，也可以单击数值框右侧的"调整"按钮 ▲▼ 来调整数值。▲ 按钮是按固定步长增加数值，▼ 按钮是按固定步长减小数值。

5) 复选框

复选框是一个小的方框，用来表示是否选择该选项。当复选框没有被选中时外观为 □，被选中时外观为 ☑。若要选中或取消选中某个复选框，只需单击该复选框前的方框即可。

6) 单选按钮

单选按钮是一个小圆圈，也用来表示是否选择该选项。当单选按钮没有被选中时外观为 ○，被选中时外观为 ●。若要选中或取消选中某个单选按钮，只需单击该单选按钮前的圆圈即可。

7) 文本框

文本框在对话框中为一个空白方框，主要用于输入文字。

8) 滑块

有些选项是通过左右或上下拉动滑块来设置相应数值的。如图 2-25 所示的滑块用于数值显示器的屏幕分辨率,向上拖动滑块可增加屏幕分辨率,向下拖动滑块可减少屏幕分辨率。

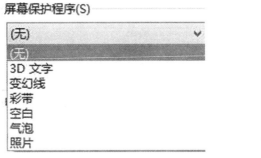

图 2-24 "屏幕保护程序"下拉列表

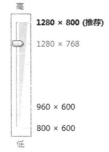

图 2-25 滑块

9) 参数栏

对话框中的参数栏主要是将当前选项卡中用于设置某一效果的参数放在一个区域,以方便使用。

2.3 文件管理

在 Windows 7 中,文件与文件夹的管理是非常重要的操作。下面介绍 Windows 7 利用资源管理器来管理计算机中的文件及文件夹,包括对文件及文件夹进行新建、选定、打开、移动、复制、重命名及删除等操作。

2.3.1 磁盘、文件和文件夹

计算机中的一切数据都是以文件的形式存放的。文件是数据集合加以命名的形式,而文件夹则是文件的集合,是存放文件的空间。文件和文件夹又都是存放在计算机的磁盘中的。磁盘、文件和文件夹是 Windows 操作系统中的 3 个重要概念。我们首先认识什么是磁盘、文件和文件夹。

1. 磁盘

所谓磁盘,通常是指计算机硬盘上划分出的分区,用来存放计算机的各种资源。

磁盘用盘符来加以区别,盘符通常由磁盘图标、磁盘名称和磁盘使用信息组成,用大写英文字母加一个冒号来表示,如 D:,简称为 D 盘。

2. 文件

文件是各种保存在计算机磁盘中的信息和数据,如一幅图片、一首歌曲、一部电影、一个应用程序等。在 Windows 7 系统中的平铺显示方式下,文件主要由文件名、文件扩展名、分隔点、文件图标及文件描述信息等部分组成,如图 2-26 所示。

图 2-26 文件

文件各组成部分的作用如下。

文件名：标识当前文件的名称，用户可以根据需要来自定义文件的名称。

文件扩展名：标识当前文件的系统格式，如图 2-26 中文件扩展名为 doc，表示这个文件是一个 Word 文档文件。

分隔点：用来分隔文件名和文件扩展名。

文件图标：用图例表示当前文件的类型，是由系统中相应的应用程序关联建立的。

文件描述信息：用来显示当前文件的大小和类型等系统消息。

用户给文件命名时，必须遵循以下规则。

在文件和文件夹的名称中，用户最多可使用 255 个字符。

用户可使用多个间隔符"."的扩展名，如 fap.fap.doc。

文件名可以有空格，但不能有"\""/"":"" * """?"""""<"">""|"等。

Windows 保留文件名的大小写格式，但不能利用大小写区分文件名。例如，FAP.TXT 和 fap.txt 被认为是同一文件名。

3. 文件夹

为了便于管理文件，在 Windows 系列操作系统中引入了文件夹的概念。简单地说，文件夹就是文件的集合、存放文件和文件夹的空间。如果计算机中的文件过多，则会显得杂乱无章，要想查找某个文件也不太方便，此时用户可将相似类型的文件集中起来，统一放置在一个文件夹中，这样不仅可以方便用户查找文件，而且还能有效地管理好计算机中的资源。文件夹的外观由文件夹图标和文件夹名称组成，如图 2-27 所示。

4. 磁盘、文件和文件夹的关系

文件和文件夹都是存放在计算机的磁盘里的，文件夹可以包含文件和子文件夹，子文件夹内又可以包含文件和子文件夹，依此类推，即可形成文件和文件夹的树形关系，如图 2-28 所示。文件夹中可以包含多个文件和文件夹，也可以不包含任何文件和文件夹。不包含任何文件和文件夹的文件夹称为空文件夹。

图 2-27　文件夹　　　　　　图 2-28　磁盘、文件和文件夹

5. 磁盘、文件和文件夹的路径

路径指的是文件或文件夹在计算机中存储的位置，当打开某个文件夹时，在地址栏中即可看到进入的文件夹的层次结构，如图 2-29 所示。由文件夹的层次结构可以得到文件夹的路径。

图 2-29　地址栏

路径的结构一般包括磁盘名称、文件夹名称和文件名称，它们之间用"\"隔开。如在 E 盘下的"Office2010"文件夹里的 Word2010.DOCX，文件路径显示为 E:\Office2010\

Word2010.DOCX。

2.3.2 查看文件和文件夹

Windows 7 系统一般用"计算机"窗口来查看磁盘、文件和文件夹等计算机资源,用户主要通过窗口工作区、地址栏和导航窗格这 3 种方式进行查看。

1. 通过窗口工作区查看

窗口工作区是窗口的最主要的组成部分,通过窗口工作区查看计算机中的资源是最直观、最常用的查看方法,下面举例介绍如何在窗口工作区内查看文件。

【例 2-3】 通过窗口工作区查看 F 盘中"PICTURE"文件夹中的"201309 迎新"文件夹中的"2013 迎新.jpg"文件。

(1)单击"开始"按钮,在弹出的"开始"菜单中选择"计算机"命令,或者双击桌面上的"计算机"图标,打开"计算机"窗口。

(2)在该窗口工作区内双击磁盘符"数据 2(F:)",打开 F 盘窗口,找到并双击打开"PICTURE"文件夹,如图 2-30 所示。

(3)在"PICTURE"文件夹内找到并双击"201309 迎新"文件夹图标,打开"201309 迎新"文件夹,如图 2-31 所示。

图 2-30 双击"PICTURE"文件夹　　图 2-31 双击"201309 迎新"文件夹

(4)在"201309 迎新"文件夹内找到"2013 迎新.jpg"文件图标,然后双击即可打开"2013 迎新.jpg"文件,如图 2-32 所示。

2. 通过地址栏查看

Windows 7 的窗口地址栏用"按钮"的形式取代了传统的纯文本方式,并且在地址栏周围取消了"向上"按钮,而仅有"前进"和"后退"按钮。通过地址栏按钮,用户可以轻松跳转与切换磁盘和文件夹目录。

如例 2-3,双击桌面"计算机"图标,打开"计算机"窗口,单击该窗口地址栏中"计算机"文本框后的 按钮,在弹出的下拉列表中选择所需的磁盘盘符,如选择 F 盘,如图 2-33 所示,此时在地址栏中已自动显示"数据 2(F:)"文本和其后的 按钮,单击该按钮,在弹出的下拉菜单中选择"PICTURE"文件夹,如图 2-34 所示。用户若想返回原来的文件夹,可以单击地址栏左侧的 按钮。

注意:地址栏只能显示磁盘和文件夹目录,不能显示文件。

图 2-32 双击"2013 迎新.jpg"文件

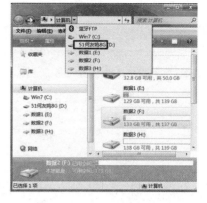
图 2-33 在地址栏选择 F 盘

如果当前"计算机"窗口中已经查看过的某个文件夹需要再次查看,用户可以单击地址栏最右侧的 ▼ 按钮或者"前进""后退"按钮右侧的 ▼ 按钮,在弹出的下拉列表中选择该文件夹即可快速打开。

3. 通过导航窗格查看

用户打开"计算机"窗口后,单击需要查看资源所在的磁盘目录(如 F 盘)前的 ▷ 按钮,可以展开下一级目录,此时该按钮变为 ◢ 按钮,单击"201309 迎新"文件夹目录,在右侧的窗口工作区显示该文件夹的内容,如图 2-35 所示。

图 2-34 选择"PICTURE"文件夹

图 2-35 单击"201309 迎新"文件夹目录

2.3.3 文件和文件夹的显示方式

在查看文件或文件夹时,系统提供了多种文件和文件夹的显示方式,用户可单击工具栏中的 ▦▾ 图标,在弹出的快捷菜单中有 8 种显示方式可供选择。

1. "超大图标""大图标""中等图标"和"小图标"显示方式

"超大图标""大图标""中等图标"和"小图标"这 4 种显示方式类似于 Windows XP 中的"缩略图"显示方式。它们将文件夹中所包含的图像文件显示在文件夹图标上,以方便用户快速识别文件夹中的内容。这 4 种显示方式的区别只在于图标大小的不同,如图 2-36 所示为"中等图标"显示方式。

2. "列表"显示方式

在"列表"显示方式下,文件或文件夹以列表的方式显示,文件夹按纵向方式排列,文件或文件夹的名称显示在图标的右侧,如图 2-37 所示。

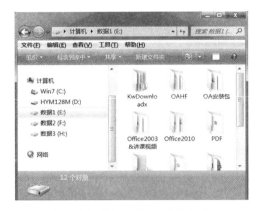

图 2-36 "中等图标"显示方式　　　　　图 2-37 "列表"显示方式

3. "详细信息"显示方式

在"详细信息"显示方式下,文件或文件夹整体以列表形式显示,除了显示文件图标和名称外,还显示文件的类型、修改日期等相关信息,如图 2-38 所示。

图 2-38 "详细信息"显示方式

4. "平铺"显示方式

"平铺"显示方式类似于"中等图标"显示方式,但比"中等图标"方式显示更多的文件信息,文件和文件夹的名称显示在图标的右侧,如图 2-39 所示。

5. "内容"显示方式

"内容"显示方式是"详细信息"显示方式的增强版,文件和文件夹将以缩略图的方式显示,如图 2-40 所示。

图 2-39 "平铺"显示方式　　　　　图 2-40 "内容"显示方式

2.3.4 资源管理器和库

在 Windows 7 中，一般是通过"资源管理器"窗口来管理文件与文件夹的。

打开"资源管理器"的方法有多种，常用的是通过双击桌面上的"计算机"图标 或单击任务栏上的"Windows 资源管理器"按钮 打开。

在"资源管理器"窗口中，可以通过窗口左侧的导航窗格来确定需要管理和查看的位置，选择位置后可在右侧的列表显示区中对其中的文件和文件夹进行管理。也可以通过窗口上方的地址栏来确定具体位置。图 2-41 所示是选择了"计算机"选项的 Windows 资源管理器。

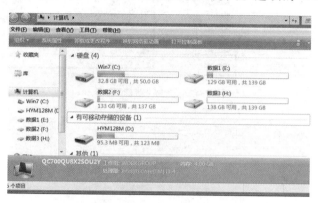

图 2-41 "计算机"选项的资源管理器

2.3.5 文件和文件夹的一些操作

1. 新建文件和文件夹

1) 新建文件夹

(1) 在窗口的空白处单击鼠标右键，在弹出的快捷菜单中选择"新建"→"文件夹"命令。

(2) 直接单击工具栏中的 新建文件夹 按钮。

(3) 在菜单栏中选择"文件"→"新建"→"文件夹"命令。

提示：在默认情况下，Windows 7 的"资源管理器"窗口的菜单栏是隐藏的，要选择菜单命令，可按下 Alt 键显示菜单栏后再进行操作。

2) 新建文件

新建文件也可以在窗口空白处单击鼠标右键，在弹出的快捷菜单中选择"新建"命令，然后在弹出的子菜单中选择一种文件类型，如图 2-42 所示。新建一个文件后，双击新建的文件会启动相应的程序来打开它。

2. 选定文件或文件夹

1) 选定单个文件或文件夹

直接用鼠标单击某个文件或文件夹即可将其选定，选定后的文件或文件夹以深色底纹显示。

2) 选定多个相邻文件或文件夹

(1) 按住鼠标左键不放，向任一方向拖动，此时屏幕上鼠标拖动的区域会出现一个蓝色的矩形框，放开鼠标后，蓝色矩形框内所有的文件或文件夹都被选中，如图 2-43 所示。

(2) 先选定一组文件或文件夹的第一个，然后按住 Shift 键不放，再单击这组文件或文件夹的最后一个，则这两个文件或文件夹之间的所有文件都被选定。

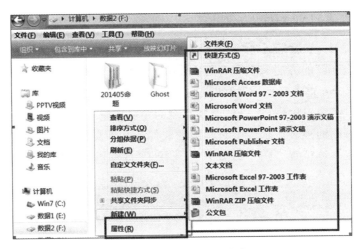

图 2-42　选择"新建"命令

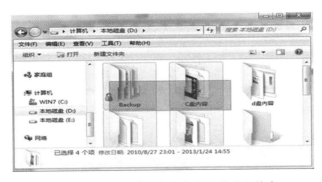

图 2-43　用鼠标选定多个相邻文件或文件夹

3）选定多个不相邻的文件或文件夹

选定多个不相邻的文件或文件夹时，可按住 Ctrl 键不放，用鼠标逐个单击要选定的文件或文件夹。

提示：按住 Ctrl 键不放，再单击已选定的文件或文件夹，则可取消选定文件或文件夹。

4）选定全部文件

除了可以用按住 Shift 键不放单击第一个和最后一个文件或文件夹的方法选定全部文件外，还可以选择"编辑"→"全选"命令或按 Ctrl＋A 键选定全部文件。

3. 打开文件或文件夹

要查看文件或文件夹中的内容就要打开文件或文件夹。通过双击文件夹即可打开该文件夹窗口，打开文件的方法也是双击鼠标左键，另外还可以在要打开的文件上单击鼠标右键，在弹出的快捷菜单中选择"打开方式"命令，再在打开的"打开方式"对话框中选择一个程序来打开，如图 2-44 所示。建议尽量使用 Windows 推荐程序来打开。

4. 移动文件或文件夹

其方法是选定要移动的文件或文件夹，按 Ctrl＋X 键剪切到剪贴板中，在目标文件夹窗口中按 Ctrl＋V 键进行粘贴，即可实现文件或文件夹的移动。也可以将选定的文件或文件夹用鼠标直接拖动到同一磁盘分区的其他文件夹中。

5. 复制文件或文件夹

复制文件或文件夹的方法是选定要复制的文件或文件夹后按 Ctrl＋C 键，将该文件夹

图 2-44 选择相应程序打开文件

复制到剪贴板中,在目标文件夹窗口中按 Ctrl+V 键,即可将选定的文件或文件夹复制到目标文件夹窗口中。

如果用户要把计算机中的文件或文件夹复制到库下的"文档"文件夹中,可采用快捷方法,即先选定要复制的文件或文件夹后单击鼠标右键,在弹出的快捷菜单中选择"发送到"→"文档"命令,即可将选中的文件或文件夹复制到"文档"文件夹中,如图 2-45 所示。

图 2-45 发送(复制)文件或文件夹到库的"文档"中

6. 重命名文件或文件夹

在同一文件夹中不允许有相同的文件或文件夹名,若要将同名的文件或文件夹复制到同一文件夹中,则先要将其中一个文件或文件夹重命名。

重命名文件或文件夹的方法是:选定要重命名的文件或文件夹,然后单击鼠标右键,在弹出的快捷菜单中选择"重命名"命令,此时要重命名的文件或文件夹图标下面的文字将处于可编辑状态,在其中输入新的名称后按 Enter 键即可。

注意:文件名包括字母、数字和汉字等,最多包含 256 个字符(包括空格),即 128 个汉字,但不能包含\、/、<、>、"、?、*、:和|这些字符。

7. 删除文件或文件夹

1)删除文件或文件夹到回收站

(1)选中要删除的文件或文件夹,然后按 Delete 键。

(2)选中要删除的文件或文件夹,然后在选中的文件或文件夹图标上单击鼠标右键,在弹出的快捷菜单中选择"删除"命令。

(3)选中要删除的文件或文件夹,然后用鼠标将其拖动到桌面上的"回收站"图标 上。

提示:用上述方法删除文件或文件夹时,系统会提示是否确定要把该文件或文件夹放入回收站,若确定要删除就单击 是(Y) 按钮,否则单击 否(N) 按钮放弃删除操作,如图 2-46 所示。

执行删除操作后双击桌面上的"回收站"图标 ,即可看到被删除的文件或文件夹,这是可以恢复的,如图 2-47 所示。

图 2-46 "删除文件夹"对话框　　　　图 2-47 回收站中被删除的文件夹

2)永久删除文件

在 Windows 7 中删除的文件都保存在回收站中,如果要彻底删除这些文件,在"回收站"窗口中单击工具栏中的  按钮,即可彻底删除回收站中的所有文件;如果只删除其中的部分文件或文件夹,则可在"回收站"窗口中选定要删除的文件或文件夹,然后单击鼠标右键,在弹出的快捷菜单中选择"删除"命令。

技巧:选定文件或文件夹后按 Shift+Delete 键,可直接将文件或文件夹彻底删除而不会放入回收站中。

8. 恢复被删除的文件或文件夹

放入回收站中的文件或文件夹,当需要时用户可以随时进行恢复,其方法是:在"回收站"窗口中选定要恢复的文件或文件夹,然后单击鼠标右键,在弹出的快捷菜单中选择"还原"命令,这样即可将其还原到被删除前的位置。

9. 搜索文件或文件夹

用户只需要在"资源管理器"窗口中打开需要搜索的位置,如需要在所有磁盘中查找,则打开"计算机"窗口;如需要在某个磁盘分区或文件夹中查找,则打开想要的磁盘分区或文件夹窗口。然后在窗口地址栏后面的搜索框中输入相关信息,Windows 会自动在搜索范围内搜索所有符合的对象,并在文件显示区中显示搜索结果。图 2-48 所示为搜索 E 盘中的"Windows 7"文件。

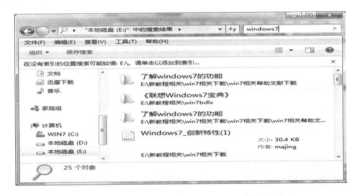

图 2-48 搜索 E 盘中的"Windows 7"相关内容

10. 设置文件夹属性

方法是在目标文件夹上单击鼠标右键,在弹出的快捷菜单中选择"属性"命令,打开该文件夹的"属性"对话框,如图 2-49 所示。

在"常规"选项卡的"属性"栏中选择 ■只读(仅应用于文件夹中的文件)(R) 和 □隐藏(H) 两个复选框,选中 □只读(仅应用于文件夹中的文件)(R) 或 ☑隐藏(H) 复选框后单击 应用(A) 按钮,将打开如图 2-50 所示的"确认属性更改"对话框,根据需要选择应用方式后单击 确定 按钮,可设置相应的文件夹属性。

图 2-49 文件夹属性对话框

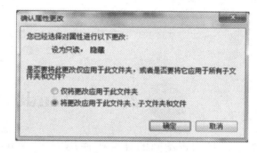

图 2-50 选择属性应用方式

单击 高级(D)... 按钮,则可打开"高级属性"对话框,在其中可以设置文件夹的存档和加密属性。

11. 创建文件或文件夹的桌面快捷方式

在需要创建快捷方式的文件或文件夹图标上单击鼠标右键,在弹出的快捷菜单中选择"发送到"→"桌面快捷方式"命令即可。如图 2-51 所示为在桌面上创建"重要文件"的快捷方式。

图 2-51 创建"重要文件"的桌面快捷方式

12. 设置文件夹选项

打开任意一个文件夹窗口,单击工具栏中的 组织▼ 按钮,在弹出的下拉菜单中选择"文件夹和搜索选项"命令,可打开"文件夹选项"对话框。该对话框包括"常规""查看"和"搜索"3 个选项卡,在各选项卡下可设置相应的文件夹选项,如图 2-52 所示。

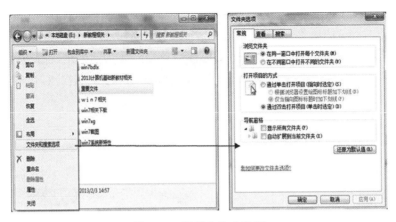

图 2-52 设置文件夹选项

2.4 Windows 7 的常用附件

为了满足用户不同的计算机使用需求,Windows 7 操作系统中自带了一些实用的工具软件,如写字板、"画图"程序和计算器等。即使计算机里没有安装相关的专业应用程序,通过 Windows 7 的自带工具,也能满足日常的编排文本、绘制图形和计算数值等需求。本节将学习使用 Windows 7 自带的各种常用附件。

2.4.1 写字板

Windows 7 自带的写字板是十分简单快捷的文字处理程序。利用它可以进行输入文本、设置文本的格式、插入图片等编辑工作。

1. 认识写字板

单击"开始"按钮,在弹出的菜单中选择"所有程序"→"附件"→"写字板"命令,打开"写字板"程序,如图 2-53 所示。写字板窗口的工作界面由快速访问工具栏、标题栏、功能选项卡和功能区、编辑区等部分组成,其结构与一般窗口类似。

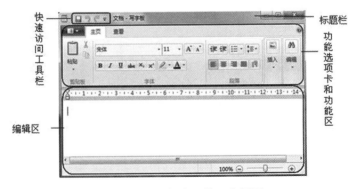

图 2-53 写字板窗口的工作界面

写字板窗口的工作界面的主要组成部分的作用分别如下。

(1)快速访问工具栏:便于用户进行保存、撤消和重做等操作。单击快速访问工具栏右侧的 按钮,可以将写字板的其他功能添加到快速访问工具栏中。

（2）功能选项卡和功能区：位于标题栏的下方，分为功能选项卡中的 按钮和功能区，其中选项卡提供了写字板的所有功能，只需选择相应的选项卡，在弹出的功能区中选择相应的选项即可完成所需的操作。

（3）编辑区：由标尺、文本编辑区和缩放工具组成。其中：标尺在编辑区的上方，用于显示和编辑文本宽度；编辑区中间最大的区域是文本编辑区，主要用于输入和编辑文本；缩放工具位于窗口右下侧，用于缩小或者放大文本编辑区中的信息。

2. 写字板的基本操作

1）新建文档

启动"写字板"程序后，系统将自动新建一个文档。通过单击功能选项卡中的 按钮，在弹出的菜单中选择"新建"命令也可以创建一个新的文档，如图2-54所示。

2）打开文档

在使用计算机过程中经常需要对已保存的文档进行查看、编辑或调用，这时需要先将其打开。方法是单击按钮选项卡中的 按钮，在弹出的菜单中选择"打开"命令，再在打开的"打开"对话框的地址栏中选择文档存放的位置，然后单击选择要打开的文档，最后单击 按钮打开该文档，如图2-55所示。

3）保存文档

文档编辑完成后，需要将文档保存在计算机中方便以后查看。同时正在编辑文档时，也应注意及时保存文档，以免因为意外情况丢失文档数据。

图 2-54 新建一个文档

图 2-55 打开文档

【例 2-4】 保存一篇新"文档"在库中的"文档"中。

（1）单击"开始"按钮 ，在弹出的菜单中选择"所有程序"→"附件"→"写字板"命令，启动写字板。

（2）单击按钮选项卡中的 按钮，在弹出的菜单中选择"保存"命令，将弹出如图2-56所示的"保存为"对话框。

（3）在该对话框的地址栏中选择保存位置为"库 ▶ 文档"，在"文件名"文本框中输入"文档"，最后单击 按钮，完成文档的保存。

提示：单击快速访问工具栏中的"保存"按钮 或单击按钮选项卡中的 ，在弹出的菜单中选择"另存为"命令，均可快速保存文档。

3. 编辑文档

在文档中输入内容以及对输入的内容进行字体、段落等的调整，是对文档编辑的重点。

1）输入文本

在对文本进行编辑操作之前，首先应该在写字板中输入文本。在写字板的文字编辑区

图 2-56 "保存为"对话框

中单击鼠标左键,当出现文本插入点后,切换到需要的输入法,输入文字内容。图 2-57 所示为使用搜狗拼音输入法输入的一段内容。当输入的文本内容占满一行后,插入点自动跳至下一行行首,实现换行。当需要对文本进行分段处理时,则按 Enter 键可将文本分段。

图 2-57 输入文本内容

2)选择文本

(1)选择连续的文本:将鼠标光标移到需要选择的文本开始处,当鼠标光标变成 I 形状时,按住鼠标左键并拖动到目标位置后释放鼠标。

(2)选择一行文本:将鼠标移到需要选择的行最左端的空白处,单击鼠标即可选择该行。

(3)选择整篇文本:将鼠标光标定位到文本的起始位置,按住鼠标左键并拖动至文本末尾处;或者按 Ctrl+A 键。

技巧:如果选择某个段落的文本,还可以在该段落中单击鼠标 3 次。选择文本后,若想取消选中,则只需在文本中任意位置单击一次鼠标,所选文本即被取消选择。

3)移动和复制文本

(1)复制文本:选择要复制的文本,然后单击剪贴板中的"复制"按钮或按 Ctrl+C 键,将所选内容复制到剪贴板中;再将插入点定位到目标位置,单击剪贴板中的"粘贴"按钮或按 Ctrl+V 键完成所选文本的复制。

(2)移动文本:选择要移动的文本,然后单击剪贴板中的"剪切"按钮或按 Ctrl+X 键,将所选内容剪切到剪贴板中;再将插入点定位到目标位置,单击剪贴板中的"粘贴"按钮或按 Ctrl+V 键完成所选文本的移动。

4)删除文本

(1)将光标移动到需删除文本右侧,按 Backspace 键。

(2)将光标移动到需删除文本左侧,按 Delete 键。

(3)选择需删除的文本后,按 Backspace 键或 Delete 键。

5)设置文档格式

如图 2-58 所示,其中:左上——设置文本的字体和大小;左下——设置文本的样式和颜色;右上——设置文本的缩进和行距等;右下——设置文本的排列方式。

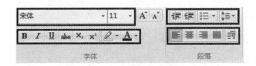

图 2-58 设置文档格式

6)插入对象

在写字板程序中不仅可以输入文字,还可插入图片等对象,其操作方法介绍如下。

(1)插入图片:单击"主页"选项卡中"插入"命令组中的"插入图片"按钮,在打开的"选择图片"对话框中选择图片的位置和图片文件后,单击 打开(O) 按钮即可插入图片文件。

(2)插入绘图:单击"主页"选项卡中"插入"命令组中的"插入绘图"按钮,程序自动启动画图程序。在画图程序中绘制完图形后,关闭画图程序,则在画图程序中绘制的图形将立刻被插入到写字板文档的插入点处。

2.4.2 画图

Windows 7 自带的画图程序是一个简单、实用的图像编辑器,可用于绘制图像,也可用于对计算机中保存的图像进行编辑修改。

1. 认识画图程序

单击"开始"按钮,在弹出的菜单中选择"所有程序"→"附件"→"画图"命令,启动画图程序。画图程序的操作界面如图 2-59 所示。

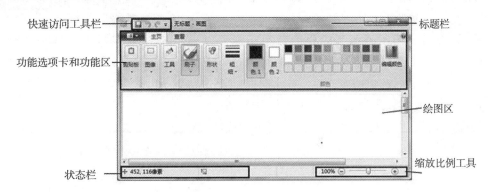

图 2-59 画图程序操作界面

其基本结构和基本操作与写字板类似,画图程序中主要的组成部分分别如下。

(1)绘图区:该区域是画图程序中最大的区域,用于显示和编辑当前图像效果。

(2)状态栏:显示当前操作图形的相关信息,如鼠标光标的像素位置、当前图形宽度像素和高度像素,以便绘制出更精确的图像。

(3)功能选项卡和功能区:在创作或编辑图形图像时,需要借助画图程序中自带的工具。画图程序中所有绘制工具及编辑命令都集成在功能选项卡和功能区的"主页"选项卡中,画图的大部分操作都可以在功能区中完成。

2. 绘制图形

利用画图程序提供的各种工具和"形状"命令组中的基本图案可以轻松绘制多种图形。如：使用"主页"选项卡中"工具"命令组中的"铅笔"工具，可以绘制任意形状的曲线；使用"形状"命令组中的"直线"工具，可以绘制任意角度和长度的直线等。

3. 编辑图形

1）打开图形文件

要编辑图形，首先应该打开图形。在画图程序中打开图片有以下两种方法。

（1）在计算机中打开存放图片文件的文件夹，在该图片上单击鼠标右键，在弹出的快捷菜单中选择"打开方式"→"画图"命令。

（2）启动画图程序，单击 按钮，在弹出的菜单中选择"打开"命令或按 Ctrl＋O 键。在打开的"打开"对话框中找到并选择图片文件，单击 按钮。

2）翻转与旋转图形

单击"图像"命令组中的旋转 按钮，在弹出的下拉列表框中选择需旋转的方向和角度，如选择"向左旋转 90 度"命令，效果如图 2-60 所示。

3）对图像局部进行编辑

画图程序不但能对图像进行整体编辑处理，还能对局部进行编辑处理，如裁剪、移动、缩放等。

在对图片进行局部编辑前，应先选择需要编辑的局部区域。单击"图像"命令组中的"选择"按钮 ，在弹出的下拉列表框中选择"矩形选择"命令。移动鼠标光标至图像中，然后按住鼠标左键不放并拖动鼠标，在鼠标拖动的位置将出现一个矩形选区，当矩形选区框住需选择的部分后，释放鼠标，完成局部图像的选择，如图 2-61 所示。

图 2-60 使用"旋转"后的图片效果

（1）裁剪图像：使用画图程序中的裁剪功能可以去除图像中多余的部分。其方法是使用"矩形选择"工具，在需要保留的位置框选出一个选区，与此同时，"图像"命令组中的 按钮被激活。单击 按钮，将自动裁剪掉多余的部分，留下被框选的部分。

（2）移动图像：在需缩放的位置框选出一个选区，然后再移动鼠标光标至选区内，当鼠标光标变成 形状时，按住鼠标左键不放并拖动，移动到所需位置后释放鼠标左键完成对图像的移动操作。

（3）缩放图像：使用"矩形选择"工具选中需要缩放的区域，然后移动鼠标光标到选区四周，当鼠标变为类似 的双箭头形状时，按住鼠标左键不放并拖动鼠标，即可放大或缩小所选图像。

4）调整画布大小

新建的画图文档，画布大小不一定能满足要求，不满足要求时可进行画布大小的调整。其方法是：移动鼠标光标到画布右下角，当鼠标光标变成 形状时，按住鼠标左键不放并拖动，此时画布大小将随着鼠标的拖动而变大或者变小；拖动到合适的位置后，释放鼠标左键完成调整。

5)保存图像

绘制或者编辑完成图像后,将其保存在计算机中的方法与保存文档的方法类似。保存图像的方法是通过单击按钮选项卡中的 按钮,在弹出的菜单中选择"保存"命令或按 Ctrl+S 键。如果是第一次保存图像,将会打开"保存为"对话框,在其中设置保存位置、文件名及其保存类型后,单击 保存(S) 按钮,完成保存,如图 2-62 所示。

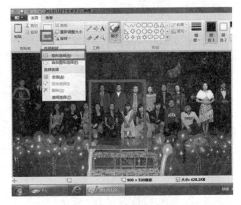

图 2-61 框选局部区域

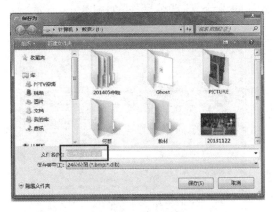

图 2-62 保存图像

2.4.3 其他常用附件

Windows 7 除写字板和画图以外,还有其他很多功能各不相同的实用附件。如可以帮助控制计算机的 Windows 语音识别、帮助计算数据的计算器等。

1. 计算器

1)标准型计算器

单击"开始"按钮,在弹出的菜单中选择"所有程序"→"附件"→"计算器"命令,启动计算器。计算器程序默认的打开模式为标准型,如图 2-63 所示。

Windows 7 中计算器的使用方法与现实中计算器的使用方法基本相同,使用鼠标单击操作界面中相应的按钮即可计算。需要注意的是,某些运算符在计算机的计算器中显示方式不同,如除号"÷"显示为"/",乘号"×"显示为"*"等。

2)科学型计算器

标准型计算器不能完成的计算任务可以选择"查看"→"科学型"命令,切换到科学型模式下进行计算,如图 2-64 所示。该模式可进行数学上的三角函数、平方、平方根、多次方、多次方根和指数等较复杂的数值计算。

图 2-63 标准型计算器

图 2-64 科学型计算器

3)程序员模式计算器

选择"查看"→"程序员"命令,可将计算器切换到程序员模式。在该模式下,用户可对数字进制转换等进行计算,如图 2-65 所示。

4)统计信息模式计算器

选择"查看"→"统计信息"命令,可将计算器切换到统计信息模式。该模式可以进行多个数据的统计、计算等操作,如图 2-66 所示。

图 2-65　程序员模式计算器

图 2-66　统计信息模式计算器

2. 录音机

单击"开始"按钮,在弹出的菜单中选择"所有程序"→"附件"→"录音机"程序。使用录音机,可以将各种声音录制成音频文件保存在计算机中,随时可以播放聆听。

"录音机"窗口的界面比较简洁,只需单击"开始录制"按钮,即可开始声音的录制。此时只要对着麦克风说话,就会录制说话的内容,如图 2-67 所示。开始后"开始录制"按钮将变为"停止录制"按钮,如图 2-68 所示,单击此按钮可结束录制,并打开一个"另存为"对话框,在该对话框中选择保存的路径并输入名字将录制的声音保存为计算机中的文件。

图 2-67　"录音机"窗口的界面

图 2-68　开始录音

3. 照片查看器

Windows 照片查看器是 Windows 7 自带的看图工具,是一个集成于系统的系统组件,不能单独运行。当双击 JPG、PNG、BMP 等格式的图片时,在默认情况下,系统自动使用 Windows 照片查看器打开此图片,如图 2-69 所示的就是 Windows 照片查看器窗口。

Windows 照片查看器不具备编辑功能,只能用于浏览已经保存在计算机中的图片。一个文件夹中存放了多张照片,可以单击"下一个"按钮浏览此文件夹中的下一幅图片;单击"上一个"按钮,浏览上一幅图片;单击"放映幻灯片"按钮,可全屏观看且会每隔一段时间自动切换到下一张图片。

图 2-69　Windows 照片查看器

2.4.4　Windows Media Player 播放器

1. 多媒体播放器

Windows Media Player 是 Windows 7 操作系统自带的一款多媒体播放器，使用它可以播放各种格式的音乐文件和视频文件，还可以播放 VCD 和 DVD 电影。

1) Windows Media Player 界面

使用 Windows Media Player 可以在计算机上播放各种多媒体文件，在 Windows 7 中，启动计算机后单击任务栏上的 按钮可启动 Windows Media Player，也可选择"开始"→"所有程序"→"Windows Media Player"命令启动播放器。第一次启动 Windows Media Player 将打开欢迎使用界面，选中"推荐设置"单选按钮后单击"完成"按钮，可快速进入其主界面。启动后的窗口界面如图 2-70 所示。

图 2-70　Windows Media Player 窗口界面

其中各区域的主要功能分别介绍如下。

(1)标题栏:与其他标题栏的作用一样,用于显示窗口的名称,右边的窗口控制按钮可以控制窗口的显示状态和关闭窗口。

(2)工具栏:包括各种工具按钮、切换按钮和下拉菜单,可进行窗口操作、窗口切换以及媒体库中文件的搜索等。

(3)导航窗格和显示区:导航窗格用于快速切换不同显示媒体信息的类别,包括音乐、视频、图片等媒体信息,在导航窗格中选择某项后,右边的显示区中将显示具体信息或相关列表,并可通过显示区对其中的对象进行操作。

(4)列表信息区:显示不同列表的详细信息,选择上面的"播放""刻录"或"同步"选项卡,可在下面的显示区中显示相应的信息。

(5)播放控制区:用于显示和控制当前的播放状态。

技巧:单击播放控制区右侧的 按钮可将 Windows Media Player 窗口切换到"正在播放"窗口模式,如图 2-71 所示。

图 2-71 "正在播放"窗口

2)播放多媒体文件

(1)从"库"模式打开媒体文件。

"库"模式的菜单栏默认是隐藏的,所以要播放计算机中的文件,可以在窗口工具栏上单击鼠标右键,在弹出的快捷菜单中选择"文件"→"打开"命令,如图 2-72 所示。在打开的"打开"对话框中选择需要播放的文件,然后单击 按钮即可在 Windows Media Player 中播放这些文件,如图 2-73 所示。

图 2-72 选择"打开"命令　　　　　图 2-73 "打开"对话框

(2)从"外观"模式打开媒体文件。

"外观"模式的窗口比较简洁,打开媒体文件的方法也较直观。首先需要在窗口工具栏上单击鼠标右键,在弹出的快捷菜单中选择"视图"→"外观"命令,将播放器切换到"外观"模式,然后执行"文件"→"打开"命令,可打开并播放计算机中的媒体文件,如图 2-74 所示。

3)播放光盘中的多媒体文件

Windows Media Player 还可以直接播放光盘中的多媒体文件,将光盘放入光驱中,然后在 Windows Media Player 窗口的工具栏上单击鼠标右键,在弹出的快捷菜单中选择"播放"→"DVD、VCD 或 CD 音频"命令,即可播放光盘中的多媒体文件,如图 2-75 所示。

提示:如果是播放视频或图片文件,Windows Media Player 将自动切换到"正在播放"视图模式,如果再切换到"媒体库"模式,将只能听见声音而无法显示视频和图片。

图 2-74 从"外观"模式打开媒体文件

4)使用媒体库

媒体库可以将存放在计算机中不同位置的媒体文件统一集合在一起,通过它,用户可以快速找到并播放相应的多媒体文件。

(1)创建播放列表。

要创建一个播放列表,可单击工具栏中的 创建播放列表(C) 按钮,在导航窗格的"播放列表"下出现一个选项,在文本框中输入列表名称后按 Enter 键确认创建,如图 2-76 所示。创建后单击导航窗格中的"音乐"选项,在显示区的"所有音乐"列表中拖动需要的音乐到新建的播放列表中,添加后双击该列表项即可播放列表中的所有音乐。

图 2-75 播放光盘中的文件

图 2-76 创建播放列表

(2)编辑列表文件。

①设置播放顺序:单击导航窗格中的播放列表,并选择列表信息区中的"播放"选项卡打开列表信息区,其中显示了该列表的详细信息,单击上面的"列表选项"按钮,在弹出的下拉菜单中可以选择无序播放或按照一定的顺序排列文件并按顺序播放,如图 2-77 所示。

②手动设置列表:在播放列表中,可以对单个文件进行上移、下移或删除等操作,使用鼠标拖动列表中的文件进行调整,也可以在文件图标上单击鼠标右键,在弹出的快捷菜单中选择"上移"或"下移"命令,该方式一次只能移动一个位置,在快捷菜单中还可以对文件进行删除等操作。

③重命名列表:对播放列表进行重命名操作,可以在左边的导航窗格中使用鼠标右键单击该列表,在弹出的快捷菜单中选择"重命名"命令,也可以在右侧的列表

图 2-77 设置播放顺序

图 2-78 删除播放列表

信息区中,使用鼠标单击列表名称,在出现的文本框中输入新的名称。

④删除列表:删除一个播放列表,需要在左边的导航窗格中选择该列表,单击鼠标右键,在弹出的快捷菜单中选择"删除"命令,然后在打开的删除对话框中选择一个删除选项,再单击 确定 按钮进行删除,如图 2-78 所示。删除列表并不会删除媒体文件,其文件仍然可以在媒体库中找到。

2. 媒体文件管理

1)添加媒体库位置

在 Windows Media Player 窗口的工具栏中单击 组织(O) ▼ 按钮,在弹出的下拉菜单中选择"管理媒体库"下的相应命令,打开相应库位置对话框,在该对话框中单击 添加(A)... 按钮,可在打开的对话框中选择要添加的文件夹作为媒体库位置,如图 2-79 所示。

图 2-79 添加媒体库位置

2)更改媒体信息

根据需要,可以对某个媒体文件的媒体信息(如文件名称、作者和流派等)进行更改和编辑,使查找、排序更加方便。如需要更改某个音乐文件的流派,则在导航窗格中单击"流派"选项,在显示区中需要更改的文件上单击鼠标右键,在弹出的快捷菜单中选择"编辑"命令,再在出现的文本框中输入新的流派名称即可。

3)删除单个文件

在显示区列表中选择需要删除的文件,单击鼠标右键,在弹出的快捷菜单中选择"删除"命令,再在打开的删除对话框中选中 ⊙ 仅从媒体库中删除(L) 单选按钮,单击 确定 按钮即可从媒体库中删除该文件,如果选中 ⊙ 从媒体库和计算机中删除(C) 单选按钮,系统将彻底从计算机中删除该媒体文件。

技巧:在显示区中选择一个媒体文件,单击鼠标右键,在弹出的快捷菜单中选择"添加到"下的子菜单命令,可以将该文件添加到已有的列表中。

2.5 计算机个性设置

设置个性化的计算机显示方式、为计算机"换肤"等,能给用户以新鲜的感觉。计算机个性设置有设置主题、设置桌面背景、设置屏幕保护程序、设置屏幕分辨率、设置图标样式和设置桌面小工具等。

2.5.1 设置主题桌面背景和屏幕保护

1. 设置主题

主题决定整个桌面的显示风格,Windows 7 中有多个主题供用户选择。

设置主题的方法是在桌面空白处单击鼠标右键,在弹出的快捷菜单中选择"个性化"命令,打开"个性化"窗口,在窗口的中间部分选择喜欢的主题,然后单击即可。选择一个主题后,其声音、背景、窗口颜色等都会随着改变。图 2-80 所示为"个性化"窗口中的主题列表。

图 2-80 选择主题

2. 设置桌面背景

单击"个性化"窗口下方的"桌面背景"超链接,在打开的"桌面背景"窗口中间的图片列表中可选择一张或多张图片。如需设置计算机中的其他图片作为桌面背景,可单击 图片位置(L): 下拉列表框后的 浏览(B)... 按钮来选择计算机中存放图片的文件夹。

3. 设置屏幕保护

在一段时间不使用计算机时,通过屏幕保护程序可以使屏幕暂停显示或以动画显示,让屏幕上的图像或字符不会长时间停留在某个固定位置上,从而可以保护显示器屏幕。

这方面的设置请按本章"实验指导"的内容进行上机实验。

2.5.2 设置窗口显示效果和屏幕分辨率

1. 设置窗口显示效果

用户可以自定义设置窗口的颜色、透明度和外观等,在"个性化"窗口中单击"窗口颜色"超链接,可打开"窗口颜色和外观"窗口,如图 2-81 所示。

在窗口中单击某种颜色可快速更改窗口边框、"开始"菜单和任务栏的颜色,并且可设置透明效果和颜色浓度。

单击"显示颜色混合器"前面的 ⊙ 按钮,可在下方显示颜色混合器,拖动各项的滑块可手动调整颜色。

单击"高级外观设置"超链接,可打开"窗口颜色和外观"对话框。在该对话框中,通过"项目"下拉列表框可对桌面、窗口、菜单、图标、消息框等二十多种项目分别进行设置,如图 2-82 所示。

图 2-81 "窗口颜色和外观"窗口

图 2-82 "窗口颜色和外观"对话框

2. 设置屏幕分辨率

设置不同的分辨率,屏幕上的显示效果也不一样,一般分辨率越高,屏幕上显示的像素越多,相应的图标也就越大。设置屏幕分辨率的方法很简单,只需在桌面空白处单击鼠标右键,在弹出的快捷菜单中选择"屏幕分辨率"命令,即可在打开的"屏幕分辨率"窗口中通过拖动"分辨率"下拉列表框下的滑块调整分辨率。

2.6 系统设置与管理

系统设置与管理包括设置鼠标属性、日期和时间、用户帐户以及添加和删除 Windows 组件等。

2.6.1 控制面板

控制面板其实是一个特殊的文件夹,里面包含了不同的设置工具,用户可以通过控制面板对 Windows 7 系统进行设置。

单击"计算机"窗口工具栏中的 按钮或选择"开始"→"控制面板"命令,都可启动控制面板。在"控制面板"窗口中通过单击不同的超链接可以进入相应的设置窗口,将鼠标指针移动到分类标题上停留片刻会有一个提示框提示该超链接的作用,如图 2-83 所示。

图 2-83 "控制面板"窗口

2.6.2 设置鼠标属性

在"控制面板"窗口中单击"硬件和声音",打开"硬件和声音"窗口,然后在"设备和打印机"栏中单击"鼠标"超链接,打开"鼠标 属性"对话框,如图 2-84 所示,在该对话框中可以对鼠标的属性进行设置。常用选项卡的作用介绍如下。

(1)"鼠标键"选项卡:可以设置鼠标键配置、双击速度和单击锁定属性。
(2)"指针"选项卡:可以为鼠标设置不同的指针方案。
(3)"指针选项"选项卡:可以设置指针的移动、对齐及可见性属性。
(4)"滑轮"选项卡:可以设置鼠标滑轮的滚动属性。

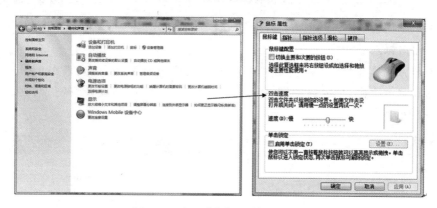

图 2-84 打开"鼠标 属性"对话框

2.6.3 设置日期和时间

在"控制面板"窗口中单击"时钟、语言和区域",打开"时钟、语言和区域"窗口,然后在"日期和时间"栏中单击"设置时间和日期"超链接,在打开的"日期和时间"对话框中单击 更改日期和时间(D)... 按钮,可更改计算机的日期和时间,如图 2-85 所示。

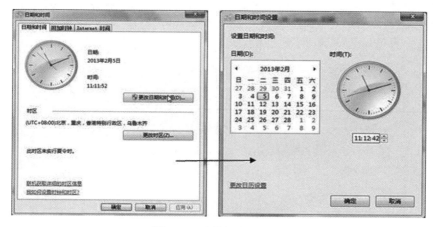

图 2-85 设置日期和时间

2.6.4 设置用户帐户

1. 添加新用户帐户

在"控制面板"窗口中单击"用户帐户和家庭安全"下的"添加或删除用户帐户"超链接,

在打开的"管理帐户"窗口中单击"创建一个新帐户"超链接,即可按照提示创建一个新的标准用户或管理员帐户,如图 2-86 所示。

图 2-86　创建新帐户

2. 更改用户帐户

用上面的方法打开"管理帐户"窗口,在"选择希望更改的帐户"列表中单击需要更改的帐户,在打开的"更改帐户"窗口中即可进行更改帐户名称、创建或修改密码、更改图片等操作,如图 2-87 所示。

图 2-87　更改帐户

2.6.5　打开或关闭 Windows 功能

(1)在"控制面板"窗口中单击"程序",然后在打开的"程序"窗口中单击"程序和功能"栏下的"打开或关闭 Windows 功能"超链接,如图 2-88 所示。

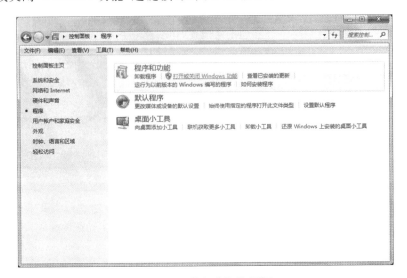

图 2-88　进入功能选择框

（2）在打开的"Windows 功能"对话框的功能列表框中选中需要打开的功能前的复选框，或取消选中需要关闭的功能前的复选框，然后单击 确定 按钮，如图 2-89 所示。

图 2-89　选择打开或关闭的 Windows 功能

2.7　系统工具

Windows 7 为人们提供了一系列功能丰富的系统工具，如果能够充分利用这些工具，可以让自己的 Windows 7 功能得到充分的发挥。本节将主要介绍 Windows 7 自带的系统工具：资源监视器、备份和还原、磁盘清理、磁盘碎片整理程序、Windows 轻松传送、系统信息等。

2.7.1　备份和还原

1. 备份

文件备份是存储在与源文件不同位置的文件副本。如果希望跟踪文件的更改，则可以有文件的多个备份。备份文件的步骤如下。

选择"开始"→"控制面板"→"系统和安全"→"备份和还原"命令，打开"备份和还原"窗口，如图 2-90 所示。如果是首次进行备份，则需要进行设置。单击"设置备份"链接，打开如图 2-91 所示的"设置备份"对话框，选择备份位置，建议将备份保存在外部硬盘上，以免系统盘损坏后，备份数据也无法恢复和使用。

选择备份位置完毕后，单击 下一步(N) 按钮，在弹出的如图 2-92 所示的对话框中选中 让我选择 单选按钮，单击 下一步(N) 按钮，在弹出的对话框中选择备份内容，如图 2-93 所示。如果外部硬盘空间足够大，还可以选择  复选框，这样可以将整个 Windows 7 操作系统备份到外部硬盘上。

图 2-90 "备份和还原"窗口

图 2-91 "设置备份"对话框

图 2-92 选中"让我选择"单选按钮　　　　图 2-93 选择备份内容

选择完毕后,单击 下一步(N) 按钮,弹出如图 2-94 所示的"查看备份设置"对话框,确认后,单击 保存设置并运行备份(S) 按钮。系统开始备份操作,如图 2-95 所示。备份进行中和完成备份如图 2-96 所示。

图 2-94 "查看备份设置"对话框

图 2-95 系统开始备份

图 2-96 备份进行中以及完成备份

2. 还原

选择"开始"→"控制面板"→"系统和安全"→"备份和还原"命令,打开"备份和还原"窗口。

单击 还原我的文件(R) 按钮,弹出如图 2-97 所示的"还原文件"对话框,要还原文件可单击 浏览文件(I) 按钮,要还原文件夹可单击 浏览文件夹(O) 按钮。

如图 2-98 所示,选择了要还原的文件后,单击 下一步(N) 按钮,弹出如图 2-99 所示的"您想在何处还原文件?"界面,这里选中 ⊙ 在原始位置(O) 单选按钮,然后单击 还原(R) 按钮,如果原始位置包含此文件,会弹出"复制文件"对话框,提示是否复制和替换,单击 复制和替换 按钮即可完成复制和替换。

图 2-97 "还原文件"对话框

图 2-98 选择了要还原的文件

还原完成后,弹出如图 2-100 所示的完成提示信息。单击 完成(F) 按钮结束还原过程。

图 2-99 "您想在何处还原文件?"界面　　　图 2-100 完成提示信息

2.7.2 磁盘碎片整理程序

磁盘碎片整理程序是一种工具,它可以重新排列硬盘上的数据并重新组合碎片文件,以便计算机能够更有效地运行。在 Windows 7 中,磁盘碎片整理程序会按计划运行,因此用户无须记住要运行它,尽管仍然可以手动运行它或更改其运行计划。

1. 整理磁盘碎片

选择"开始"→"所有程序"→"附件"→"系统工具"→"磁盘碎片整理程序"命令,打开"磁盘碎片整理程序"窗口,如图 2-101 所示。

首先选择要整理碎片的磁盘,然后单击 分析磁盘(A) 按钮,分析磁盘上的碎片情况,分析完成后,会将磁盘碎片百分比显示在"当前状态"区域中,单击 磁盘碎片整理(D) 按钮,则立即开始分析并进行磁盘碎片的整理工作,如图 2-102 所示。磁盘碎片整理程序可能需要几分钟到几小时才能完成,具体取决于硬盘碎片的大小和程度。在磁盘碎片整理过程中,仍然可以使用计算机。

图 2-101 "磁盘碎片整理程序"窗口　　　图 2-102 开始整理磁盘碎片

2. 计划定期运行磁盘碎片整理程序

选择"开始"→"所有程序"→"附件"→"系统工具"→"磁盘碎片整理程序"命令,打开"磁盘碎片整理程序"窗口。

单击 配置计划(S)... 按钮,弹出如图 2-103 所示的"磁盘碎片整理程序:修改计划"对话框,在此对话框中,选择要进行碎片整理的频率、日期、时间,然后单击 确定(O) 按钮返回"磁盘碎片整理程序"窗口。

再次在"磁盘碎片整理程序"窗口中单击 确定(O) 按钮完成整个设置过程。

图 2-103 设置磁盘碎片整理计划

2.7.3 系统信息

系统信息显示有关用户计算机硬件配置、计算机组件和软件(包括驱动程序)的详细信息。通过选择"开始"→"所有程序"→"附件"→"系统工具"→"系统信息"命令,弹出"系统信息"窗口,如图 2-104 所示。

图 2-104 "系统信息"窗口

系统信息在左窗格中列出了类别,展开后如图 2-105 所示,在右窗格中列出了有关每个类别的详细信息。这些类别的具体内容如下。

(1)系统摘要:显示有关用户计算机和操作系统的常规信息,如计算机名称和制造商、用户计算机使用的基本输入/输出系统(BIOS)的类型以及安装的内存数量。

(2)硬件资源:向 IT 专业人员显示有关用户计算机硬件的高级详细信息。

(3)组件:显示有关用户计算机上安装的磁盘驱动器、声音设备、调制解调器和其他组件的信息。

(4)软件环境:显示有关驱动程序、网络连接以及其他与程序有关的详细信息。

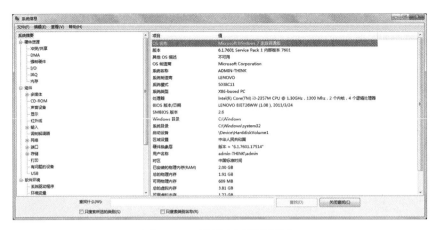

图 2-105　展开左侧类别列表

 习题 2

1. 单项选择题

(1) 在 Windows 7 中,以下说法正确的是(　　)。

　　A. 双击任务栏上的日期/时间显示区,可调整机器默认的日期或时间

　　B. 如果鼠标坏了,将无法正常退出 Windows

　　C. 如果鼠标坏了,就无法选中桌面上的图标

　　D. 任务栏总是位于屏幕的底部

(2) 在 Windows 7 中,以下说法正确的是(　　)。

　　A. 关机顺序是:退出应用程序,回到 Windows 桌面,直接关闭电源

　　B. 在系统默认情况下,右击 Windows 桌面上的图标,即可运行某个应用程序

　　C. 若要重新排列图标,应首先双击鼠标左键

　　D. 选中图标,再单击其下的文字,可修改文字内容

(3) 在 Windows 7 中,从 Windows 图形用户界面切换到"命令提示符"方式以后,再返回到 Windows 图形用户界面下,可以键入(　　)命令后回车。

　　A. Esc　　　　　　B. exit　　　　　　C. CLS　　　　　　D. Windows

(4) 在 Windows 7 中,可以为(　　)创建快捷方式。

　　A. 应用程序　　　B. 文本文件　　　C. 打印机　　　　D. 三种都可以

(5) 操作窗口内的滚动条可以(　　)。

　　A. 滚动显示窗口内菜单项　　　　　B. 滚动显示窗口内信息

　　C. 滚动显示窗口的状态栏信息　　　D. 改变窗口在桌面上的位置

(6) 在 Windows 7 中,若要退出一个运行的应用程序,(　　)。

　　A. 可执行该应用程序窗口的"文件"菜单中的"退出"命令

　　B. 可用鼠标右键单击应用程序窗口空白处

　　C. 可按 Ctrl+C 键

　　D. 可按 Ctrl+F4 键

(7) 搜索文件时,用(　　)通配符可以代表任意一串字符。

  A. *　　　　　　B. ?　　　　　　C. 1　　　　　　　D. <

(8) Windows 7 属于(　　)。

  A. 系统软件　　　B. 管理软件　　　C. 数据库软件　　　D. 应用软件

(9) 双击一个窗口的标题栏,可以使得窗口(　　)。

  A. 最大化　　　　B. 最小化　　　　C. 关闭　　　　　　D. 还原或最大化

(10) 将文件拖到回收站中后,则(　　)。

  A. 复制该文件到回收站　　　　　　B. 删除该文件,且不能恢复

  C. 删除该文件,但能恢复　　　　　　D. 回收站自动删除该文件

2. 简答题

(1) 为什么说在删除程序时,不能仅仅把程序所在的目录删除?

(2) 如何改变任务栏的位置?

(3) 如何设置任务栏属性?

(4) 如果用户不习惯使用 Windows 7 的"开始"菜单,如何自定义格式?

(5) 如何使用 Windows 7 的记事本建立文档日志,用于跟踪用户每次开启该文档时的日期和时间(指计算机系统时间)?

(6) 如何使"命令提示符"窗口设置为全屏方式?

(7) 在 Windows 7 中,如何使用"录音机"进行录音、停止录音和继续录音?

3. 填空题

(1) Windows 7 预装了一些常用的小程序,如画图、写字板、计算器等,这些一般都位于"开始"菜单中"所有程序"级联菜单下的_____中。

(2) 记事本是一个用来创建简单的文档的基本的文本编辑器。记事本最常用来查看或编辑文本文件,生成_____文件。

(3) 在记事本和写字板中,若创建或编辑对格式有一定要求的文件,则要使用_____。

(4) 在任务栏的右键快捷菜单中,选中"锁定任务栏"命令,则任务栏被锁定在桌面的_____位置,同时任务栏上的工具栏位置及大小_____。

实验项目 2

实验 1　启动和退出应用程序

实验 2　窗口、菜单和对话框的综合应用

实验 3　使用右键菜单方式新建文件夹

实验 4　文件夹的移动

实验 5　管理文件和文件夹

实验 6　搜索文件并设置文件夹属性综合应用

实验 7　写字板文字设置基础

实验 8　写字板文档编辑

实验 9　在画图程序中绘制"草莓"图形

实验 10　为计算机设置屏幕保护程序

实验 11　设置个性化桌面

实验 12　创建标准用户帐户

第 3 章 Word 2010

【内容提要】

Word 的基本功能大致分为三个部分,即内容录入与编辑、内容的排版与修饰美化、效率工具。本章围绕这三个部分做重点介绍。虽然 Word 的功能和技术日趋复杂,频频升级,但基本上都是围绕上述三个部分做锦上添花的工作,学习时可根据实际需要对各种功能加以整合。

Word 的三个基本功能是内容录入与编辑、内容的排版与修饰美化、效率工具。

第一个在 Windows 上运行的 Word 1.0 版出现在 1989 年,经过二十多年的不断发展,Word 已由一个简单的文字处理软件发展成为一个功能全面,可以排出精美的书报、杂志版面的桌面排版系统,许多功能能够和专业的印刷排版系统相媲美。

3.1 概 述

这里先介绍 Office 2010 的新特性,让读者熟悉 Word 2010 的操作界面,以及 Word 2010 文档的基本操作,包括新建、保存、打开和关闭文档,并简要介绍 Word 2010 中的 5 种视图模式。

3.1.1 Office 2010 特点

1. BackStage 视图

Office 2010 全新的 BackStage 视图模式取代了传统的文件菜单,用户只需单击鼠标,就能够完成保存、共享、打印与发布文档等工作。例如,在"信息"选项中,如图 3-1 所示,除了可以看到文件的详细信息,还可以设置文件的权限、准备共享和版本管理,"打印"选项更是结合低版本的页面布局与打印预览的设置,极大地方便了对文档的管理。

2. 大幅改良导航和搜索体验

在 Office 2010 中新增了"文档导航"窗格和搜索功能,让用户轻松应对长文档,当用户需要重新整理大型的文档结构,可以在导航窗格中选择要调整位置的标题,按住鼠标左键不放并拖动,即可调整文档的结构。另外,还可以在导航窗格中直接搜索需要的内容,程序自动将其进行突出显示。

3. 快速轻松地捕获屏幕截图并将其插入文档中

用户可以利用屏幕截图功能向 Office 文档中插入屏幕截图。只需单击"屏幕截图"按钮,在弹出的下拉列表中选择截取的程序窗口图标,程序会自动执行截取整个屏幕的操作,并且将截图插入到文档中。

第 3 章　Word 2010

图 3-1　全新的 BackStage 视图

4. 全新的图片编辑工作

Office 2010 全新的图片编辑工作能够营造出特别的图片效果，如将图片设置为默认的书法标记、铅笔灰度、线条图、影印等效果，让文档中的图片呈现不同的风格。

5. 带有图片的 SmartArt 图形更加可视化

在 Office 2010 中为图形新增了一种图片布局，可以在这种布局中使用照片阐述案例，创建此类图形非常简单，只需要插入图形图片布局，然后添加照片，并撰写说明性的文本即可。

3.1.2　Word 2010 界面

启动 Word 2010 程序，图 3-2 为 Word 2010 的操作界面。打开的主窗口中包括"文件"选项卡、快速访问工具栏、功能区、编辑区以及状态栏等部分。

图 3-2　Word 2010 的操作界面

1. "文件"选项卡

与 Office 2007 相比,Office 2010 界面最大的变化就是使用"文件"选项卡替代了原来位于程序窗口左上角的 Office 按钮。打开"文件"选项卡,用户能够获得与文件有关的操作选项,如"打开""另存为"或"打印"等。

"文件"选项卡实际上是一个类似于多级菜单的分级结构,分为 3 个区域。左侧区域为命令选项区,该区域列出了与文档有关的操作命令选项。在这个区域选择某个选项后,右侧区域将显示其下级命令按钮或操作选项。同时,右侧区域也可以显示与文档有关的信息,如文档属性信息、打印预览或预览模板文档的内容等。

2. 快速访问工具栏

快速访问频繁使用的命令,如"保存""撤消"和"恢复"等。在快速访问工具栏的右侧,可以通过单击下拉按钮,在弹出的菜单中选择 Office 已经定义好的命令,即可将选择的命令以按钮的形式添加到快速访问工具栏中。

3. 标题栏

标题栏位于快速访问工具栏的右侧,在标题栏中从左至右依次显示了当前打开的文档名称、程序名称、窗口操作按钮("最小化""最大化"和"关闭"按钮)。

4. 标签

单击相应的标签,可以切换到相应的选项卡,不同的选项卡提供了多种不同的操作设置选项。

5. 功能区

在每个标签对应的选项卡中,按照具体功能将其中的命令进行更详细的分类,并划分到不同的组中。

6. 编辑区

白色区域是 Word 窗口中最大的区域,用户可以在编辑区中输入文字和数值,插入图片、绘制图形、插入表格和图表,还可以设置页眉页脚的内容、设置页码等。通过对编辑区进行编辑,可以使 Word 文档丰富多彩。

7. 滚动条

拖动滚动条可以浏览文档的整个页面的内容。

8. 状态栏

状态栏位于主窗口的底部,可以通过状态栏了解当前的工作状态。例如,在 Word 状态栏中,可以通过单击状态栏上的按钮快速定位到指定的页、查看次数、设置语言,还可以改变视图方式和文档页面显示比例等。

3.1.3 基本操作

1. 新建 Word 文档

启动 Word 2010 后,系统自动创建一个名为"文档 1"的空白文档,默认保存文件名为 Doc1.docx。可以直接在该文档中进行编辑,也可以新建其他空白文档或根据 Word 2010 提供的模板文件新建文档。Word 2010 与以往 Word 版本中的文档格式有了很大的变化。Word 2010 以 XML 格式保存,其新的文件扩展名是在以前的文件扩展名后添加 x 或 m。x 表示不含宏的 XML 文件,而 m 表示含有宏的 XML 文件,具体如表 3-1 所示。

表 3-1　Word 2010 文件类型及其扩展名

Word 2010 文件类型	扩　展　名
Word 文档	.docx
启用宏的 Word 文档	.docm
Word 模板	.dotx
启用宏的 Word 模板	.dotm

单击"文件"选项卡,选择"新建"选项,如图 3-3 所示,在中间的"可用模板"列表框中选择文档模板的类型,单击"创建"按钮即可创建相应的文档。

图 3-3　新建文档

2. 保存 Word 文档

为了将新建的或经过编辑的文档永久地保存到计算机中,需要对文档进行保存。保存文档的方法有以下两种。

(1)单击快速访问工具栏中"保存"按钮,打开"另存为"对话框,输入"文件名",选择"保存类型"后保存。

(2)单击"文件"选项卡,在展开的菜单中单击"保存"或"另存为"选项。

另外,按 F12 键可以对当前文件"另存为"。

3. 打开 Word 文档

要编辑以前保存过的文档,需要先在 Word 中打开该文档。单击"文件"选项卡,在展开的菜单中选择"打开"选项,弹出"打开"对话框,定位要打开文档的路径,然后选择要打开的文档,单击"单开"按钮即可在 Word 窗口中打开选定的文档。

4. 关闭 Word 文档

对于暂时不再进行编辑的文档,可以将其关闭。在 Word 2010 中关闭当前已经打开的文档有以下几种方法。

(1)在要关闭的文档中单击"文件"选项卡,然后在弹出的菜单中选择"关闭"选项。

(2)按组合键 Ctrl+F4。

(3)单击文档窗口右上角的关闭按钮。

3.1.4　Word 2010 视图模式

1. 页面视图

在页面视图下,显示的文档与打印出来的结果几乎是完全一致的,也就是所见即所得,文档中的页眉、页脚、脚注、分栏等项目显示在实际打印的位置。在页面视图下，不再以一条虚线表示分页，而是直接显示页边距。

2. 草稿视图

在草稿视图下，可以完成大多数录入和编辑工作，也可以设置字符和段落的格式，但是只能将多栏显示为单栏格式，页眉、页脚、脚注、页号以及页边距等显示不出来。

3. 大纲视图

大纲视图用于创建文档的大纲，查看以及调整文档的结构。切换到大纲视图后，屏幕上会显示"大纲"选项卡，通过此选项卡可以选择仅查看文档的标题、升降各标题的级别或移动标题来重新组织文档。

4. Web 版式视图

Web 版式视图用于创建 Web 页，它能够模拟 Web 浏览器来显示文档，在 Web 版式视图下，能够看到给文档添加的背景，文本将自动折行以适应窗口的大小。

5. 阅读版式视图

阅读版式视图的最大特点是便于用户阅读文档。它模拟书本阅读的方式，让人感觉在翻看书籍，并且可以利用工具栏上的工具，在文档中以不同颜色突出显示文本或者插入批注内容。

不同视图之间进行切换的操作方法有以下两种。

（1）选择"视图"选项卡，在"文档视图"命令组中选择需要使用的视图方式，如图 3-4 所示。

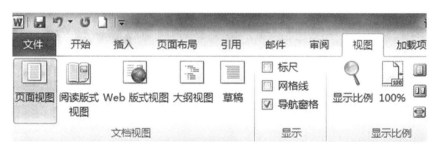

图 3-4 选择"视图"的方式

（2）在状态栏的右边有一排视图快捷方式按钮，通过单击这些按钮可以进行相应视图的切换，如图 3-5 所示。

图 3-5 视图切换按钮

3.2 文本输入和编辑

创建 Word 文档后，便可以在光标位置处输入相关文本，如汉字、英文字符、数字、特殊符号及公式等。本节主要介绍有关文本输入处理的各种操作。

3.2.1 输入中英文字符和插入符号

1. 输入中英文字符

在 Word 文档中，可以输入汉字和英文字符。用户可以使用 Ctrl＋Shift 组合键在各种输入法之间进行切换，使用 Ctrl＋Space 组合键可以在英文和汉字输入法之间进行切换。只要切换到中文输入法状态下，就可以通过键盘输入汉字，在英文状态下可以输入英文字符。

Word 有自动换行的功能，当达到文档中每行的末尾时，光标会自动转到下一行的行首。如果在文本未满行的情况下需要换行，可以按 Shift＋Enter 组合键，这样可以实现手动换行，每个手动换行处都显示了一个灰色向下的手动换行符编辑符号。如果在文字未满行的情况下，要开始一个新段落，可以按 Enter 键，即通常所说的回车键，这样光标到达下一段起始处，用户可以继续输入。

2. 插入符号

（1）将光标定位在要插入符号的位置，切换到功能区的"插入"选项卡，单击"符号"命令组中的"符号"按钮，在弹出的菜单中选择"其他符号"命令。

（2）打开"符号"对话框，在"字体"下拉列表框中选择选项（不同的字体存放着不同的字符集），在下方选择要插入的符号。

（3）单击"插入"按钮，就可以在插入点处插入该符号。

3. 插入公式

（1）将光标定位在要插入公式的位置，打开功能区的"插入"选项卡，如图 3-6 所示。

图 3-6 "插入"选项卡

（2）从右边"符号"命令组中的"公式"下拉菜单中选择要插入的公式；或者单击右边"符号"命令组中的"公式"按钮，进入"公式工具"状态，单击"公式工具"，启动"公式工具设计"选项卡，如图 3-7 所示。

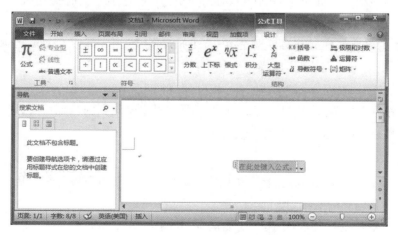

图 3-7 "公式工具设计"选项卡

(3)插入公式后,可以利用"公式工具设计"选项卡中的工具对公式进行编辑,如在公式中插入符号,或者利用"结构"命令组中的模板直接插入公式的模板。

(4)公式编辑完成后,单击公式外的位置退出公式编辑状态。

3.2.2 编辑文本

在编辑文档时,需要对文档中存在的错误进行修改,可以使用插入、删除等一些基本的操作修改错误的内容。

1. 选择文本

(1)选择一行:在文本选择区单击鼠标左键。

(2)选择一个段落:在文本选择区双击鼠标左键。

(3)选择一个(垂直)矩形区域:按住 Alt 键,然后从起始位置拖动鼠标到终点位置。

(4)选择整个文档:在文本选择区连续按三次鼠标左键。

(5)选择任意连续文本块:按住 Shift 键,拖动鼠标选择文本。

(6)选择不连续多个文本块:按住 Ctrl 键,再拖动鼠标选择文本,则可以选择多个不连续的文本块。

2. 复制文本

(1)选择要复制的文本,切换到功能区的"开始"选项卡,在"剪贴板"命令组中单击"复制"按钮。

(2)将光标移动到要复制的位置,切换到功能区的"开始"选项卡,在"剪贴板"命令组中单击"粘贴"按钮。

说明:复制文本的键盘快捷操作方式是先按 Ctrl+C 复制文本,再按 Ctrl+V 粘贴文本。也可以采用键盘配合鼠标拖动方式完成复制,具体操作方法是:按住 Ctrl 键,然后拖动选择的文本块,到达目标位置后,松开鼠标左键和 Ctrl 键。

3. 移动文本

(1)选择要复制的文本,切换到功能区的"开始"选项卡,在"剪贴板"命令组中单击"剪切"按钮。

(2)将光标移动到目标位置,切换到功能区的"开始"选项卡,在"剪贴板"命令组中单击"粘贴"按钮。

移动文本的键盘快捷操作方式是先按 Ctrl+X 剪切文本,再按 Ctrl+V 粘贴文本。还可以采用鼠标拖动方式完成,具体操作步骤是:

(1)将鼠标指针指向选定的文本,鼠标指针变成箭头形状;

(2)按住鼠标左键拖动,出现一条虚线插入点表明将要移到的目标位置;

(3)释放鼠标左键,选定的文本从原来的位置移到新的位置。

4. 删除文本

(1)按 Backspace 键可删除光标左侧的字符,按 Delete 键可删除光标右侧的字符。

(2)选择将要删除的文本,按 Delete 键。

(3)选择将要删除的文本,切换到功能区中"开始"选项卡,在"剪贴板"命令组中单击"剪切"按钮。

3.2.3 查找与替换

1. 使用导航窗格搜索文本

(1)将光标定位到文档的起始处,切换到"视图"选项卡,选中"显示"命令组中的"导航窗格"复选框,弹出"导航"任务窗格,在"搜索文档"文本框中输入要查找的内容。

(2)如果文档有标题,将在"导航"任务窗格中列出文档各级标题中包含查找文本的段落,同时会自动将搜索到的内容以突出显示的形式显示。

2. 在"查找和替换"对话框中查找文本

(1)在"开始"选项卡的"编辑"命令组内,单击"查找"的"高级查找"命令。

(2)弹出"查找和替换"对话框,切换到"查找"选项卡,在"查找内容"文本框中输入要查找的内容。

(3)经过以上操作,程序会自动执行查找操作,查找完毕后,所有查找到的内容都会处于选中状态。

在"搜索"列表框中,可以设定查找范围,"全部"是指在整个文档中查找,"向下"是从当前插入点位置向下查找,"向上"是指从当前插入点位置向上查找。也可以使用通配符进行文本查找,通配符代表一个或多个真正字符,相当于模糊查找。常用的通配符包括"*"和"?",其中"*"表示多个任意字符,而"?"表示一个任意字符。

3. 替换文本

(1)在"开始"选项卡的"编辑"命令组内,单击"替换"命令,如图 3-8 所示。

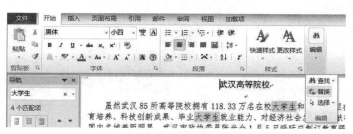

图 3-8　"开始"→"编辑"→"替换"

(2)弹出"查找和替换"对话框,在"替换"选项卡的"查找内容"与"替换为"文本框中分别输入内容,如图 3-9 所示。

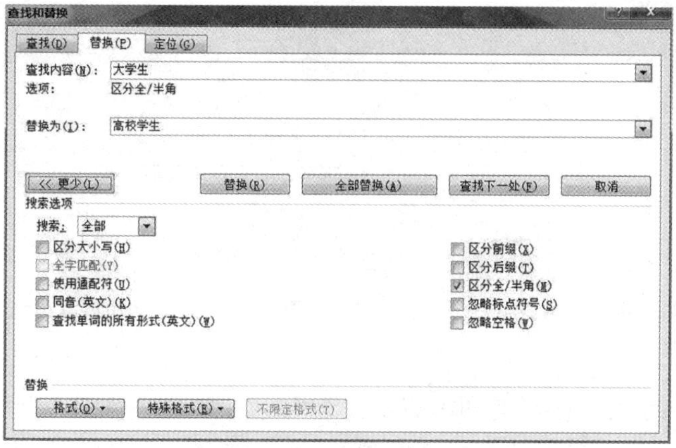

图 3-9　替换文本

（3）单击"替换"按钮，则完成文档中距离输入点最近的文本的替换，如果单击"全部替换"按钮，则可以一次性替换全部满足条件的内容。如果单击"查找下一处"按钮，文档中第一处查到的内容就会处于选中状态，再单击"替换"按钮，实现替换。

3.3 格式编排

3.3.1 字符格式

在设置字符格式之前，首先选中设置格式的字符，然后单击功能区的"开始"选项卡，在"字体"命令组中，如图 3-10 所示，根据要求选择对应的快捷按钮。

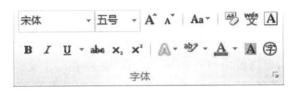

图 3-10 字体选项区界面

1. 设置字体

设置字体有两种方法。

（1）单击功能区中的"开始"选项卡，在"字体"命令组中单击"字体"列表框右侧的向下箭头，出现"字体"下拉列表，如图 3-11 所示。

（2）单击功能区中的"开始"选项卡，单击"字体"命令组右下角的"对话框启动器"按钮，出现如图 3-12 所示的"字体"对话框，在此选择字体。

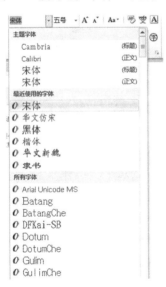

图 3-11 字体格式设置方法一　　　图 3-12 字体格式设置方法二

2. 设置字号

所谓字号，是指字的大小。有两种表示文字大小的方法：一种以"号"为单位，如一号、小二号等，以"号"为单位，号数越小表示文字越大；另一种以"磅"为单位，如 16 磅等，以"磅"为单位,磅数越小表示文字越小。

在图 3-14 中就有字号的选择框。

3. 设置字形

字形是指文字的显示效果,如加粗、下划线、倾斜、删除线、上标和下标等。

在图 3-14 中就有字形的选择框。

4. 设置字符间距

字符间距是指文本中相邻字符之间的距离,包括标准、加宽和紧缩三种类型。设置方法如下。

(1)单击功能区中的"开始"选项卡,单击"字体"命令组右下角的"对话框启动器"按钮,打开"字体"对话框。

(2)在字体对话框的"高级"标签页中,对字符间距进行设置,如图 3-13 所示。

5. 设置字符边框和底纹

字符边框是指字符四周添加线型边框,字符底纹是指为文字添加背景颜色。

图 3-13　字符间距的设置

在图 3-11 的字体选项区界面第一行右边A图标上单击即可对已选中的字符设置边框,单击第二行倒数第二个图标A对所选字符进行底纹设置,还可以用如图 3-11 所示"字体"命令组中图标进行有色底纹设置,该图标右边的下拉按钮可以选择底纹颜色。

3.3.2　段落格式

在编辑文本时,需要对段落格式进行设置,段落格式包括段落的对齐方式、段落的缩进、段落间距和行距等,设置段落格式可以使文档结构清晰,层次分明。在设置段落格式之前,首先选中要设置对齐方式的段落,然后切换到功能区中的"开始"选项卡,在"段落"命令组中进行相应的操作,如图 3-14 所示。

图 3-14　"段落"命令组

1. 设置段落对齐方式

(1)左对齐:左对齐为段落的默认对齐方式,可以单击"左对齐"按钮,使选定的段落在页面中靠左侧对齐排列。

(2)居中对齐:单击"居中对齐"按钮,使选定的段落在页面中居中对齐排列。

(3)右对齐:单击"右对齐"按钮,使选定的段落在页面中靠右侧对齐排列。

(4)两端对齐:单击"两端对齐"按钮,使选定的段落的每行在页面中首尾对齐,各行之间的字体大小不同时,将自动调整字符间距,以便使段落的两端自动对齐。

(5)分散对齐:单击"分散对齐"按钮,使选定的段落在页面中分散对齐排列。

2. 设置段落缩进

段落缩进包括以下几种类型。

(1)首行缩进:控制段落的第一行第一个字的起始位置。

(2)悬挂缩进:控制段落中第一行以外的其他行的起始位置。

(3)左缩进:控制段落中所有行与左边界的位置。

(4)右缩进:控制段落中所有行与右边界的位置。

在 Word 2010 中,可以利用"段落"对话框和标尺两种方式来设置段落缩进。

如果要精确设置段落的位置,可以通过"段落"对话框实现。例如,要将正文首行缩进两个字符,可以按照以下步骤操作。

(1)切换到功能区的"开始"选项卡,单击"段落"命令组中的"对话框启动器"按钮,打开"段落"对话框,如图 3-15 所示。

(2)在"缩进"选项组中,可以精确设置缩进的位置。例如,从"特殊格式"下拉列表框中选择"首行缩进",在右侧的"磅值"框中自动显示"2 字符",表明首行缩进两个汉字,如图 3-15 所示。

如果利用标尺设置缩进,则单击垂直滚动条上方的"标尺"按钮,或者选择"视图"选项卡中"显示"命令组中的"标尺"复选框,即在文档的上方与左侧分别显示水平标尺与垂直标尺。在水平标尺上有几个缩进标记,通过移动这些缩进标记来改变段落的缩进方式。图 3-16 所示为水平标尺各缩进标记的名称。

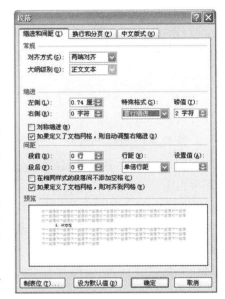

图 3-15 "段落"对话框

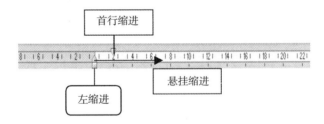

图 3-16 水平标尺中各缩进标记

3. 设置段落间距

段落间距是指段落与段落之间的距离。设置段落间距有以下两种方法。

(1)单击"段落"命令组中的"行和段落间距"按钮,如图 3-14 所示。

(2)启动"段落"对话框,在图 3-15 的"间距"栏中进行相应的操作。

4. 设置行距

行距是指行与行之间的距离。Word 提供了多种行距,如"单倍行距""1.5 倍行距""2 倍行距""最小值""固定值"和"多倍行距"等。

5. 设置段落边框和底纹

（1）切换到功能区中"开始"选项卡，单击"段落"命令组中的"底纹"按钮，设置底纹。

（2）切换到功能区中"开始"选项卡，单击"段落"命令组中的"下框线"按钮，设置边框。

6. 设置项目符号和编号

（1）切换到功能区中"开始"选项卡，在"段落"命令组中单击"项目符号"按钮右侧的向下箭头，从弹出的菜单中选择一种项目符号。

（2）切换到功能区中"开始"选项卡，在"段落"命令组中单击"编号"按钮右侧的向下箭头，从弹出的菜单中选择一种编号。

3.3.3　页面格式

1. 分页

从字面上理解，分页就是指原本属于同一页的文档内容，现在需要在中间的位置将其分开，移动到下一页，成为新一页的开始。

分页符位于一页结束、下一页开始的位置。

（1）打开文档，将光标定位到要作为下一页的段落的开头。

（2）切换到功能区的"页面布局"选项卡，在"页面设置"命令组中单击"分隔符"按钮右侧的向下箭头，从下拉菜单中选择"分页符"命令，即可将光标所在位置后的内容下移一个页面，如图 3-17 所示。

2. 分节

分节就是将一篇文档分割成若干节，根据需要可以分别为每节设置不同的格式。为了实现整篇文档不同部分具有不同的排版效果，经常需要人为地在文档中插入一些分节符。

Word 2010 中有四种分节符可以选择，分别是"下一页""连续""偶数页"和"奇数页"（见图 3-17），各自的含义如下。

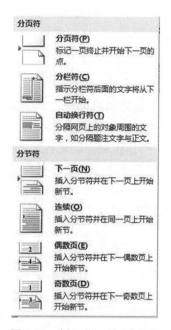

图 3-17　插入分页符/分节符

（1）下一页：Word 会强制分页，在下一页上开始新节。可以在不同页面上分别应用不同的页码样式、页眉和页脚文字，以及改变页面纸张的方向、纵向对齐方式等。

（2）连续：在同一页上开始新节，Word 文档不会被强制分页，如果"连续"分节符前后的页面设置不同，Word 会在插入分节符的位置强制文档分页。

（3）偶数页：在下一个偶数页上开始新节。

（4）奇数页：在下一个奇数页上开始新节。在编辑长篇文档时，习惯将新的章节标题排在奇数页上，此时可插入奇数页分节符。

3. 设置页码

操作步骤如下。

（1）切换到功能区的"插入"选项卡，在"页眉和页脚"命令组中单击"页码"按钮，弹出"页码"下拉菜单。

（2）在"页码"下拉菜单中可以选择页码出现的位置，例如要插入到页面的底部，就选择"页面底端"，再从其子菜单中选择一种页码格式，如图 3-18 所示。

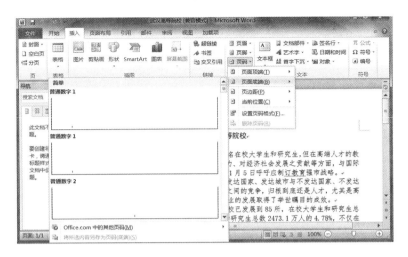

图 3-18　页码设置

3.3.4　页眉和页脚

页眉是指位于打印纸顶部的说明信息,页脚是指位于打印纸底部的说明信息。

具体操作步骤如下。

(1)切换到功能区中的"插入"选项卡,在"页眉和页脚"命令组中单击"页眉"按钮,从弹出的菜单中选择页眉的格式。

(2)选择所需的格式后,即可在页眉区添加相应的格式,同时功能区中显示"页眉和页脚工具设计"选项卡,如图 3-19 所示。

图 3-19　"页眉和页脚工具设计"选项卡

(3)输入页眉的内容,或者单击"页眉和页脚工具设计"选项卡上的按钮来插入一些特殊的信息。例如:要插入当前的日期或时间,可以单击"日期和时间"按钮;要插入图片,可以单击"图片"按钮,从弹出的"插入图片"对话框中选择所需的图片;要插入剪贴画,可以单击"剪贴画"按钮,从弹出的"剪贴画"任务窗格中选择所需的剪贴画。

(4)单击"页眉和页脚工具设计"选项卡上"导航"命令组中的"转至页脚"按钮,切换到页脚区中,页脚的设置方法与页眉的设置方法相同。

(5)单击"页眉和页脚工具设计"选项卡上的"关闭页眉和页脚"按钮,返回到正文编辑状态。

3.3.5　页面设置(页边距)

设置页边距的操作步骤如下。

(1)切换到功能区中的"页面布局"选项卡,在"页面设置"命令组中单击"页边距"按钮,从弹出的菜单中选择页边距的格式,如图 3-20(a)所示。

(2)如果选择"自定义边距"命令,将弹出"页面设置"对话框,如图 3-20(b)所示。

(3) 在"页边距"栏中,对页边距参数进行相应的设置。

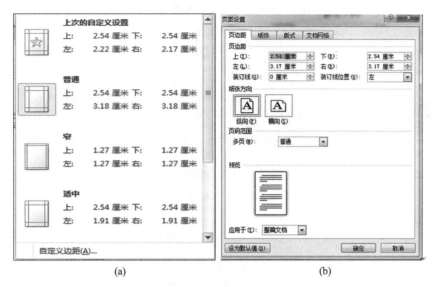

图 3-20　页边距设置

3.3.6　格式刷

可以利用格式刷将它的格式复制到其他要求格式相同的文本中,而不用对每段文本都进行重复的操作。格式刷的使用方法如下。

(1) 选定已设置格式的源文本。

(2) 切换到功能区的"开始"选项卡,在"剪贴板"命令组中单击"格式刷"按钮,此时鼠标变换成一个小刷子形状 。

(3) 按住鼠标左键,拖过要设置格式的目标文本。

(4) 释放鼠标左键。

注意:双击"格式刷"按钮,可以对源文本的格式复制多次。要结束复制,按 Esc 键或再次单击"格式刷"按钮。

3.4　表　　格

在 Word 中,表格是由行和列交叉的单元格组成的,可以在单元格中输入字符或插入图片,使文档内容变得更加直观和形象,增强文档的可读性。

3.4.1　表格创建

1. 自动创建表格

操作步骤如下。

(1) 将插入点置于文档中要插入表格的位置。

(2) 切换到功能区中的"插入"选项卡,在"表格"命令组中单击"表格"按钮,弹出如图3-21所示的菜单。

(3) 用鼠标在任意表格中拖动,以选择表格的行数和列数,同时

图 3-21　插入表格菜单

在任意表格的上方显示相应的行列数。

(4)选定所需的行列数后,释放鼠标,即可得到所需的结果,同时功能区出现"表格工具"选项卡。

(5)在"表格工具"选项卡的"设计"页中,选择相应的命令按钮,对插入的空白表格进一步定义,如图 3-22 所示。

图 3-22 "表格工具"选项卡

2. 手动创建表格

操作步骤如下。

图 3-23 "插入表格"对话框

(1)将插入点置于要插入表格的位置。

(2)切换到功能区中的"插入"选项卡,在"表格"命令组中单击"表格"按钮,弹出如图 3-21 所示的菜单。

(3)单击"插入表格"命令,打开如图 3-23 所示的"插入表格"对话框。

(4)在列数和行数文本框中输入要创建的表格包含的列数和行数,单击"确定"按钮,即可得到所需的结果。

(5)在"表格工具"选项卡中,选择相应的命令按钮,对刚才插入的表格进行定义。

3.4.2 表格编辑

而在编辑表格之前,先要单击该表格,在功能区出现"表格工具"选项卡后,将"表格工具"选项卡的"布局"选项页打开,如图 3-24 所示。

图 3-24 "表格工具"选项卡的"布局"选项页

1. 选定单元格和表格

进行表格任何编辑操作之前,首先要选定被操作的单元格。

(1)选定一个单元格:将鼠标指针移到该单元格左侧的选定栏中,鼠标指针变为➚时单击。

(2)选定一行:将鼠标指针移到该行左侧的选定栏中,鼠标指针变为➚时单击。

(3)选定一列:将鼠标指针移到该列顶端,鼠标指针变为➘时单击。

(4)选定一个表格:单击表格左上角的十字标志。

2. 插入行或列

下面以添加行为例,说明具体的操作方法。

(1)选定与插入位置相邻的行,或者把插入点放在需要插入位置相邻行的任意单元格中。

(2)切换到功能区的"表格工具"选项卡的"布局"选项页,在"行和列"命令组中,根据插入行的位置,单击"在上方插入"按钮或"在下方插入"按钮。

插入列的方法与行类似,此处不一一详说。

3. 删除行或列

删除行或列之前,首先选定要删除的行或列,然后切换到功能区"表格工具"选项卡的"布局"选项页中,在"行和列"命令组中,单击"删除"按钮,出现如图3-25所示下拉快捷菜单,选择对应的命令即可完成行或列的删除。

4. 合并或拆分单元格

合并单元格是指将矩形区域的多个单元格合并成一个较大的单元格。合并单元格的步骤如下。

(1)选定准备合并的单元格。

(2)切换到功能区的"表格工具"选项卡的"布局"选项页中,单击"合并"命令组中的 合并单元格 按钮。

拆分单元格是指将一个单元格拆分为几个较小的单元格。具体操作步骤如下。

(1)选定要拆分的单元格。

(2)切换到功能区的"表格工具"选项卡的"布局"选项页,在"合并"命令组中选择 拆分单元格 按钮,打开"拆分单元格"对话框,如图3-26所示。

(3)在"列数"和"行数"数值框中分别输入每个单元格要拆分成的行数和列数。

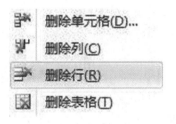
图3-25 删除快捷菜单

图3-26 拆分单元格

3.4.3 表格格式

表格制作完成后,还需要对表格进行格式的修饰,表格的修饰与文字修饰基本相同。

1. 边框和底纹

设置单元格的边框的操作步骤:

(1)单击"表格工具"选项卡的"设计"选项页中的"表格样式"命令组中的"边框"按钮,在其下拉菜单中选择对应的框线,如图3-27所示;

(2)如果上一步选择"边框和底纹"命令,就会打开"边框和底纹"对话框,如图3-28所示,可以在其中进行自定义边框设置。

图 3-27 边框快捷菜单　　　　　图 3-28 "边框和底纹"对话框

2. 单元格的对齐方式

设置单元格的对齐方式,有两种操作方法。

(1)通过"表格工具"选项卡的"布局"选项页中的"表"命令组中的"属性"按钮,启动"表格属性"对话框,在"单元格"选项页中进行"垂直对齐方式"的选择操作,如图 3-29 所示。

(2)通过"表格工具"选项卡的"布局"选项页中的"对齐方式"命令组操作,如图 3-30 所示。

图 3-29 "表格属性"对话框中的"单元格"选项页　　　图 3-30 单元格对齐方式

 3.5　图形与图文混排

Word 提供了一套强大的用于绘制图形的工具。用户可以插入现成的形状,如矩形、圆形、线条等,还可以对图形进行编辑并设置图形效果。

3.5.1 绘图和图形编排

1. 绘图

如果绘制的是直线、箭头、矩形或椭圆等,只需要切换到功能区的"插入"选项卡,在"插图"命令组中单击"形状"按钮旁向下的箭头,弹出如图 3-31 所示的菜单。从菜单中选择将要绘制的图形,在需要绘制图形的开始位置按住鼠标左键并拖动到结束为止,释放鼠标即可绘制基本图形。

绘制好的图形还可以根据需要添加文字。方法是右击该图形,在弹出的快捷菜单中选择"添加文字"命令,此时插入点出现在图形的内部,接下来输入所需的文字,可以对文字进行排版。

2. 图形编辑

在编辑图形之前,首先要选中图形对象,用鼠标单击选定一个图形对象,或者按住 Shift 键,然后单击选定多个图形。

一旦选定图形,功能区就会出现"绘图工具"的"格式"选项卡,如图 3-32 所示。

在"形状样式"命令组中,单击"形状填充"按钮右侧的向下箭头,从出现的菜单中选择所需的填充颜色,如图 3-33 所示。

如果没有自己所需的颜色,则选择其中的"其他填充颜色"命令,打开"颜色"对话框,用户选择或者自定义更丰富的颜色,如图 3-34所示。

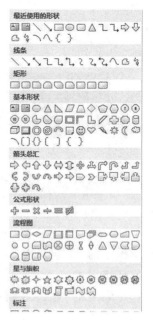

图 3-31 "形状"下拉菜单

图 3-32 "绘图工具"的"格式"选项卡

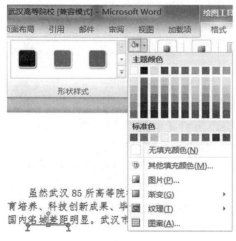

图 3-33 填充颜色列表

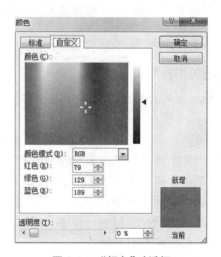

图 3-34 "颜色"对话框

除了设置图片的填充颜色外,也可以对图片线条颜色进行定义。在"形状样式"命令组中,单击"形状轮廓"按钮右侧的向下箭头,也会出现上面操作类似的界面,完成线条颜色的设置。

3. 图文混排

有时候,需要设置好文档中图片与文本的位置关系,即环绕方式。设置图片的文字环绕效果的操作步骤如下。

(1)鼠标单击文档中插入的图片对象,出现"图片工具"的"格式"选项卡,如图 3-35 所示。

图 3-35 "图片工具"的"格式"选项卡

(2)单击"排列"命令组中的"位置"按钮旁的向下箭头,弹出如图 3-36 所示的选项菜单。

(3)单击"其他布局选项"命令,弹出"布局"对话框,单击该对话框中的"文字环绕"选项卡,在"环绕方式"栏中进行选择。所有环绕方式的说明如下。

①嵌入型:文字围绕在图片的上下方,图片只能在文字区域范围内移动。

②四周型:文字围绕在图片四周,图片四周留出一定的空间。

③紧密型:文字密布在图片四周,图片四周被文字紧紧包围。

图 3-36 "文字环绕"选项菜单

④衬于文字下方:图片在文字的下方。

⑤浮于文字上方:图片覆盖在文字的上方。

⑥上下型环绕:文字环绕在图片的上下方。

⑦穿越型:文字密布在图片四周,与紧密型类似。

3.5.2 图片处理

1. 插入图片

如果对图片有更高的要求,可以选择插入计算机中保存的图片文件。在文档中插入剪贴画的操作步骤如下。

(1)将插入点定于插入剪贴画的位置,切换到功能区中的"插入"选项卡,在"插图"命令组中单击"剪贴画"按钮,弹出"剪贴画"任务窗格,如图 3-37 所示。

(2)在任务窗格的"搜索文字"文本框中输入剪贴画的关键字,若不输入任何关键字,Word 则会搜索所有的剪贴画。

(3)单击"搜索"按钮进行搜索,搜索的结果显示在任务窗格的结果区(在中间)中。

(4)单击所需的剪贴画。

2. 插入屏幕截图

Office 2010 提供了截图功能,用户在编写文档时,可以直接截取程序窗口或者屏幕上某个区域的图像,并且这些图像将自动地插入到光标所在的位置。

截取全屏图像时,只要选择了要截取的程序窗口,程序会自动执行该操作,操作步骤如下。

(1)将光标定位到图片插入的位置,切换到功能区中的"插入"选项卡,在"插图"命令组

第3章 Word 2010

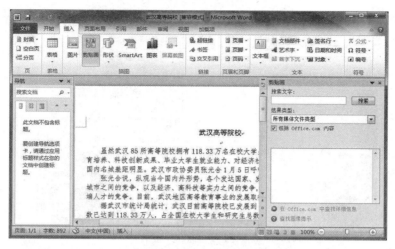

图 3-37　插入剪贴画

中单击"屏幕截图"按钮。

（2）从下拉列表中，单击要截取的屏幕窗口，如图 3-38 所示。

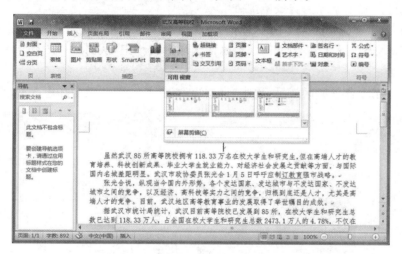

图 3-38　截取全屏幕

（3）在"可用 视窗"中选中屏幕窗口，将截取全屏幕图像到当前文档中。

（4）如果单击"屏幕剪辑"命令，则此时当前文档的编辑窗口将最小化，选中屏幕的画面呈半透明的白色效果，指针为十字形状。

（5）拖动鼠标，选中要截取的屏幕区域。

（6）释放鼠标，即可完成自定义截取屏幕的操作。

注意：这种屏幕截图技术对兼容模式的 Word 文档无效（禁用）。

3. 编辑图片

删除背景色的基本操作步骤说明。

（1）"插入"选项卡中，利用"图片"命令插入一张图片，如图 3-39 所示。

（2）单击要编辑的图片，切换到功能区的"图片工具"选项卡的"格式"选项页中，如图 3-40所示。

（3）在"格式"选项页中，单击"调整"命令组中的"删除背景"按钮。

图 3-39 插入一张图片　　　　图 3-40 切换到功能区的"图片工具"
　　　　　　　　　　　　　　　　　　选项卡的"格式"选项页

（4）进入"背景消除"选项卡，如图 3-41 所示，在图片的周围可以看到一些浅蓝色的控点，拖动控点可以调整删除的背景范围。

（5）利用"背景消除"选项卡中的"标记要保留的区域"按钮，以及"标记要删除的区域"按钮，然后利用鼠标拖动对图片中的一些特殊的区域进行标记，从而进一步修正消除背景的准确性。

（6）设置好删除背景的区域后，单击"保留更改"按钮。图片效果如图 3-42 所示。

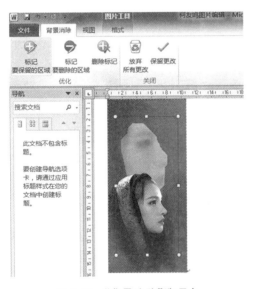 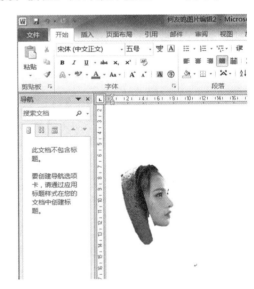

图 3-41 "背景消除"选项卡　　　　图 3-42 "背景消除"后的图片效果

3.5.3 使用 SmartArt 图示功能

SmartArt 图形主要用于演示流程、层次结构、循环或关系。

1. SmartArt 可创建的图形类型

Word 2010 提供的 SmartArt 图形类型包括"列表""流程""循环""层次结构""关系""矩阵""棱锥图"和"图片"等，如图 3-43 所示。

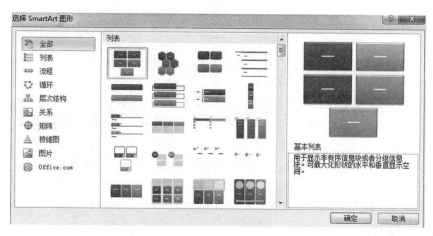

图 3-43 "选择 SmartArt 图形"对话框

(1)列表:用于显示非有序信息块或者分组的多个信息块或列表的内容,该类型包括 36 种布局形式。

(2)流程:用于显示组成一个总工作的几个流程的行径或一个步骤中的几个阶段,该类型包括 44 种布局形式。

(3)循环:用于以循环流程表示阶段、任务或事件的过程,也可以用于显示循环行径与中心点的关系,该类型包括 16 种布局样式。

(4)层次结构:用于显示组织中各层的关系或上下层关系,该类型包含 13 种布局样式。

(5)关系:用于比较或显示若干个观点之间的关系。有对立关系、延伸关系和促进关系,该类型包括 37 种布局形式。

(6)矩阵:用于显示部分与整体的关系,该类型包括 4 种布局形式。

(7)棱锥图:用于显示比例关系、互连关系或层次关系,按照从高到低或从低到高的顺序进行排列,该类型包括 4 种布局形式。

(8)图片:包括一些可以插入图片的图形,该类型包括 31 种布局形式。

2. 插入 SmartArt 图形

插入 SmartArt 图形的操作步骤如下。

(1)切换到功能区的"插入"选项卡,单击"插图"命令组中的"SmartArt"按钮,打开"选择 SmartArt 图形"对话框,如图 3-43 所示。

(2)在"选择 SmartArt 图形"对话框中,在左侧列表中选择 SmartArt 图形的类型,然后在中间选择一种布局形式。

(3)单击"确定"按钮,即可在文档中插入选择的 SmartArt 图形。

(4)在插入文档中的 SmartArt 图形中,单击图框,添加文本,也可以输入附注信息。

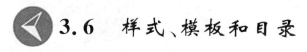

3.6 样式、模板和目录

样式、模板和目录的使用,可以让我们大大减少重复劳动,而且保证所有的文档外观都非常漂亮一致。

3.6.1 样式

1. 定义

样式是一套预先定义好的文本格式,文本格式包括字体、字号、缩进等,并且样式有自己的名字。样式可以应用于一段文本,也可以应用于几个字,所有格式都一次完成。在应用样式过程中,可将样式类型分为字符样式和段落样式。字符样式是指只针对段落中的某些字符起作用,段落样式是指对整个段落起作用。

文档中的样式可以分为两种,一种是 Word 内置的样式,另一种是用户自定义的样式。内置样式是安装 Word 后本身自带的各种样式,如在"开始"选项卡的"样式"命令组中看到的"正文""标题1""标题"等;自定义的样式就是当内置样式无法满足需求时,根据文档需要,由用户自己新建的样式。

2. 使用

应用样式的步骤如下。

(1)选中设置样式的文档内容。如果是应用字符类型的样式,可以在文档中选中需要使用样式的文本,如果要应用段落类型的样式,只需要将光标定位到要设置的段落内。

(2)切换到功能区"开始"选项卡,单击"样式"命令组中的"对话框启动器"按钮,从打开的样式窗格中选中需要的样式即可,如图 3-44 所示。

3. 创建新样式

如果对内置的样式不满意,用户可以自定义新样式。具体操作步骤如下。

(1)切换到功能区的"开始"选项卡,单击"样式"命令组中的"对话框启动器"按钮,打开样式窗格,如图 3-44 所示。

(2)单击"新建样式"按钮,打开"根据格式设置创建新样式"对话框,如图 3-45 所示。

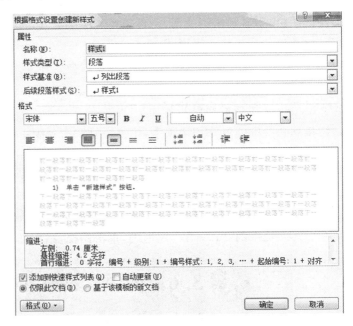

图 3-44　样式窗格　　　　图 3-45　"根据格式设置创建新样式"对话框

(3)在"名称"文本框中输入新建样式的名称。命名时要注意,名称不能与系统内置的样式同名。

（4）在"样式类型"下拉列表框中选择样式类型，包括 5 个选项，即字符、段落、链接段落和字符、表格和列表。经常使用的是字符和段落。

（5）在"样式基准"下拉列表框中列出了当前文档中的所有样式，如果要创建的样式与其中的某个样式比较接近，则可以选择列表中已有的样式，然后新样式会继承该样式的格式，用户只要稍作修改即可创建新样式。

（6）在"后续段落样式"下拉列表中显示了当前文档中的所有样式，该选项的作用是在编辑文档的过程中按 Enter 键，转到下一段落时自动套用的样式。

4. 修改与删除样式

修改样式后，会自动更新整个文档中应用该样式的文本格式。修改样式的操作步骤如下。

（1）打开样式窗格，用鼠标右键单击需要修改的样式，在快捷菜单中选择"修改"命令，这样就可以进入"修改样式"对话框，如图 3-46 所示。

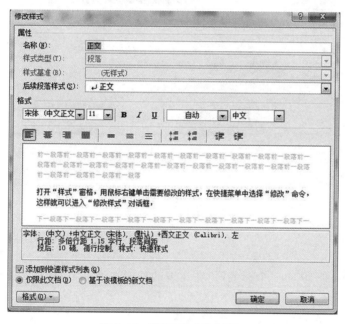

图 3-46 "修改样式"对话框

（2）在"修改样式"对话框中，对样式的名称以及格式等都可以进行修改。具体设置与前面创建新样式的方法基本一致。

3.6.2 模板

在 Word 中，模板是一种特殊的 Word 文档，在模板文件中，保存了各种设置，如页面设置、字符和段落等格式的样式，以及具体文档内容。Word 2010 包含一个 Normal.dotm 文件，即通用模板文件。在默认情况下，新建的空白文档和直接单击快速访问工具栏中的"新建"按钮新建的文档，都是基于 Normal.dotm 文件的结果，用户最好不要对它进行修改。

3.6.3 目录

我们可以手动创建目录，也可以自动创建指定文档的目录。目录中包括标题和页码，在文档正文发生改变后，可以利用更新目录的功能来同步改变目录。除了可以创建一般的标题目录外,我们还可以创建图表目录以及引文目录等。但是,制作目录的前提是,文档中的各级标题均采用了标题样式。使用标题样式创建目录的步骤如下。

(1)把输入光标定位到要插入目录的位置,通常是文档的开始处或文档的结尾处。

(2)选择"引用"选项卡,在"目录"命令组中打开"目录"下拉列表。

(3)单击"插入目录"命令,出现"目录"对话框,如图 3-47 所示。

(4)在"目录"对话框中,"显示级别"默认为 3,用户可以修改。

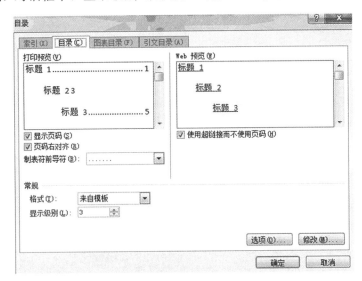

图 3-47 "目录"对话框

习题 3

1. 选择题

(1)打开 Word 2010 的一个标签后,在出现的功能选项卡中,经常有一些命令是暗淡的,这表示( )。

　　A. 这些命令在当前状态下有特殊效果

　　B. 应用程序本身有故障

　　C. 这些命令在当前状态下不起作用

　　D. 系统运行故障

(2)关于"插入"选项卡下的"文本框"命令,下面说法不正确的是( )。

　　A. 文本框的类型有横排和竖排两种类型

　　B. 通过改变文本框的文字方向可以实现横排和竖排的转换

　　C. 在文本框中可以插入剪贴画

　　D. 文本框可以自由旋转

(3)打开"文件"选项卡,所显示的文件名是( )。

　　A. 最近所用文件的文件名　　　　B. 正在打印的文件名

　　C. 扩展名为.doc 的文件名　　　　D. 扩展名为.exe 的文件名

(4)在 Word 2010 中,激活"帮助"功能的键是( )。

　　A. Alt　　　　B. Ctrl　　　　C. F1　　　　D. Shift

(5)启动 Word 2010 后,默认建立的空白文档的名字是(　　)。
　　A. 文档 1.docx　　B. 新文档.docx　　C. Doc1.docx　　D. 我的文档.docx
(6)将文档中一部分文本内容复制到其他位置,先要进行的操作是(　　)。
　　A. 粘贴　　　　　B. 复制　　　　　C. 选择　　　　　D. 剪切
(7)在 Word 2010 编辑状态下,若要调整左右边界,比较直接、快捷的方法是(　　)。
　　A. 标尺　　　　　B. 格式栏　　　　C. 菜单　　　　　D. 工具栏
(8)用(　　)中的裁剪功能可以把插入到文档中的图形剪掉一部分。
　　A."图片工具"选项卡　　　　　　　B."开始"选项卡
　　C."插入"选项卡　　　　　　　　　D."视图"选项卡
(9)在 Word 文档中,要编辑复杂数学公式,应使用"插入"选项卡中(　　)命令组中的公式命令。
　　A."插图"　　　B."文本"　　　C."表格"　　　D."符号"
(10)如果在 Word 2010 的文档中,插入页眉和页脚,应使用(　　)。
　　A."引用"选项卡　　　　　　　　　B."插入"选项卡
　　C."开始"选项卡　　　　　　　　　D."视图"选项卡

2. 名词解释

(1)PDF 文档。
(2)移动文本。
(3)字符格式。
(4)字形。
(5)字符间距。
(6)字符边框。
(7)字符底纹。
(8)段落间距。
(9)编号。
(10)项目符号。

3. 填空题

(1)第一个在 Windows 上运行的 Word 1.0 版出现在_____年。
(2)Word 2010 创建的文档是以_____为后缀名的文件。
(3)在"改写"状态下,输入的文本将_____光标右侧的原有内容。
(4)在"插入"状态下,将直接在光标处插入输入的文本,原有内容_____。
(5)按_____键或用鼠标双击状态栏上的"改写"按钮,可在"改写"与"插入"状态之间切换。
(6)按_____键删除插入点后一个字符。
(7)按_____键删除插入点前一个字符。
(8)选定需要删除的文本内容,按 Delete 键或_____键可将选定内容全部删掉。
(9)Word 的三个基本功能是内容录入与编辑、内容的排版与修饰美化、_____工具。
(10)单击某个相应的选项卡,可以切换到相应的_____。

4. 简答题

(1)Word 2010 的基本功能主要有哪些?

(2)简述 Word 2010"文件"选项卡的功能。

(3)Word 2010 文档的保存格式是什么?

(4)简述保存 Word 文档的方法。

(5)简述关闭 Word 文档的方法。

(6)简述 Word 2010 中插入符号的操作步骤。

(7)简述 Word 2010 中设置字体的方法。

(8)简述 Word 2010 文档分节的观念。

(9)Word 2010 中有哪几种分节符可以选择?

(10)如何为 Word 2010 设置页码?

5. 操作题

(1)为 Word 2010 的文档创建页眉和页脚。

(2)请对 Word 2010 的文档进行打印之前的页面设置。

(3)用自动创建表格的方法在 Word 2010 的文档中创建表格。

(4)在 Word 2010 文档中插入剪贴画。

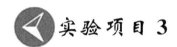

实验项目 3

实验 1　文档的录入及编辑

实验 2　Word 2010 排版功能应用

实验 3　Word 2010 表格功能应用

实验 4　表格制作与修饰

实验 5　公式编辑

实验 6　图文混排

第 4 章　Excel 2010

【内容提要】

Excel 2010 是 Microsoft 公司推出的 Office 2010 系列办公软件的一个电子表格处理的组件,具有数据计算、数据统计、数据分析、图表制作等功能。

4.1　Excel 2010 基本知识

4.1.1　启动和退出

1. 启动

启动 Excel 2010 的方法也有多种,其中常用的方法有以下几种。

(1)从开始 Windows"菜单"启动。

单击"开始"按钮,打开"开始"菜单;单击"所有程序",在打开的级联菜单中选择"Microsoft Office"下的"Microsoft Office Excel 2010"命令即可启动 Excel 2010。

(2)使用桌面快捷方式。

双击 Excel 2010 桌面的快捷方式图标。

(3)双击已创建的 Excel 文档。

双击计算机中存储的 Excel 文档,可直接启动 Excel 2010,并打开文档。

2. 退出

常用的方法有以下几种。

(1)通过标题栏"关闭"按钮退出。

单击 Excel 2010 窗口标题栏右上角的"关闭"按钮,退出 Excel 2010 应用程序。

(2)通过"文件"选项卡关闭。

单击"文件"选项卡 文件 ,再单击"退出"按钮,退出 Excel 2010 应用程序,如图 4-1 所示。

(3)通过标题栏右键快捷菜单,或者右上角控制图标的控制菜单关闭。

右击 Excel 2010 标题栏出现快捷菜单,再单击快捷菜单中的"关闭"命令;或者单击右上角的控制图标,在控制菜单中单击"关闭"命令,退出 Excel 2010 应用程序,如图 4-2 所示。

(4)使用快捷键关闭。

按键盘上的 Alt+F4 组合键,关闭 Excel 2010。

图 4-1　单击"文件"选项卡退出　　　　图 4-2　通过标题栏右键快捷菜单关闭

4.1.2　Excel 2010 窗口界面

Excel 2010 的窗口界面主要包括标题栏、快速访问工具栏、"文件"按钮、功能区、数据区、编辑栏、工作表标签和状态栏等,如图 4-3 所示。

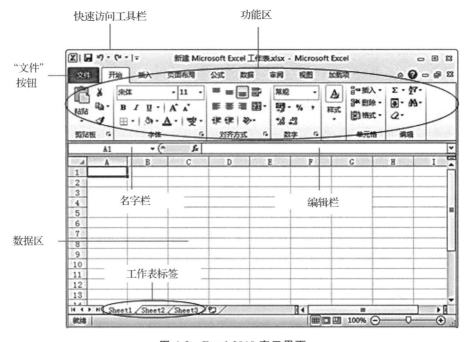

图 4-3　Excel 2010 窗口界面

1. 快速访问工具栏

在 Excel 2010 标题栏左上角是快速访问工具栏,常用的命令显示在快速访问工具栏中。默认的有"保存"命令按钮 、"撤消"命令按钮 、"恢复"命令按钮 。单击快速访问工具栏右侧的下拉命令按钮 ,就可以打开"自定义快速访问工具栏"快捷菜单,如图 4-4 所示。

2. "文件"按钮

在 Excel 2010 中,"文件"按钮位于左上角区域,也称其为"文件"选项卡。

(1)命令按钮:"保存""另存为""打开"和"关闭"四个命令按钮,如图 4-5 所示,用于文件的打开或关闭等相关操作。

(2)"信息":用于显示工作簿的信息,如图 4-5 所示。

— 98 —

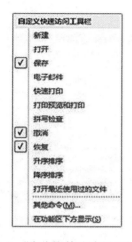

图4-4 "自定义快速访问工具栏"
快捷菜单

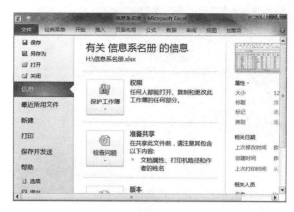

图4-5 "信息"选项卡

(3)"最近所用文件":用于显示最近使用过的工作簿的信息,用户可以在此单击某一文件,快速打开工作簿文件,如图4-6所示。

(4)"新建":用于创建一个新的工作簿,可以是空白工作簿,也可以是由某个模板来创建的工作簿,如图4-7所示。

(5)"打印":用于设置表格的打印份数、边距、纸张大小等,如图4-8所示。

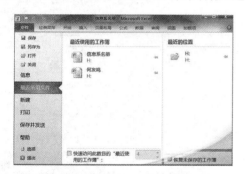

图4-6 "最近所用文件"选项卡

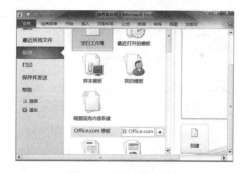

图4-7 "新建"选项卡

图4-8 "打印"选项卡

(6)"保存并发送":用于设置保存方式,如图4-9所示。

(7)"选项":"选项"打开后是以对话框方式显示的,用于设置Excel 2010程序的多种工作方式和使用习惯,其中包含了大量可选择或设置的信息内容,如图 4-10 所示。

图 4-9 "保存并发送"选项卡　　　　图 4-10 "Excel 选项"对话框

3. 标题栏

标题栏位于窗口的最上面一行。

4. 功能区

Excel 2010 的功能区主要包括:"开始""插入""页面布局""公式""数据""审阅""视图"和"加载项"八个选项卡。

1)"开始"选项卡

Excel 2010 启动后,功能区中默认打开的是"开始"选项卡,如图 4-11 所示。

图 4-11 "开始"选项卡

"开始"选项卡中集合了"剪贴板""字体""对齐方式""数字""样式""单元格"和"编辑"命令组的操作命令,其中每个命令组又由若干个命令按钮组成。有的选项卡中有些组的右下角有一个 按钮,这个展开按钮表示可以进行更多设置和选择的其他的操作窗口或对话框。

2)"插入"选项卡

"插入"选项卡中集合了"表格""插图""图表""迷你图""筛选器""链接""文本"和"符号"命令组的操作命令,其中每个命令组又由若干个命令按钮组成,如图 4-12 所示。

图 4-12 "插入"选项卡

"插入"选项卡中的命令按钮用于在表格中插入各种不同的绘图元素,如图片、图表、各种图形等。

3)"页面布局"选项卡

"页面布局"选项卡中集合了"主题""页面设置""调整为合适大小""工作表选项"和"排列"命令组的操作命令,如图 4-13 所示。该选项卡中的命令按钮用于工作表的布局设置,如页眉页脚的设置、纸张大小和方向的设置、表格样式的设置等。

图 4-13 "页面布局"选项卡

4)"公式"选项卡

"公式"选项卡中集合了"函数库""定义的名称""公式审核"和"计算"命令组的操作命令,如图 4-14 所示。

图 4-14 "公式"选项卡

"函数库"命令组包含了 Excel 2010 提供的所有函数,单击某个命令按钮,可打开相应的函数列表。

5)"数据"选项卡

"数据"选项卡中集合了"获取外部数据""连接""排序和筛选""数据工具"和"分级显示"命令组的操作命令,如图 4-15 所示。

图 4-15 "数据"选项卡

"数据"选项卡中的命令按钮主要用于工作表中数据的分析处理的相关操作。

6)"审阅"选项卡

"审阅"选项卡中集合了"校对""语言""批注""更改"命令组的操作命令,其中每个命令组又由若干个命令按钮组成,如图 4-16 所示。

"审阅"选项卡中的命令按钮主要用于工作表中数据的容错处理、注释和工作簿、工作表的保护、共享等的相关操作。

7)"视图"选项卡

"视图"选项卡中集合了"工作簿视图""显示""显示比例""窗口"和"宏"命令组的操作命

图 4-16 "审阅"选项卡

令,如图 4-17 所示。该选项卡中的命令按钮主要用于页面显示等的相关操作。

图 4-17 "视图"选项卡

提示:在 Excel 2010 中,Ctrl+F1 组合键可以使功能区在隐藏和开启两种状态之间转换。

5. 状态栏

状态栏在 Excel 2010 窗口界面的最下面一行,如图 4-18 所示。状态栏用于显示当前工作区的状态。另外,还有三个视图显示选择命令按钮默认的"普通"、"页面布局"、"分页预览"。还有改变工作表显示比例的工具。

图 4-18 状态栏

6. 右键快捷菜单

在 Excel 2010 窗口界面中,可以右击某个对象,打开对该对象可使用的快捷菜单。图 4-19 所示是对单元格处理的右键快捷菜单。

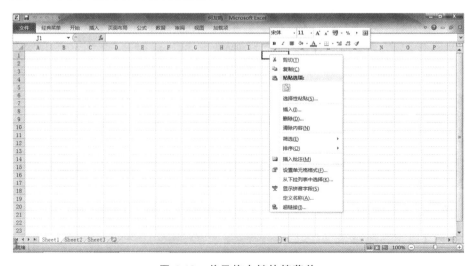

图 4-19 单元格右键快捷菜单

4.1.3 工作簿和工作表

工作簿是由一个或多个工作表组成的,它是 Excel 处理、编辑、分析、统计、计算和存储数据的工作文件。

工作簿中工作表的个数可以由用户自己添加或删除,默认状态下,打开的工作簿中包含三个工作表,分别命名为"Sheet1""Sheet2""Sheet3",如图 4-19 所示。

每个工作表就是一个由行和列组成的二维表,工作表中包含存放和处理的数据,是 Excel 2010 的主体。

4.1.4 文件保存格式

Excel 2010 文件保存的格式选择有多种,默认的文件保存格式是.xlsx 后缀名。

4.2 工作簿和工作表操作

一个 Excel 2010 的文件就是一个工作簿,每个工作簿由多个工作表组成。使用 Excel 2010 首先就是要创建工作簿和工作表。

4.2.1 工作簿操作

1. 新建

新建一个工作簿的方法很多,以下介绍常用的两种。

(1)启动 Excel 2010 程序,Excel 2010 就会自动创建一个空白的工作簿,如图 4-20 所示。

(2)在已经启动了 Excel 2010 后,可以按照下面的步骤操作来创建一个新的工作簿。

① 单击"文件"选项卡,然后单击其中的"新建"命令,打开"新建"选项卡。

② 在"新建"选项卡的左边窗格中的"可用模板"或"Office.com 模板"中选择一种工作簿类型,再单击右边窗格中的"创建"按钮,如图 4-21 所示。

图 4-20 启动 Excel 2010 创建工作簿

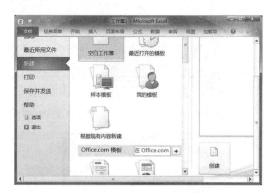

图 4-21 利用"新建"选项卡创建工作簿

2. 打开

(1)直接在保存工作簿文件的位置找到要打开的工作簿文件,然后双击该文件名或图标,即可打开工作簿。

(2)单击"文件"选项卡,再单击"打开"命令,在"打开"对话框中,选择要打开的工作簿文件,并单击"打开"按钮,即可打开工作簿。

(3)使用键盘上的 Ctrl+O 组合键打开工作簿,等价于"打开"命令。

3. 关闭

关闭工作簿就是关闭应用程序,也就是关闭窗口,所以,可以运用关闭窗口的方法来关闭工作簿。如单击"文件"选项卡下的"关闭"命令,或直接单击右上角的关闭窗口按钮 ✕ 等。

4. 保存

保存工作簿可使用多种方法。

(1)单击快速访问工具栏上的"保存"按钮 。这种方式下,文件的保存位置与上次保存的位置是同一位置。

(2)选择"文件"选项卡,再单击菜单中的"保存"命令。这种方式下,文件的保存位置与上次保存的位置是同一位置。

(3)选择"文件"选项卡,再单击菜单中的"另存为"命令。这种方式下,打开一个"另存为"对话框。在"保存位置"下拉列表框中选择工作簿要保存在的文件夹或驱动器。在"文件名"下拉列表框中输入文件名。在"保存类型"下拉列表框中选择文件类型。系统默认的文件类型为"Excel 工作簿(*.xlsx)"。

(4)使用键盘上的 Ctrl+S 组合键进行保存,等价于"保存"命令。

5. 保护、加密和共享

对工作簿的保护、共享操作是在功能区的"审阅"选项卡下的"更改"组中设置的,如图 4-22 所示。

图 4-22 "审阅"选项卡下的"更改"命令组

对工作簿的加密操作是在功能区的"文件"选项卡下的"另存为"命令中设置的。

1) 保护工作簿

单击功能区中"审阅"选项卡下"更改"命令组中的"保护工作簿"按钮 ,打开"保护结构和窗口"对话框,如图 4-23 所示。

在该对话框中输入密码,并单击"确定"按钮。此时会打开"确认密码"对话框,如图 4-24 所示,再次输入所设置的密码,然后单击"确定"按钮。

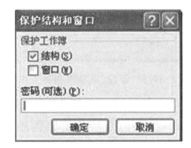

图 4-23 "保护结构和窗口"对话框

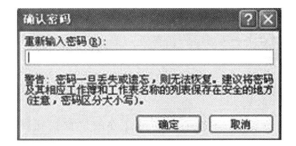

图 4-24 "确认密码"对话框

2)共享工作簿

单击功能区中"审阅"选项卡下"更改"命令组中的"共享工作簿"按钮 共享工作簿，打开"共享工作簿"对话框，如图 4-25 所示。

图 4-25 "共享工作簿"对话框

在该对话框的"编辑"选项卡中勾选"允许多用户同时编辑，同时允许工作簿合并"复选框，并切换到"高级"选项卡，完成其他相关设置。然后单击"确定"按钮，完成共享工作簿的操作过程。

3)加密工作簿

单击功能区中"文件"选项卡，然后单击"另存为"命令，打开"另存为"对话框，如图 4-26 所示。

单击该对话框下部的"工具(L)"命令按钮 工具(L)，然后单击弹出的菜单中的"常规选项"命令，打开"常规选项"对话框，如图 4-27 所示。在"常规选项"对话框中完成密码的设置。

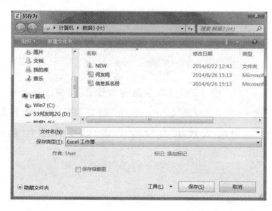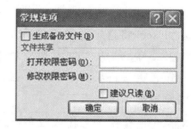

图 4-26 "另存为"对话框　　　　图 4-27 "常规选项"对话框

4.2.2 工作表操作

1. 选定工作表

1)工作表标签栏

如果要选中的工作表标签已经显示在标签栏，单击要选择的工作表标签，即可选定一个工作表。被选中的工作表称为当前工作表，其标签名底色为白色。

如果用户要选择隐藏在标签栏内的某个工作表标签,可单击窗口左下角,标签栏滚动按钮 ◀ ◀ ▶ ▶ 之一来显示某个工作表标签。单击按钮 ◀ 移到首标签,单击 ▶ 移到尾标签,单击按钮 ◀ 向左移动一个标签,单击按钮 ▶ 向右移动一个标签。

2)选定工作表

(1)选择单个工作表。

①使用鼠标:单击要选择的工作表标签。

②使用键盘:按 Ctrl+PageUp 键,向左移动一个标签,按 Ctrl+PageDown 键,向右移动一个标签。

(2)选择多个工作表。

①多个连续工作表的选择:单击第一个工作表标签,然后按住 Shift 键,再单击最后一个要选择的工作表标签。

②多个不连续工作表的选择:单击第一个工作表标签,然后按住 Ctrl 键,再单击其他要选择的工作表标签。

③全部工作表的选择:鼠标指向工作表标签区中,右击鼠标,弹出如图 4-28 所示的快捷菜单,单击"选定全部工作表"命令。

若要取消工作组,就是回到选择单个工作表状态,单击任意一个未选中工作表标签,或鼠标指向工作表标签区中的某个标签,右击鼠标,在弹出的快捷菜单中单击"取消组合工作表"命令,如图 4-29 所示。

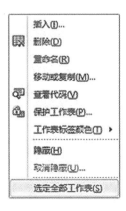

图 4-28 "选定全部工作表"命令　　图 4-29 "取消组合工作表"命令

提示:Excel 将选定的多个工作表组成一个"工作组",并在标题栏的工作簿名后显示"[工作组]"字样。当在工作组某一个工作表中输入数据或设置格式时,工作组中其他工作表的相同位置也会自动写入相同内容。

2. 隐藏或显示工作表

如果某个工作簿中工作表较多,可以将暂时不用的工作表隐藏起来,这样便于工作表之间的切换。隐藏后的工作表还可以取消隐藏,重新显示。

1)隐藏工作表

选定需要隐藏的工作表,右击要隐藏的某个工作表标签,在弹出的快捷菜单中,单击"隐藏"命令,如图 4-30 所示。

2)显示隐藏的工作表

如果要显示隐藏的工作表,右击工作表标签栏,在弹出的快捷菜单中,单击"取消隐藏"命令,如图 4-30 所示。此命令打开"取消隐藏"对话框,在此对话框中选择要显示的工作表,单击"确定"按钮即可重新显示隐藏的工作表。

隐藏或取消隐藏工作表还可以通过功能区上的命令来实现。具体方法如下。

选定需要隐藏的工作表,单击功能区中"开始"选项卡下的"单元格"命令组中的"格式"右侧的小箭头 ,在弹出的快捷菜单中,将鼠标指向"隐藏和取消隐藏"菜单项,打开级联菜单,如图 4-31 所示。单击级联菜单中的"隐藏工作表"命令,可以实现工作表的隐藏。

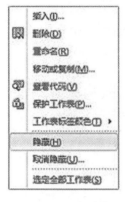

图 4-30 "隐藏"命令　　　　图 4-31 隐藏或取消隐藏工作表

3. 重命名及设定工作表标签颜色

1) 重命名工作表标签

方法一:双击工作表标签,工作表标签文字背景变成黑色,这时可以从键盘上输入工作表标签的新名称,按回车键或单击其他地方实现重命名。

方法二:右击要重命名的工作表标签,弹出如图 4-30 所示的快捷菜单,单击快捷菜单中的"重命名"命令,工作表标签文字背景变成黑色,这时可以从键盘上输入工作表标签的新名称,按回车键或单击其他地方实现重命名。

方法三:单击功能区中"开始"选项卡下的"单元格"命令组中的"格式"右侧的小箭头 ,在弹出的快捷菜单中,选择"重命名工作表"命令,如图 4-31 所示。

2) 设定工作表标签颜色

方法一:右击要设定标签颜色的工作表标签,弹出相应的快捷菜单,将鼠标指向快捷菜单中的"工作表标签颜色"命令,弹出如图 4-32 所示的工作表标签颜色设置的界面,这时可以选择一种颜色完成设置。

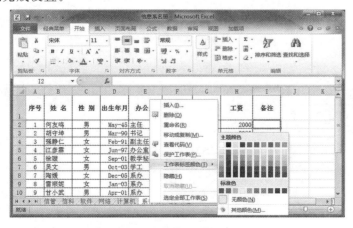

图 4-32 "工作表标签颜色"设置

方法二：单击功能区中"开始"选项卡下的"单元格"命令组中的"格式"右侧的小箭头 格式▼，在弹出的快捷菜单中，选择"工作表标签颜色"命令，如图 4-31 所示。

4. 插入、删除工作表

1）插入工作表

插入工作表的操作如下。

方法一：右击要插入位置右侧的工作表标签，弹出如图 4-33 所示的快捷菜单，单击快捷菜单中的"插入"命令，弹出"插入"对话框。如图 4-34 所示，在"插入"对话框中再选择要插入的对象。对象可以是工作表、图表等。如果选择工作表，新工作表就出现在右击的工作表左边。

图 4-33 "插入"工作表菜单

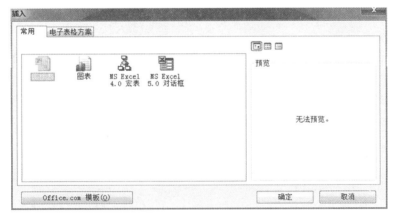

图 4-34 "插入"对话框

方法二：单击功能区中"开始"选项卡下的"单元格"命令组中的"插入"右侧的小箭头 插入▼，在弹出的快捷菜单中，选择"插入工作表"命令，如图 4-35 所示。

2）删除工作表

删除工作表的操作如下。

方法一：右击要删除的工作表标签，弹出如图 4-33 所示的快捷菜单，单击快捷菜单中的

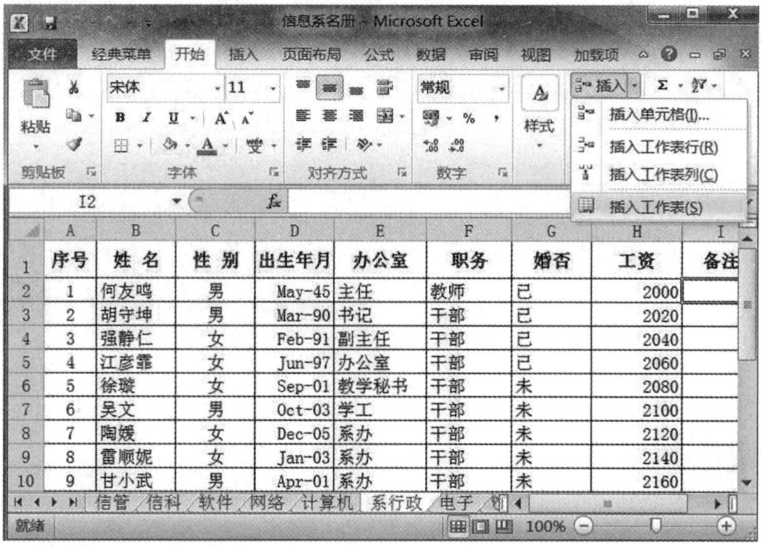

图 4-35 "开始"选项卡下的"插入工作表"命令

"删除"命令,所选择的工作表就被删除了。

方法二:单击功能区中"开始"选项卡下的"单元格"命令组中的"删除"右侧的小箭头 ,在弹出的快捷菜单中,选择"删除工作表"命令,如图 4-36 所示,当前工作表就被删除。

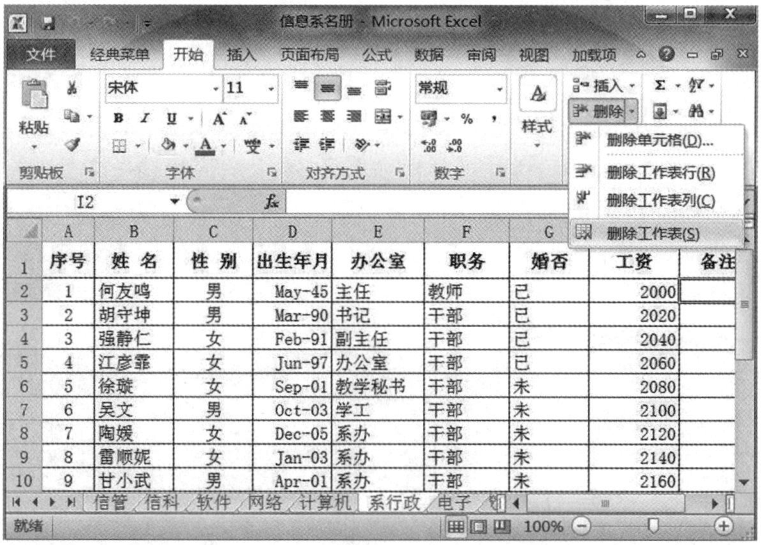

图 4-36 "开始"选项卡下的"删除工作表"命令

5. 移动或复制工作表

工作表的复制和移动操作步骤如下。

方法一:可以通过鼠标的拖动功能完成工作表的移动或复制。若在当前工作簿中移动工作表,可使用鼠标将要移动的工作表沿标签行拖动到指定位置。若在当前工作簿中复制工作表,可在释放鼠标前,按住 Ctrl 键,然后再释放鼠标。

方法二:右击要移动或复制的工作表标签,弹出如图 4-33 所示的快捷菜单,单击快捷菜单中的"移动或复制"命令,弹出"移动或复制工作表"对话框,如图 4-37 所示。

①在"移动或复制工作表"对话框的"工作簿"下拉列表框中选择目标工作簿。

②在"下列选定工作表之前"列表框中选择目标位置。

③若是要对工作表进行复制操作,则选中"建立副本"复选框。若是要对工作表进行移动操作,则不选"建立副本"复选框。

方法三:单击功能区中"开始"选项卡下的"单元格"命令组中的"格式"右侧的小箭头 格式 ,在弹出的快捷菜单中,选择"移动或复制工作表"命令,如图 4-38 所示。弹出"移动或复制工作表"对话框,如图 4-37 所示,其他操作同上。

图 4-37 "移动或复制工作表"对话框　　　　图 4-38 "开始"选项卡下的"移动或复制工作表"命令

6. 保护或取消保护工作表

1) 保护工作表

保护工作表的操作方法如下。

方法一:右击要保护的工作表标签,弹出如图 4-33 所示的快捷菜单,单击快捷菜单中的"保护工作表"命令,弹出"保护工作表"对话框,如图 4-39 所示。单击"确定"按钮,此时会打开"确认密码"对话框,如图 4-40 所示,在"重新输入密码"下方的文本框中再次输入密码,单击"确定"按钮,完成密码的设置。

　　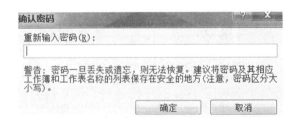

图 4-39 "保护工作表"对话框　　　　图 4-40 "确认密码"对话框

方法二:单击功能区中"审阅"选项卡下的"更改"命令组中的"保护工作表"命令按钮 保护工作表 ,如图 4-41 所示,弹出"保护工作表"对话框,如图 4-39 所示。单击"确定"按钮,此时会打开"确认密码"对话框,如图 4-40 所示,在"重新输入密码"下方的文本框中再次输入密码,单击"确定"按钮,完成密码的设置。

2) 取消保护工作表

对于设置了密码保护的工作表也可以取消所设置的密码,取消密码保护的操作如下。

方法一:右击设置了密码保护的工作表,弹出如图 4-42 所示的快捷菜单,单击快捷菜单

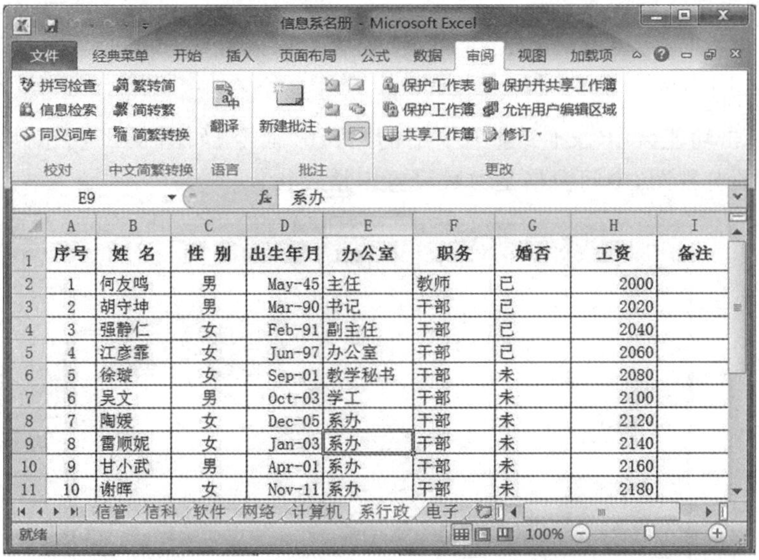

图 4-41 "审阅"选项卡下的"保护工作表"命令

中的"撤消工作表保护"命令,弹出"撤消工作表保护"对话框,如图 4-43 所示。在此对话框中的"密码"文本框中输入保护密码,单击"确定"按钮,完成撤消密码保护的设置。

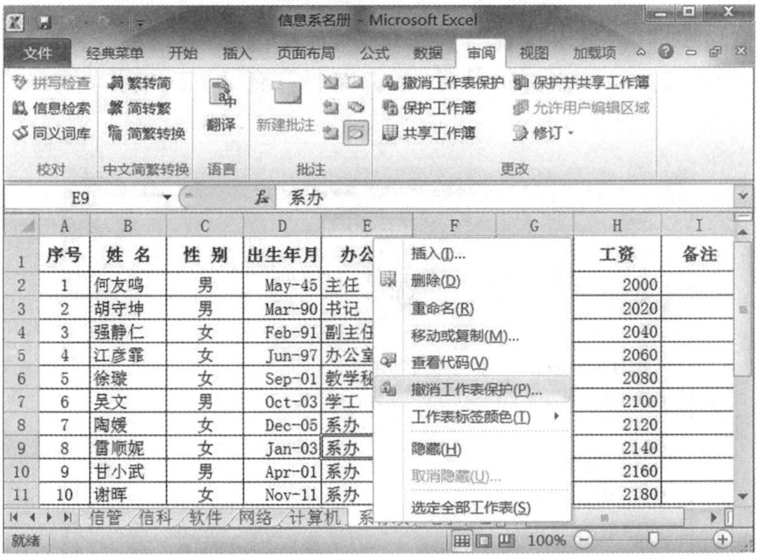

图 4-42 "撤消工作表保护"命令

图 4-43 "撤消工作表保护"对话框

方法二:选择设置了密码保护的工作表,单击功能区中"审阅"选项卡下的"更改"命令组中的"撤消工作表保护"命令按钮 ,如图 4-42 上面,弹出"撤消工作表保护"对话框,如图 4-43 所示。在此对话框的"密码"文本框中输入保护密码,单击"确定"按

钮,完成撤消密码保护的设置。

7. 打印工作表

具体操作方法如下。

方法一:单击功能区中"文件"选项卡下的"打印"命令,如图 4-44 所示。在右窗格中显示页面内容的预览视图,中间窗格是参数设置窗格。

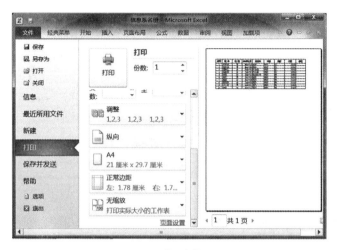

图 4-44 "打印"设置

单击中间窗格底部的"页面设置"链接,打开"页面设置"对话框。在"页面设置"对话框中,如图 4-45 所示,可以对页面进行设置,如页面的方向、缩放、纸张大小,页边距,页眉/页脚等。

图 4-45 "页面设置"对话框

方法二:单击功能区中"页面布局"选项卡,在此选项卡中选择相应命令组中的设置命令实现相应设置,如图 4-46 所示。

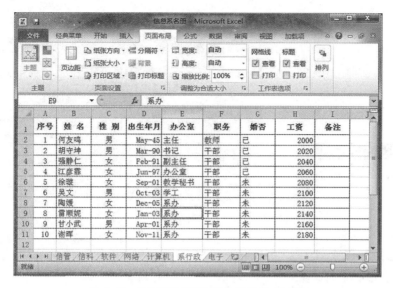

图 4-46 "页面布局"选项卡(打印工作表)

4.2.3 窗口视图操作

在"工作簿视图"命令组中,可以选择的工作簿显示方式有多种,包括"普通""页面布局""分页预览""自定义视图"以及"全屏显示",其中"普通"视图是默认的工作簿视图方式。图 4-47 所示是"普通"视图,图 4-48 所示是"页面布局"视图。

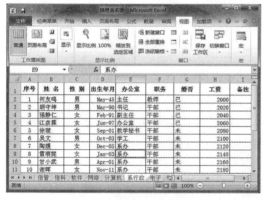

图 4-47 "普通"视图

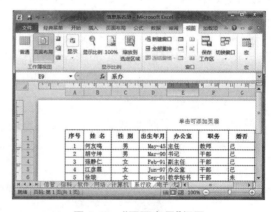

图 4-48 "页面布局"视图

1. 窗口重排

单击功能区中"视图"选项卡下的"窗口"命令组中的"全部重排"命令,弹出"重排窗口"对话框,如图 4-49 所示。在此对话框中可以选择"平铺""水平并排""垂直并排""层叠"四种窗口排列方式中的一种,单击"确定"按钮。

2. 冻结窗格

窗格是文档窗口的组成部分,一个文档窗口可以被分隔成多个窗格,以水平或垂直方式分隔。用户在窗口中设置多个窗格来查看工作的不同区域,并可以锁定某个区域中的行或列,即冻结窗格。

设置冻结窗格的操作,可以单击功能区中"视图"选项卡下的"窗口"命令组中的"冻结窗格"右边的小箭头,弹出设置菜单,如图 4-50 所示。可以选择"冻结拆分窗格""冻结首行"和

"冻结首列"。

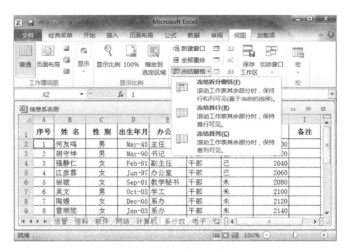

图 4-49 "重排窗口"对话框　　　　　图 4-50 "冻结窗格"命令

"冻结拆分窗格"的说明中"基于当前的选择"指的是用户在选择此项命令前,首先要选择准备冻结的区域的下一行或下一列。

如果用户要冻结前三行,就要用鼠标单击第四行的行标 ,选定第 4 行,然后,再选择"冻结窗格"命令下的"冻结拆分窗格"命令。

要冻结第一行或第一列,可以通过选择"冻结首行"或"冻结首列"来实现。

Excel 不提供冻结中间若干行或若干列,如想冻结第 3~4 行,此时选择第 5 行,实际将冻结第 1~4 行。

另外,不能同时既冻结行,又冻结列。

如果要取消窗格的冻结,可以单击功能区中"视图"选项卡下的"窗口"命令组中的"冻结窗格"右边的小箭头,在弹出的设置菜单中选择"取消冻结窗格"。

3. 拆分窗格

Excel 2010 为用户提供了拆分工作表的功能,可以将窗口拆分为 4 个部分,如图 4-51 所示。每个窗口显示的是同一个工作表的不同部分,通过移动各个窗口的数据,可以使在不连续行或列的相关数据靠近,以便于查看。

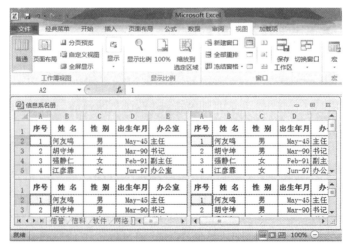

图 4-51 "拆分窗格"

拆分窗格有多种方法,简单的方法是:用鼠标直接拖动垂直滚动条上方的拆分块，可将窗口拆分为上、下两个窗口;用鼠标直接拖动水平滚动条右方的拆分块,可将窗口拆分为左、右两个窗口。

4.2.4 工作表的行、列、单元格和区域操作

1. 工作表的行、列和单元格

在工作表的左侧有一列数字按钮,每个数字就是行号。单击某个行号数字按钮可以选定该行。

在工作表的上面有一行字母按钮,每个字母就是列号,范围是 A,B,C,…,AZ,…。单击某个列号字母按钮可以选定该列。

在工作表的上面行列交叉的一个格子就是一个单元格。

2. 单元格的引用格式

引用的作用就是标识工作表上的某个单元格或单元格区域,也就是标识单元格或单元格区域的地址。单元格地址是单元格在工作表中的位置,用列号和行号组合标识,列号在前,行号在后。对于每个单元格都有其固定的地址,比如 B5,就代表了 B 列第 5 行的单元格。

引用的对象主要有以下几种。

1)外部引用

外部引用是指不同工作簿之间单元格数据的引用。

例如:'[武汉学院.xlsx]信息系名册'！＄D＄3 中的内容表示当前工作表中的某一单元格中的数据来自于另一个工作簿[武汉学院.xlsx]中的信息系名册工作表中的＄D＄3 单元格。

2)相对引用

相对引用又称相对单元格引用,即在公式中,基于包含公式的单元格与被引用的单元格之间的相对位置的单元格地址。如果复制公式,相对引用将自动调整。

下面利用如图 4-52 所示的内容来了解这个概念。公式所在的单元格是 D2,其中的公式为"=B2*10",公式中引用了 B2 单元格,公式所在的单元格是 D2 与被引用的单元格之间的相对关系是:被引用的单元格与公式所在的单元格处于"同一行","左边的第二列",也就是说,公式是利用"同一行,左边第二个单元格的数据乘 10"来计算结果的。

如果将此公式复制到 C3 单元格中,相对引用将自动调整为"与 C3 同一行,左边的第二个单元格中的数据乘 10",被引用的这个单元格也就是"A3",即 C3 中的公式为"=A3*10"。

A3 中的值为 9,所以 C3 中的值就是 9*10,即 90。再假设,如果将此公式复制到 F5 中,F5 中的公式变成为"=D5*10"。

3)绝对引用

绝对单元格引用:公式中被引用单元格的地址,与包含公式的单元格的位置无关。

单元格的绝对引用是指在单元格标识符的行号和列号前都加上"＄"符号。

下面利用如图 4-59 所示的内容来了解这个概念。公式所在的单元格是 C3,C3 的公式为"=＄A＄2*B3",公式中相对引用了 B3 单元格,即每笔销售量的值,公式中还绝对引用了 A2 单元格,即价格的值。

如果将 C3 中的公式复制到 C2 和 C4,C2 和 C4 中的公式分别表示为"=＄A＄2*B2"

和"＝＄A＄2＊B4"。如果又将C3中的公式复制到F5,F5中的公式表示为"＝＄A＄2＊E5"。

4) 混合引用

混合引用是指仅在单元格标识符的行号前加上"＄"符号或仅在单元格标识符的列标前加上"＄"符号。

如图4-53所示的C2中公式用混合引用表示为"＝＄A＄2＊＄B2",即原来的相对引用B2变为混合引用＄B2,其列被定义为始终是B列中的数据,类似地,C3的公式为"＝＄A＄2＊＄B3",C4的公式为"＝＄A＄2＊＄B4"。

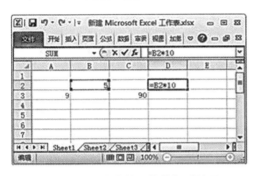

图4-52　公式中单元格的相对引用　　　图4-53　公式中单元格的绝对引用

5) 区域引用

如果要单元格区域,则输入单元格区域左上角单元格的引用、冒号(:)和区域右下角单元格的引用,如B2:E8,如图4-54所示。

3. 工作表行列操作

1) 选择行、列、区域、单元格

选定行:单击工作表左侧的行标按钮数字符,可以选中一行。

选定列:单击工作表上方的列标按钮字母符,可以选中一列。

选定多行:在行标按钮数字列中按住鼠标左键拖动,可以选中多行,如图4-55所示。

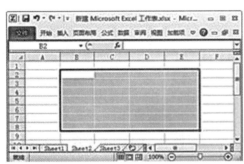

图4-54　单元格区域B2:E8　　　　　图4-55　选中多行

选定多列:在列标按钮字母行中按住鼠标左键拖动,可以选中多列。

选定单元格:单击某一单元格,选中该单元格。

选定区域:将鼠标移到要选定区域的左上角单元格,按下鼠标的左键,再拖动鼠标到要选定区域的右下角单元格,可以选定单元格区域。

选定全部单元格:单击工作表左上角行号与列标号交叉处的空白按钮。

选定不连续单元格:首先选中其中一个单元格或一个连续区域,然后按住Ctrl键,再选择其他单元格或连续区域。

取消单元格的选择：要取消选中的单元格或单元格区域，单击任何一个单元格即可。

2）插入行、列、单元格或区域

（1）插入行。

在使用 Excel 2010 时，如果需要添加行，则在添加位置的下方选中一行，如图 4-56 所示，准备在含有数字的特定行上方插入一行。然后，使用"插入"命令，就可以实现在选中行的上方添加新的一行。使用"插入"命令常见的方法如下。

方法一：右击选中的行，在弹出的快捷菜单中，如图 4-57 所示，再单击"插入"命令，此时，就可以完成插入一行的过程。

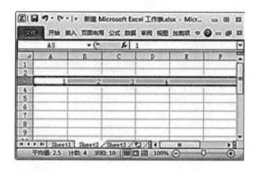

图 4-56　选择要插入新行的下一行　　　　图 4-57　快捷菜单中的"插入"命令

方法二：单击功能区中的"开始"选项卡，在此功能区中选择"单元格"命令组中的"插入"旁边的小三角按钮，在打开的菜单中，如图 4-58 所示，单击"插入工作表行"命令，实现在选中行的上方添加新的一行。

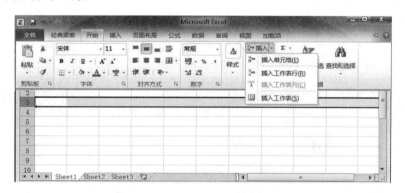

图 4-58　"开始"选项卡下"单元格"命令组中的"插入"菜单

如果一次要插入多行，就选中插入位置下方多行，再使用"插入"命令实现一次在选中的多行上方插入多行的操作。

（2）插入列。

插入列的操作方法与插入行的操作方法基本一样，只是在选择插入位置时，选择一列，插入的新列就在这一列的左边。

如果一次要插入多列，就选中插入位置右方多列，再使用"插入"命令实现一次在选中的多列左边插入多列的操作。

（3）插入单元格。

插入单元格时，先选定插入位置的单元格，也称被选定的单元格为活动单元格，然后，再选择"插入"命令（方法与插入行相同），此时，弹出"插入"对话框，如图 4-59 所示，在"插入"

对话框中可以选择插入单元格后,选中的活动单元格右移,或者下移。在此对话框中,也可以选择插入整行,或插入整列。

区域的插入与单元格的插入操作相同。

3)删除行、列、单元格或区域

(1)删除行。

在使用 Excel 2010 时,如果需要删除行,则选中需要删除的行,然后,使用"删除"命令,就可以实现对选中行的删除操作。使用"删除"命令常见的方法如下。

方法一:右击选中的行,在弹出的快捷菜单中,如图 4-57 所示,单击"删除"命令,此时,就可以完成删除一行的过程。

方法二:单击功能区中"开始"选项卡,在此功能区中选择"单元格"命令组中的"删除"旁边的小三角按钮,在打开的菜单中,如图 4-60 所示,单击"删除工作表行"命令,即可实现对选中行的删除操作。

图 4-59 "插入"对话框

图 4-60 "开始"选项卡下"单元格"命令组中的"删除"菜单

(2)删除列。

删除列的操作方法与删除行的操作方法基本一样,只是在选择删除位置时,选择一列。

(3)删除单元格。

删除单元格时,先选定要删除的单元格,也称被选定单元格为活动单元格,然后,再选择"删除"命令(方法与删除行相同),此时,弹出"删除"对话框,如图 4-61 所示,在"删除"对话框中可以选择删除单元格后,相邻单元格的移动方式。在此对话框中,也可以选择删除整行,或删除整列。

4)移动行、列、单元格或区域

在使用 Excel 2010 的过程中,如果要移动行、列、单元格或区域及其内容这些对象,首先选中要移动的对象,将鼠标移到准备移动的对象边框上,如图 4-62 所示,当鼠标指针变成⁺⃗后直接拖动对象到目标位置,然后松开鼠标即可。

图 4-61 "删除"对话框

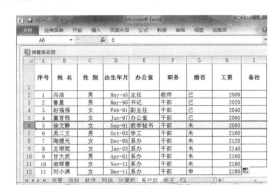

图 4-62 移动行的过程

如果移动的目标位置原来就有内容,不是空白的,这时就会弹出一个对话框,如图4-63所示,提示用户选择下面的操作。如果用户不想替换原来的数据内容,就要在移动对象前,将目标位置的空间预留出来。

图 4-63　移动的目标位置有内容时弹出的对话框

5) 复制行、列、单元格或区域

方法一:首先选中要复制的对象,鼠标指向要复制的对象,右击,在弹出的快捷菜单中选择"复制"命令。

方法二:首先选中要复制的对象,单击"开始"选项卡中"剪贴板"命令组中的"复制"命令。

"粘贴"命令一样可以使用这种方法:右击目标位置,在弹出的快捷菜单中选择,如图4-57所示,或者在"开始"选项卡中"剪贴板"命令组中选择"粘贴"命令。

如果使用右击鼠标方式,在弹出的快捷菜单中,单击"选择性粘贴"命令,则弹出"选择性粘贴"对话框。

下面对粘贴方式和运算方式进行解释,如图4-64所示。

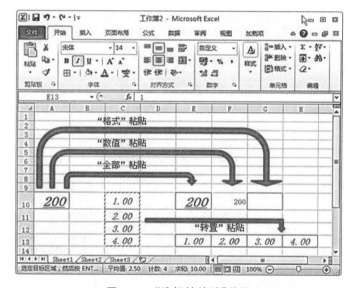

图 4-64　"选择性粘贴"效果

"全部":默认设置,粘贴单元格所有内容。数值、字体大小、倾斜、下划线、边框、加粗全部被粘贴。

"公式":只粘贴公式,不粘贴格式和批注等。

"数值":只粘贴显示的数值本身,其他如字体大小、倾斜、下划线、边框、加粗都没有被粘贴。

"格式":只粘贴格式,包括字体大小、倾斜、下划线、边框、加粗。由于没有数值,所以显示不出来,如果用户在此单元格中输入新数值,将会有格式,数值没有被粘贴。

"批注":只粘贴批注。

"有效性验证":只粘贴源区域中的有效数据规则。

"边框除外":不粘贴边框,其他属性都粘贴。

"列宽":只粘贴列宽。

"无":默认设置,不进行运算。

"加":源单元格数据＋目标单元格数据→目标单元格。

"减":源单元格数据－目标单元格数据→目标单元格。

"乘":源单元格数据×目标单元格数据→目标单元格。

"除":源单元格数据÷目标单元格数据→目标单元格。

"跳过空单元":不粘贴源区域的空单元格。

"转置":将源区域数据行列转置后再进行粘贴。如图 4-64 所示,源区域的数值是以"列"方式显示的,而结果区域的数值是以"行"方式显示的,实现了"转置"粘贴。

6) 调整行高列宽

(1) 调整行高。

方法一:运用鼠标调整。

选定要调整行高的一行或多行,将光标移动到选定行中的某行行号的下分割线上,光标形状变为"十字状"上下指向的箭头 ╪ 时,垂直拖动鼠标到合适高度,释放鼠标。

方法二:运用对话框设置为指定高度。

选定要调整行高的一行或多行,鼠标指向选定的某行,右击鼠标,再单击弹出的快捷菜单中的"行高"命令,如图 4-65 所示;弹出"行高"对话框,如图 4-66 所示,在此对话框中设置行高的具体值。

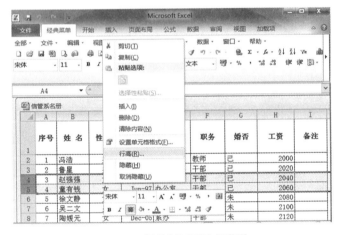

图 4-65 调整"行高"快捷菜单

图 4-66 "行高"对话框

也可以单击功能区中的"开始"选项卡下的"单元格"命令组中"格式"命令按钮右方的小三角按钮,可以从此菜单中选择"行高"命令,也可以选择"自动调整行高"命令。

(2) 调整列宽。

列宽的调整方法和行高的调整方法大致相同,只是在选择"行"的地方改为选择"列"即可。调整行高变为调整列宽。

7) 行列隐藏和取消隐藏

方法一:首先选中要隐藏的行或列,右击鼠标,在弹出的快捷菜单中选择"隐藏"命令。如果原来有隐藏的行或列,就可以单击弹出菜单中的"取消隐藏"命令使隐藏的行或列显示出来。

方法二:首先选中要隐藏的行或列,单击"开始"选项卡中"单元格"命令组中的"格式"命令右方的小三角按钮,在打开的菜单中,鼠标指向"隐藏和取消隐藏"命令,此时打开相应的级联菜单,在此级联菜单中,再选择相应的命令。

4.3　数据输入和编辑

输入数据到 Excel 2010 的工作表中,并完成相应处理是表格处理的核心问题。

4.3.1　手工数据输入

1. 基本方法

单击或双击鼠标选定待输入数据的单元格。直接在单元格内输入数据,或在编辑栏中输入数据。

如图 4-67 所示,在 B2 单元格中输入数据"编号",在编辑栏中同样显示了数据"编号"。

图 4-67　单元格中输入数据

确认或取消输入数据的方法如下。

(1)用鼠标单击编辑栏按钮 ✗ 或按 Esc 键可取消输入,选定的单元格位置不变。

(2)用鼠标单击编辑栏按钮 ✓ 可确认输入,选定的单元格位置不变。

(3)按回车键可确认输入。

在 Excel 中输入数据后按回车键确认时,下方的单元格自动被选定,这是系统默认值。用户也可能需要输入数据后按回车键确认时,左方(或上方,或右方)的单元格自动被选定。其设定方法如下。

单击"文件"选项卡中的"选项"命令,打开"Excel 选项"对话框,在此对话框中,再选择"高级"项,在其右窗格中勾选"按 Enter 键后移动所选内容"复选框,在其下方的"方向"下拉列表中有四个选项,分别是向下、向右、向上、向左,用户可以根据自己的需要选择其中一个选项。

2. 不同类型数据的手工输入

下面讨论不同类型的数据的手动输入方法,如图 4-68 所示。

1)文本

在 Excel 中,文本可以是非数字字符、数字字符、空格字符和汉字字符的组合。在默认情况下,单元格中的文本数据均左对齐。

(1)普通文字直接输入。如在选中的单元格中直接输入"中华人民共和国"。

(2)邮政编码、学号、身份证号码等全数字文本的输入,应首先键入一个英文半角的单引号"'",再输入相应的数字串。

(3)如果要在单元格中输入硬回车,按下 Alt+Enter 键。

图 4-68　多种数据类型的手动输入

"硬回车"可以使一个单元格中的数据分行显示,否则,数据只能在一行中显示。

2)数值

数值是指能参与算术运算的数据。在 Excel 中,数值数据可以采用整数、小数,也可以使用科学计数法。组成数值数据的有以下字符:

０１２３４５６７８９＋－（），／￥＄％．Ｅe。

Excel 将忽略数字前面的正号(＋),并将单个句点视作小数点。在默认状态下,所有数值在单元格中均右对齐。

(1)普通数值直接输入即可。

(2)分数的输入:用"/"作为分子与分母之间的间隔符。

输入分数时,应先输入一个"0"和一个空格字符,再输入分数。

(3)输入负数:在负数前键入负号"－",再输入无符号的数值本身;或者将无符号的数值置于括号()中。

(4)科学计数法,可在数字中插入"E"或"e"。例如"1.34E4"和"1.34e4"均代表 1.34×10^4。

(5)货币符号应置于数字前面。

Excel 在计算时按输入的数据计算,而不是按显示的数据计算。如输入数据为"12.345",由于单元格格式设置的原因,系统默认是两位小数,第三位四舍五入,实际显示的数据为"12.35",则该数据参与运算时按"12.345"进行。

注意:当输入的数据位数超过单元格的当前宽度时,单元格会显示一串"♯",此时调整列宽即可。

3)日期

Excel 常用的内置日期格式有:年-月-日、月-日-年、月-日、年/月/日、月/日/年、月/日等多种形式。年号输入 2 位或 4 位均可。

在默认状态下,日期和时间项在单元格中右对齐。

如果 Excel 不能识别输入的日期或时间格式,输入的内容将被视作文本,并在单元格中左对齐。

输入日期的操作方法如下。

(1)普通日期直接输入即可。如输入 1990-12-21 或 90/12/21 都是正确的日期数据。

(2)输入当天日期:按"Ctrl+;"组合键。

4)时间

Excel常用的内置时间格式有:时:分:秒 AM、时:分:秒 PM、时:分:秒 A、时:分:秒 P。AM、PM、A、P前面有一个空格,大小写都可以,秒可以省略。

输入时间的操作方法如下。

(1)普通时间直接输入即可。如输入 10:20:56 AM 或 10:24 都是正确的日期数据。

(2)输入计算机系统时钟的时间:按下"Ctrl+Shift+;"组合键。

4.3.2 自动填充

当工作表某个区域中具有相同的数据或这些数据之间存在某种变化规律时,可使用自动填充的方法,提高数据的输入效率。

1. 相同数据

1)使用键盘

先选定输入相同数据的区域。然后,输入数据,再按 Ctrl+Enter 键,选定区域中将显示同一个数据。

2)使用填充柄

填充柄是指选中区域右下角的黑色小方块。将指针移到该位置时,指针变为一个黑色十字星╋。拖动填充柄可实现系列数据的自动填充操作,如图 4-69 所示。

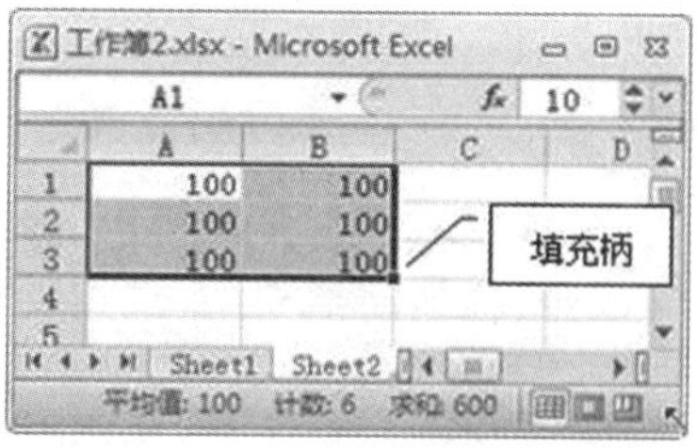

具体操作步骤如下。

(1)选定输入相同数据区域的第一个单元格。

(2)输入数据。

图 4-69 选中区域右下角的填充柄

(3)移动鼠标指向填充柄,按住鼠标左键,拖动至要填充区域(第一个单元格的左边、右边、上边、下边,但不能选择矩形区域)的最后一个单元格。

(4)如果方块中的内容就是第一个单元格中输入的内容,直接释放鼠标,完成的是复制第一个单元格中数据到拖动过的区域。如果方块中的内容是与第一个单元格中输入内容存在变化规律的内容,这有两种情况:一是要填充的正好是这个内容,则直接释放鼠标,完成拖动区域的序列数据的填充;二是要填充的不是变化规律的内容,而是原样复制,则在释放鼠标前,按住 Ctrl 键,再释放鼠标。

2. 连续递增或递减数据

如果连续区域单元格中要输入的数据是有规律地递增或递减的数据,则可使用填充柄输入。可以实现有规律地递增或递减的数据填充操作的数据包括数值数据、日期数据以及类似于数值数据的文本数据。所谓类似于数值数据的文本数据,是指有数值变化规律的数据,如序列 A1,A2,A3,…,以及序列"序号1""序号2""序号3"等。

如图 4-70 所示,输入连续递增或递减数据的具体操作步骤如下。

(1)选定待填充数据区的起始单元格,然后输入序列的初始值。

(2)如果数值数据以及类似于数值数据的文本数据序列变化步长为1,或者日期数据按"日"变化,步长为1,该步可省略,直接进入步骤(4)。

如果要让序列按给定的步长增长,再选定下一单元格,在其中输入序列的第二个数值。头两个单元格中数值的差额将决定该序列的增减步长。

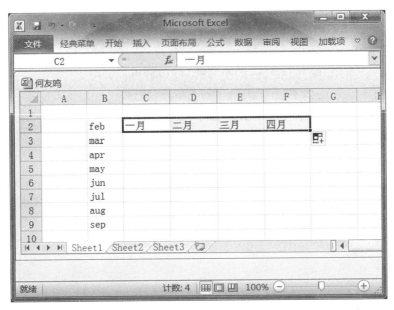

图 4-70　利用填充柄实现序列数据填充

(3) 选定这两个单元格。

(4) 鼠标拖动填充柄，经过待填充数据的区域，同时观察拖动过程中，鼠标旁边的方块中的内容是否按要求变化，如果满足要求，就释放鼠标。如果还是原来的值，则可以按下 Ctrl 键，再观察拖动过程中鼠标旁边的方块中的内容是否按要求变化。

3. 自定义序列

创建自定义填充序列的具体操作步骤如下。

(1) 单击"文件"选项卡下的"选项"命令，打开"Excel 选项"对话框。在此对话框中单击左窗格中的"高级"项，然后单击右侧窗格"常规"区域下方的"编辑自定义列表"按钮，如图 4-71 所示，打开"自定义序列"对话框，如图 4-72 所示。

图 4-71　单击"编辑自定义列表"按钮

图 4-72　"自定义序列"对话框

(2) 在打开的"自定义序列"对话框中，单击"自定义序列"列表中的"新序列"选项，然后在右侧的"输入序列"列表框中输入用户自己新建的序列，如"信息管理与信息系统专业"，然后按 Enter 键，直至输入到序列的结束值"计算机信息管理"，如图 4-73 所示。输入完成后，单击"添加"按钮，然后，再单击"确定"按钮。此时返回到"Excel 选项"对话框，再单击"确定"按钮，关闭对话框。

(3) 下面就可以使用上面创建的序列在工作表中输入序列数据。在工作表中选中准备输入序列的起始单元格，在此单元格中输入"信息管理与信息系统专业"，然后，拖动该单元格的填充柄,就可以实现自定义序列数据的输入,如图 4-74 所示。

图 4-73　在"输入序列"列表框中输入自定义的序列值

图 4-74　使用自定义序列输入数据

4.3.3　单元格格式编辑

1. 内容自动换行

具体操作方法如下。

方法一:选中要设置自动换行的单元格或单元区域,单击"开始"选项卡下"对齐方式"命令组中的"自动换行"命令按钮,如图 4-75 所示,B2 单元格中没有设置自动换行,其中的"中南财经政法大学武汉学院"只显示一部分,而 B3 单元格中设置了自动换行,其中的"中南财经政法大学武汉学院"分三行显示出来。

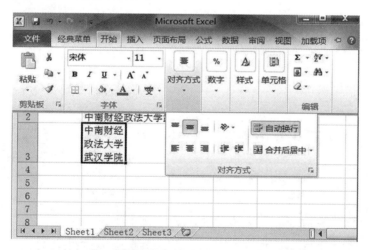

图 4-75　"开始"选项下"对齐方式"命令组中的"自动换行"

方法二:右击要设置自动换行的单元格或单元格区域,在弹出的快捷菜单中选择"设置单元格格式"命令。此时打开"设置单元格格式"对话框,如图 4-76 所示,在此对话框中选择"对齐"选项卡,在"文本控制"下方勾选"自动换行"复选框按钮☑。

2. 手动换行

一个单元格内的内容换行,按 Alt＋回车键(硬回车)。

3. 合并、拆分单元格

合并单元格是将一个连续区域的多个单元格合并为一个单元格。拆分单元格则是将原来合并为一体的大单元格恢复成原来的多个小单元格。

图 4-76 "设置单元格格式"对话框中的"对齐"选项卡

1) 合并单元格

如图 4-77 所示,在信管系工作表的最上面插入一行,作为标题行,录入"信管系教工名册",必须将 A1:I1 九个单元格合并为一体。操作方法如下。

方法一:选中要合并的单元格或单元格区域,单击"开始"选项卡下"对齐方式"命令组中的"合并后居中"右边的箭头按钮,打开合并单元格菜单,如图 4-75 所示,再选择其中的某种合并方式的相应命令。

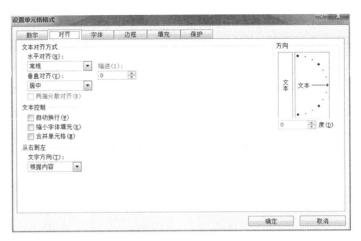

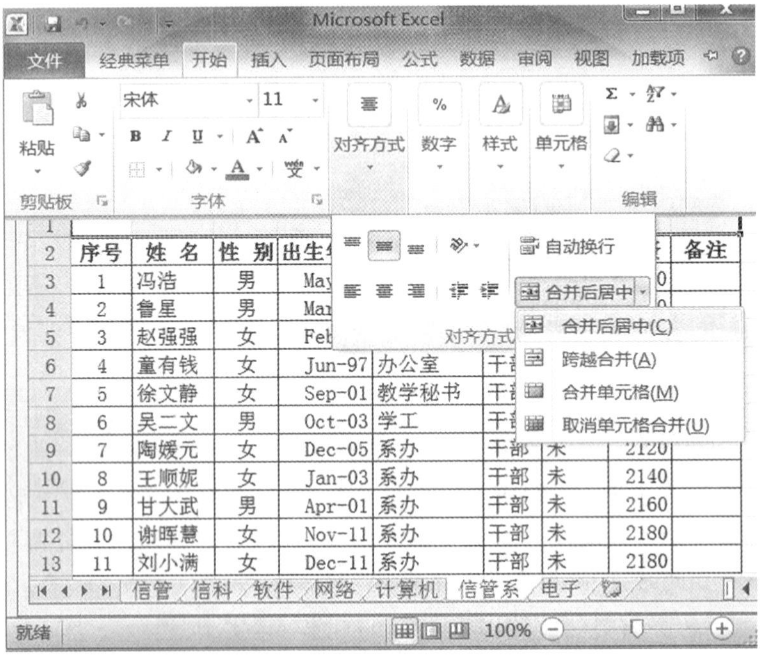

图 4-77 "开始"选项下"对齐方式"命令组中的"合并后居中"命令

方法二:鼠标指向要合并的单元格或单元格区域,右击鼠标,在弹出的快捷菜单中,单击"设置单元格格式"命令。此时弹出如图 4-76 所示的"设置单元格格式"对话框。单击"对齐"选项卡,选中"合并单元格"复选框☑,单击"确定"按钮。

2) 拆分单元格

方法一:选中要拆分的单元格或单元格区域,单击"开始"选项卡下"对齐方式"命令组中的"合并后居中"右边的箭头按钮,打开合并单元格菜单,如图 4-77 所示,再选择其中的"取消单元格合并"命令。

方法二:鼠标指向要拆分的单元格或单元格区域,右击鼠标,在弹出的快捷菜单中,单击"设置单元格格式"命令。此时弹出如图 4-76 所示的"设置单元格格式"对话框。单击"对齐"选项卡,去掉"合并单元格"复选框的选中标志☑,单击"确定"按钮。

4. 清除单元格内容及格式

完成清除的操作方法如下。

方法一:选中要清除的单元格或单元格区域,单击"开始"选项卡下"编辑"命令组中的"清除"右边的箭头按钮,打开"清除"菜单,如图 4-78 所示,再选择其中某种清除方式的命令。可选择的清除方式有全部清除、清除格式、清除内容、清除批注、清除超链接。

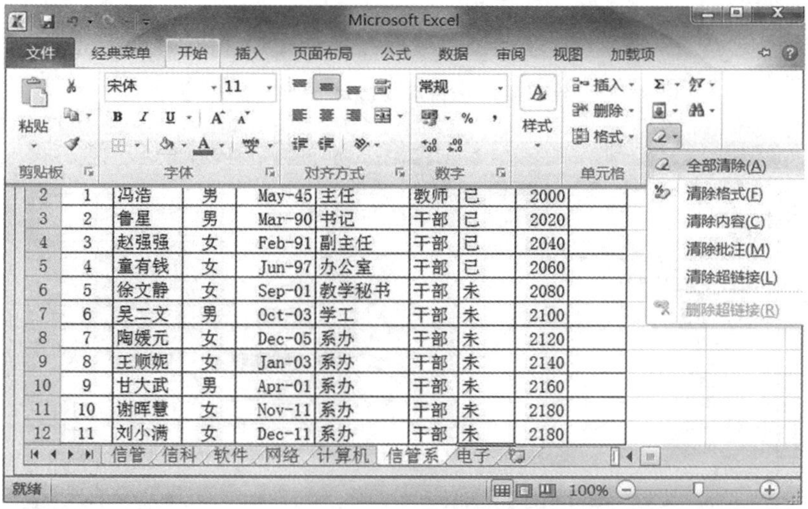

图 4-78 "开始"选项下的"编辑"命令组中的"清除"命令

方法二:鼠标指向要清除的单元格或单元格区域,右击鼠标,在弹出的快捷菜单中,单击"清除内容"命令。这种方法只能清除单元格或单元格区域中的内容。

5. 其他设置

1) 设置数据格式

选中要设置数据格式的单元格,鼠标指向选中的单元格,右击鼠标,在弹出的快捷菜单中,单击"设置单元格格式"命令;弹出"设置单元格格式"对话框,单击"数字"选项卡,如图 4-79 所示;在"分类"列表框中选择所需的类别,再从右边的"类型"中选择相应的格式。

2) 设置字体、字形、字号、颜色

选中要设置数据格式的单元格;打开"设置单元格格式"对话框,单击"字体"选项卡,如图 4-80 所示;选择所需的字体、字形、字号、颜色等项目进行设置。

3) 设置对齐方式

选中要设置数据格式的单元格;打开"设置单元格格式"对话框,单击"对齐"选项卡,如图 4-76 所示;选择所需的文本水平和文本垂直对齐方式、文本方向等项目设置。

"水平对齐":靠左(缩进)、居中、靠右(缩进)、填充(指重复输入的数据,填充整个单元格)、两端对齐、跨列居中、分散对齐(缩进)等。

"垂直对齐":靠上、居中、靠下、两端对齐、分散对齐等。

图 4-79 "设置单元格格式"对话框中的"数字"选项卡

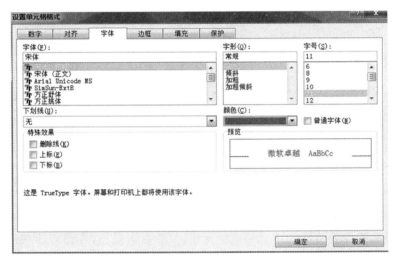

图 4-80 "设置单元格格式"对话框中的"字体"选项卡

4)设置边框和表格线

选中要设置数据格式的单元格;打开"设置单元格格式"对话框,单击"边框"选项卡,如图 4-81 所示。

设置内外表格线:在"线条"的"样式"框中选择线型,在"线条"的"颜色"框中选择线的颜色。

设置或取消某部分线型:单击"边框"栏中的八个按钮中的相应按钮。

可以使用"预置"栏中的"无""外边框""内部"完成相同外边框或内边框线条的设置。

5)设置填充色

选中要设置数据格式的单元格;打开"设置单元格格式"对话框,单击"填充"选项卡;选择单元格所需的颜色和图案。如果选择"无颜色",则取消原来的底色设置。

工作表背景只用于显示,不能打印输出。

4.3.4 查找与替换

单击"开始"选项卡下"编辑"命令组中的"查找和选择"按钮,打开"查找和选择"菜单。

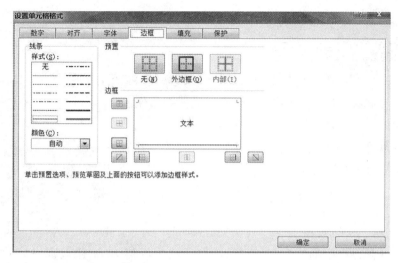

图 4-81 "设置单元格格式"对话框中的"边框"选项卡

查找或替换功能可以通过这个菜单中的命令来实现。

查找：选择"查找"命令，打开"查找和替换"对话框，如图 4-82 所示，选择对话框中的"查找"选项卡，在"查找内容"文本框中输入要查找的文本，并单击对话框中相应的命令按钮实现查找操作。

图 4-82 查找操作对话框

替换：选择"替换"命令，打开"查找和替换"对话框，选择对话框中的"替换"选项卡，如图 4-83 所示，在"查找内容"文本框中输入要查找的文本，在"替换为"文本框中输入要替换的文本，并单击对话框中相应的命令按钮实现查找并替换功能的操作。

图 4-83 替换操作对话框

4.4 公式及函数

构成公式的元素有"＝"等号、运算符、运算对象、函数。

4.4.1 运算符

1. 算术运算符

算术运算符主要实现对数值数据的加、减、乘、除等运算操作,常见的有+(加法)、-(减法)、*(乘法)、/(除法)、^(乘方)、%(百分数)、括号等几种。

使用这些运算符运算的原则是"先乘除,后加减"。

2. 关系运算符

关系运算符的功能是完成两个运算对象的比较,并产生逻辑值 TRUE(真)或 FALSE(假)。常见的有>(大于)、<(小于)、>=(大于或等于)、<=(小于或等于)、=(等于)、<>(不等于)等几种。

例如,单元格 A8 的数据为 20,则 A8<5 的值为 FALSE(假),A8>5 的值为 TRUE(真)。再如,A3 单元格中的值为"学习",A4 单元格中的值为"工作",则 A3>A4 为 TRUE(真),A3<A4 为 FALSE(假)。这两个词是按照词的拼音的字符串来比较的。

3. 文本运算符

Excel 的文本运算符只有一个,即 &,它可以实现将一个或多个文本数据连接起来,产生一个新的数据的功能。

例如,单元格 A2 的数据为"北京",单元格 A3 的数据为"奥运会",则 A2&A3 的值为"北京奥运会",A3&A2 的值为"奥运会北京"。

4. 单元格引用运算符

(1) 冒号(:)——用于表示某一连续区域的所有单元格。如"A3:A5"表示 A3、A4、A5 这一组单元格。

(2) 逗号(,)——用于表示某几个不连续单元格或区域的所有单元格。如"A2,A4,B5,D8"表示 A2、A3、A4、B5、D8 这一组单元格。

(3) 空格——用于表示某几个区域中交叉区域的所有单元格。如"A2:A4 A3:D3"表示交叉区域 A3 单元格。

4.4.2 运算对象

1. 常量

常量是指输入的数值或文本。

如公式"=3+5"中的 3、5 都是常量,是数值常量。

2. 单元格引用

单元格引用表示的是一个或者多个单元格的地址,通过单元格的地址对相应单元格中已存储的数据进行运算。如公式"=IF(A2>B3,TRUE,FALSE)"中 A2、A3 就是两个单元格的地址,也称为单元格引用,是公式中的两个对象。

3. 函数

Excel 提供了大量的函数,函数也可以理解为一些预定义的公式,如求和函数 SUM、求平均数函数 AVERAGE、求最大值函数 MAX 等。

在公式中使用函数,必须遵循以下有关函数的语法规则。

(1) 使用函数必须以函数名开头(函数名是系统定义的),后面圆括号里面是参数表(变量值的罗列)。

(2)书写格式:函数名(参数表)。

(3)函数名后面的括号(英文半角圆括号)必须成对出现,括号与函数名之间不能有空格。

(4)函数的参数可以是文本、数值、日期、时间、逻辑值或单元格的引用等。但每个参数必须有一个确定的有效值。

4.4.3 函数应用

1. 单工作表中数据运算

单工作表中数据运算指的是计算对象和计算结果在同一个工作表中,公式与被计算的对象在同一个工作表中的不同的单元格中。

【例 4-1】 计算图 4-84 所示的工作表"Sheet4"中的平均成绩。

(1)选定要输入函数的单元格。本例为选定单元格 I3。

(2)在选定单元格中首先输入"="。

(3)单击工具条 × ✓ fx 左侧的下拉按钮 ▼,弹出如图 4-85 所示的函数下拉列表框。

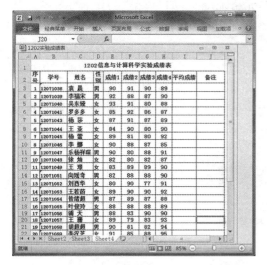

图 4-84 学生成绩表中计算"平均成绩"

图 4-85 公式下拉列表

(4)单击要使用的相应函数。本例为选定 AVERAGE 函数。打开"函数参数"对话框,如图 4-86 所示。在"Number1"文本框中显示了第一组系统默认参数,本例中是 E3:H3。

如果参数正确,可直接进入第(5)步。

如果参数不正确或不能确定,可以在对话框中修改相应参数值,然后单击"确定"按钮;或者单击对话框中的折叠按钮 ,当前的函数对话框折叠为长条文本框,文本框中显示了当前选中的函数的参数,如图 4-87 所示。

这时,可在表格数据区中,通过鼠标拖动重新选择要计算的数据区域(如 D3:H3)。选择完毕后单击函数对话框折叠条右边的按钮 ,回到"函数参数"对话框状态。

(5)单击"确定"按钮,函数计算结果显示在相应单元格中。

2. 多工作表中数据运算

多工作表中数据运算指的是计算对象和计算结果在多个工作表中,公式与被计算的对

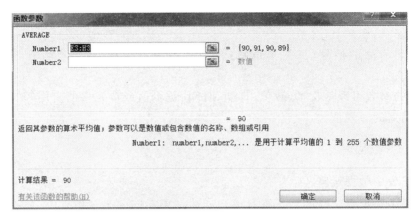

图 4-86 "函数参数"对话框

图 4-87 "函数参数"对话框折叠为长条文本框

象在不同工作表中的不同的单元格中。

在公式引用中,书写为<工作表名>!<单元格地址>,如"数据"工作表 A3 单元格中的公式是"=价格!A2",意思是"数据"工作表 A3 单元格中的数据来源于"价格"工作表中 A2 单元格中的数据。

4.4.4 公式隐藏

隐藏公式分两步处理:第一步设置含有公式的单元格具有隐藏公式的属性;第二步对工作表进行保护,一旦保护开始,隐藏属性就生效。

1. 第一步

(1)选择要隐藏公式的工作表。

(2)选择准备隐藏公式所在的单元格。

(3)右击所选择的其中一个单元格,弹出快捷菜单。

(4)单击"设置单元格格式"命令,打开"设置单元格格式"对话框。选择"保护"选项卡,勾选"隐藏"前的复选框,单击"确定"按钮,如图 4-88 所示。

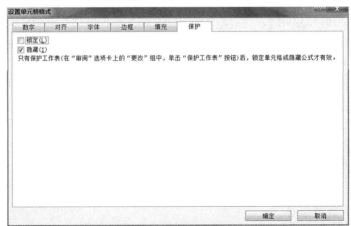

图 4-88 "保护"选项卡

2. 第二步

(1) 选择功能区"审阅"选项卡下"更改"命令组中的"保护工作表"命令,如图 4-89 所示。打开"保护工作表"对话框,如图 4-90 所示。

图 4-89 "审阅"选项卡下"更改"命令组中的"保护工作表"命令　　图 4-90 "保护工作表"对话框

(2) 在"取消工作表保护时使用的密码"下的文本框中输入用户密码,在"允许此工作表的所有用户进行"下面的列表中选择要保护的设置,最后单击"确定"按钮。

4.5 数据处理

Excel 除了具有数据计算功能外,还可以把工作表作为简单的数据库,实现对其中的数据进行排序、筛选与统计等工作。

要实现数据的排序、筛选与统计等工作,首先要建立一个被称为数据列表或数据清单的 Excel 工作表。数据列表或数据清单的工作表具有以下特征。

4.5.1 数据列表

1. 数据列表标签

创建数据列表(数据清单),首先是创建数据列表的第一行(标题行),第一行是数据列表描述性标签,如图 4-91 所示。

2. 列的同质性

同质性就是确保每一列中包含有相同类型的信息,即每列中的数据(除第一个数据标签)的数据类型是一致的。用户可以预先格式化整列,以保证同列数据拥有相同的数据格式类型。

3. 数据列表结束标志

在 Excel 中,一个空行预示着数据列表的结束。

4.5.2 排序

数据排序可以是对一列或多列中的数据按文本(升序或降序)、数字(升序或降序)以及

图 4-91 一个数据列表

日期和时间(升序或降序)进行排序。还可以按自定义序列(如大、中和小)或格式(包括单元格颜色、字体颜色或图标集)进行排序。

1. 单列排序

1)方法一:快速简单法

选择要排序数据所在列,或者确保活动单元格位于要排序的数据列中。

在功能区的"数据"选项卡的"排序和筛选"命令组中,如图 4-92 所示,执行下列操作之一。

单击 "升序":对于文本数据,按字母数字的升序排序;对于数值数据,按从小到大的顺序排序;对于日期和时间数据,按从早到晚的顺序排序。

图 4-92 "数据"选项卡下的"排序和筛选"命令组

2)方法二:"排序"对话框方法

选择要排序数据所在列,或者确保活动单元格位于要排序的数据列中。

在"数据"选项卡的"排序和筛选"命令组中,单击"排序"命令,如图 4-93 所示,打开"排序"对话框,如图 4-94 所示。

在"排序"对话框中,单击"选项"按钮,打开"排序选项"对话框,如图 4-95 所示。在"排序选项"对话框中,若是对文本排序,可选择"区分大小写"。方法有按"字母排序"和按"笔划排序",方向有"按列排序"和"按行排序"。

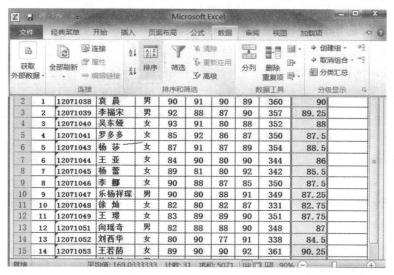

图 4-93 "数据"选项卡下的"排序和筛选"命令组中的"排序"命令

如果工作表有数据列表标签(标题),则勾选"排序"对话框中的复选框"数据包含标题"。

图 4-94 "排序"对话框

图 4-95 排序选项

另外,在"排序"对话框中还有如下设置,如图 4-96 所示。

图 4-96 "排序"对话框中的设置项

(1)在"列"下的"主要关键字"框中,选择要排序的列。
(2)在"排序依据"下,选择排序类型。执行下列操作之一:
①若要按单元格值,选择"数值";
②若要按单元格颜色排序,选择"单元格颜色";

③若要按字体颜色排序,选择"字体颜色";
④若要按图标集排序,选择"单元格图标"。
(3)在"次序"下,选择排序方式。执行下列操作之一:
①如在"排序依据"下选择"数值",可选择"升序"或"降序"或"自定义序列";
②如在"排序依据"下选择"单元格颜色""字体颜色"或"单元格图标",可将单元格颜色、字体颜色或图标移到顶部或底部(对于列排序),或移到左侧或右侧(对于行排序),可选择"在顶部""在底部""在左侧""在右侧"。

2. 多列排序

例如,假定对学生的实验成绩表中的"成绩1"排序,如"成绩1"相同,再按"成绩2"排序,如"成绩1"和"成绩2"相同,再按"成绩3"排序。最多可以按64列进行排序。图4-97所示是排序后的结果。

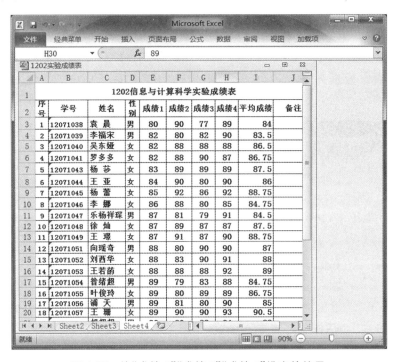

图 4-97 按"成绩1""成绩2""成绩3"排序的结果

实现多列排序的操作如下。

(1)选择要排序数据所在列,或者确保活动单元格位于要排序的数据列中。

(2)在"数据"选项卡的"排序和筛选"命令组中,单击"排序"命令,打开"排序"对话框,如图4-98所示。

(3)在"列"下的"主要关键字"和"次要关键字"框中,选择要排序的列。

(4)在"排序依据"下,选择排序类型。

(5)在"次序"下,选择排序方式。

(6)若要添加作为排序依据的另一列,单击"添加条件"按钮,然后重复上述步骤,直至添加完成。

若要删除作为排序依据的列,选择该条目,然后单击"删除条件"按钮。

若要更改列的排序顺序,选择一个条目,然后单击"向上"或"向下"箭头更改顺序。

图 4-98　多列排序时"排序"对话框的设置

4.5.3　筛选

1. 筛选的概念

通过筛选工作表中的信息，可以快速查找数值。可以筛选一个或多个数据列。不但可以利用筛选功能控制要显示的内容，而且还能控制要排除的内容。既可以基于从列表中的选择进行筛选，也可以创建仅用来限定要显示的数据的特定筛选器。

在"数据"选项卡下的"排序和筛选"命令组中，单击"筛选"命令，列标题右下角出现箭头。

单击列标题中的箭头，会显示一个筛选器选择列表，如图 4-99 所示。

图 4-99　筛选器选择列表

根据筛选列中的数据类型，Excel 会在列表中显示"数字筛选"或"文本筛选"。如图 4-100 所示，左边是"数字筛选"条件，右边是"文本筛选"条件。从列表中选择值和搜索即可进行筛选。

使用搜索框输入要搜索的文本或数字。

选中或清除用于显示从数据列中找到的值的复选框。

使用高级条件查找满足特定条件的值。

图 4-100　筛选器"数字筛选"和"文本筛选"列表

若要按列表中的值进行选择，清除"（全选）"复选框，这样将删除所有复选框的复选标记。然后，仅选中希望显示的值，单击"确定"按钮即可查看结果。

若要在列中搜索文本，在搜索框中输入文本或数字。还可以选择使用通配符，例如星号（*）或问号（?）。按 Enter 键，查看结果。

指向列表中的"数字筛选"或"文本筛选"，随即会出现一个菜单，允许按不同的条件进行筛选。

选择一个条件，然后选择或输入其他条件。单击"与"按钮组合条件，即筛选结果必须同时满足两个或更多条件；而选择"或"按钮，只需要满足多个条件之一即可。

单击"确定"按钮应用筛选器并获取所需结果。

2. 自动筛选

实现自动筛选的操作如下。

（1）打开要自动筛选的工作簿中的某个工作表。

（2）在"数据"选项卡的"排序和筛选"命令组中，单击"筛选"命令，在表中的每个标题的右下角都会出现一个筛选按钮。

（3）单击每个标题右下角的筛选按钮，打开筛选器界面。在例 4-1 中单击"成绩 1"标题右下角的筛选按钮，如图 4-101 所示。

（4）在筛选器选择列表中勾选每个值，例 4-1 中勾选的是 90 复选框。

（5）单击"确定"按钮，完成自动筛选操作。筛选结果如图 4-102 所示。

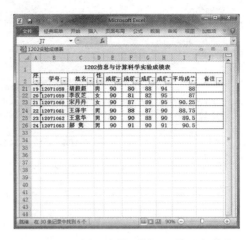

图 4-101　筛选器界面　　　　　　　图 4-102　选择"成绩 1"为 90 的所有学生

3. 自定义筛选

实现自定义筛选的操作如下。

(1) 打开要自动筛选的工作簿中的某个工作表。

(2) 在"数据"选项卡的"排序和筛选"命令组中,单击"筛选"命令,在表中的每个标题的右下角都会出现一个筛选按钮。

(3) 单击每个标题右下角的筛选按钮,打开筛选器界面。如例 4-1 中单击"成绩 1"标题右下角的筛选按钮。

(4) 在筛选器列表中选择"数字筛选"下的某一种筛选方案。如选择"大于或等于",如图 4-103 所示。

图 4-103　"筛选器"中"数字筛选"菜单

(5) 单击"大于或等于"命令,弹出"自定义自动筛选方式"对话框,在该对话框中再选择大于或等于的具体值,如 90,如图 4-104 所示。

图 4-104 "自定义自动筛选方式"对话框

(6)单击"确定"按钮,完成自动筛选操作。

4. 高级筛选

实现高级筛选的操作如下。

(1)打开要高级筛选的工作簿中的某个工作表。

(2)在此工作表无数据的单元格中输入高级筛选的条件。如要筛选"性别"是"女"、"平均成绩"大于或等于 88 分的学生,如图 4-105 所示。

(3)在"数据"选项卡的"排序和筛选"命令组中,单击"高级"命令按钮 。打开"高级筛选"对话框,在"方式"选项中选择"将筛选结果复制到其他位置"或"在原有区域显示筛选结果",这里选择"将筛选结果复制到其他位置",如图 4-106 所示。

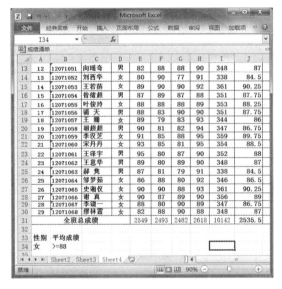

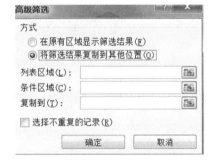

图 4-105 在表的空单元格中输入高级筛选条件　　图 4-106 "高级筛选"对话框

然后单击"列表区域"右侧的"压缩"按钮 ,出现选择设置列表区域窗口,如图 4-107 所示,用鼠标划定表中区域,注意包括列标即表的栏目名,如 ＄A＄1:＄J＄30,如图 4-108 所示,单击右侧的"压缩"按钮 返回"高级筛选"对话框,如图 4-109 所示。

图 4-107 "高级筛选-列表区域:"对话框　　图 4-108 设置条件区域

如此完成"条件区域"和"复制到"的设置,如"条件区域"是 ＄A＄33:＄B＄34,"复制到"区域是筛选结果存放的起始单元格,如 ＄A＄36:＄J＄47,如图 4-110 所示。

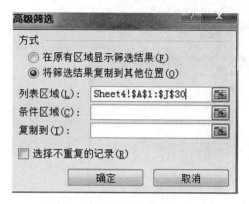

图 4-109　返回"高级筛选"对话框　　　图 4-110　高级筛选条件设置完成

(4) 单击"确定"按钮,完成高级筛选操作。

4.5.4　分类汇总

1. 设置分类汇总

分类是指按"班级"进行分类(排序),即一个班的学生排列在一起;汇总是指统计同一个班的"成绩 1"数据之和,其中,"班级"为分类字段,"成绩 1"为汇总列。

Excel 提供的分类汇总功能可以使分类与统计一步完成。操作步骤如下。

(1) 打开要分类汇总的工作簿中的某个工作表,本例是实验成绩表 Sheet4。

先按分类字段(列)对数据表进行排序,关于排序方法已经在前面介绍过。这里对实验成绩表按"班级"排序。这一步是前提,不可忽略,否则得不到正确的结果。

(2) 在"数据"选项卡的"分级显示"命令组中,单击"分类汇总"命令,如图 4-111 所示。打开"分类汇总"对话框,如图 4-112 所示。

图 4-111　"数据"选项卡下"分级显示"命令组中的"分类汇总"命令

在"分类字段"下拉列表框中选择分类字段。本例选择"班级"。

在"汇总方式"下拉列表框中选择汇总方式。Excel 提供了多种汇总方式,有求和、求平均、计数、最大值、最小值等。本例选择"求和"。

在"选定汇总项"下拉列表框中选择汇总字段。本例选择"成绩 1"。

选择"替换当前分类汇总"复选框,可使新的汇总替换数据清单中已有的汇总结果。

选择"每组数据分页"复选框,可使每组汇总数据之间自动插入分页符。

图 4-112　"分类汇总"对话框

选择"汇总结果显示在数据下方"复选框,可使每组汇总结果显示在该组下方。

(3)单击"确定"按钮,分类汇总结果如图 4-113 所示。

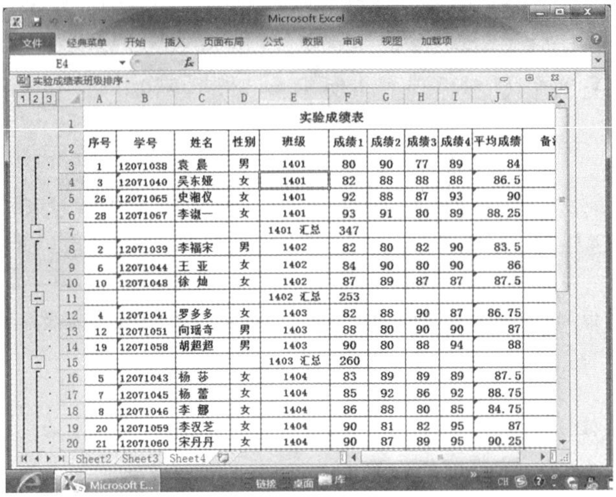

图 4-113　分类汇总结果

2. 分类汇总表的使用

分类汇总操作完成后,在工作表窗口的左侧会出现一些小控制按钮,如 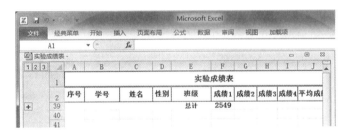等,如图 4-113 所示。单击这些按钮可改变显示的层次,便于分析数据。

1)数字按钮

(1)单击按钮 1 ,汇总结果仅显示总计结果,如图 4-114 所示。

图 4-114　选择数据按钮"1"的分类汇总结果

(2)单击按钮 2 ,汇总结果仅显示小计和总计结果,如图 4-115 所示。

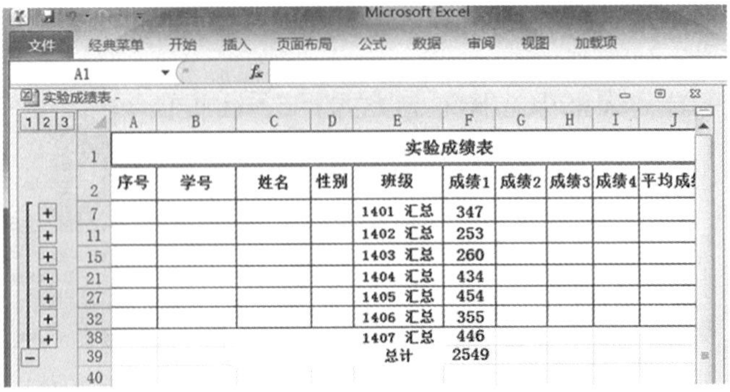

图 4-115　选择数据按钮"2"的分类汇总结果

(3)单击按钮 3 ,汇总结果显示数据、小计和总计结果,如图 4-113 所示。

2) ﹣、﹢按钮

(1)单击按钮﹣,关闭局部,按钮变为﹢。

(2)单击按钮﹢,展开局部,按钮变为﹣。

3. 取消分类汇总

选中已分类汇总的数据列表中的任意一个单元格。单击"分类汇总"对话框中的"全部删除"按钮 全部删除(R),如图 4-112 所示。

 4.6 图 表

Excel 2010 把数据表转换成图表,是数据的可视化表示,通过图表直观地显示工作表中的数据,形象地反映数据的差异、发展趋势。

4.6.1 图表结构

图表是由多个图表元素构成的,如图 4-116 所示。

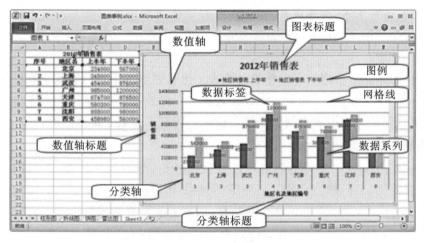

图 4-116　Excel 图表结构

1. 标题

(1)整个图表的标题。一般放置在图表的正上方,本例为"2012 年销售表"。

(2)分类轴(横向轴)标题。一般放置在分类轴下方,如本例中的"地区名及地区编号"。

(3)数值轴(纵向轴)标题。一般放置在数值轴右方,如本例中的"销售量"。

标题具有的属性:标题的字体设置(字体、字号、颜色等)、对齐(文本对齐方式、文本方向等)、文本图案(文本边框、文本区域颜色等)。

2. 数值轴和分类轴

数值轴:是图表中的 Y 轴,标明相应的刻度尺。

分类轴:是图表中的 X 轴,也是图表中的分类标准。

分类轴、数值轴等的轴又由轴线、轴线上的刻度、轴线旁的分类名等构成。

每个轴具有的属性:轴线的颜色、粗细、轴线标签,刻度的设置,分类名的字体、大小、颜色,文本对齐方式等。

3. 图例

图例是一个文本框,用于标识图表中为数据系列或分类所指定的图案或颜色。

可以对图例进行字体、字体大小、颜色、背景、图例位置等设置。

4. 绘图区

绘图区是数据系列以某种形状图显示的区域。

可以对绘图区的背景色进行设置,也可以对数据系列颜色、形状、网格线、系列次序、数据标志等进行设置。

5. 图表区

图表区包括整个图表中标题、数值轴、分类轴、绘图区、图例。

4.6.2 图表类型

1. 按图表所处位置分类

1)嵌入式图表

嵌入式图表与数据表在一起,浮于数据表之上,在工作表的绘图层中。嵌入式图表可在数据表中移动、改变大小、改变比例、调整边界和实施其他运算。嵌入式图表可以在它使用的数据旁边打印。图 4-116 中的图表就是嵌入式图表。

2)图表工作表

图表工作表是一个占据整个工作表的图表。生成图表工作表的数据表在视图上与图表工作表不在同一个工作表上,如果一个数据表有多个图表,通常会采用图表工作表方式建立图表,这样可以保证每个图表占据独立的表格区。图表工作表一样可以编辑。

2. 按图表形状分类

Excel 提供了 11 种图表类型供用户进行数据分析,分别为柱形图、折线图、饼图、条形图、面积图、散点图、股价图、曲面图、圆环图、气泡图和雷达图。

如图 4-117 所示,对于左上角部分的数据,创建了 4 个嵌入式柱形图:簇状柱形图、堆积柱形图、百分比堆积柱形图、三维柱形图。不同的柱形图,从不同的角度对同样的数据进行不同的表达或理解,说明不同的视角观点。

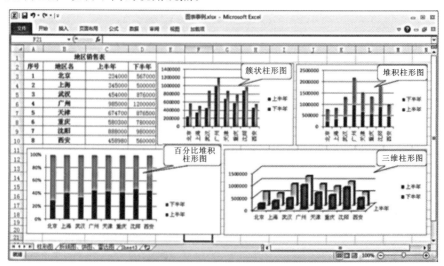

图 4-117 嵌入式柱形图

如图 4-118 所示，对于左上角部分的数据，创建了 4 个图表：带数据标记的折线图、上半年分离型饼图、下半年分离型饼图、带数据标记的雷达图。

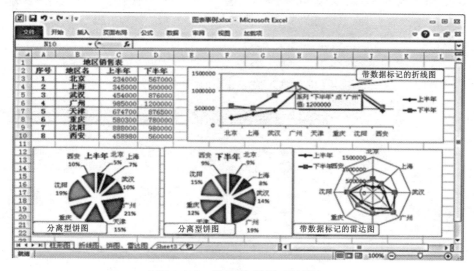

图 4-118　折线图、饼图、雷达图

4.6.3　创建图表

1. 创建基本图表

具体操作步骤如下。

(1)选中准备创建图表的数据区域 A1：D12，如图 4-119 所示。

运动会各系成绩表

序号	系名	田赛得分	径赛得分
1	艺术系	82	82
2	信息系	90	89
3	新闻传播系	78	80
4	经济贸易系	86	85
5	金融系	83	86
6	基础部	80	76
7	工商管理系	82	83
8	法律系	80	875
9	财会系	91	90
10	外语系	88	86

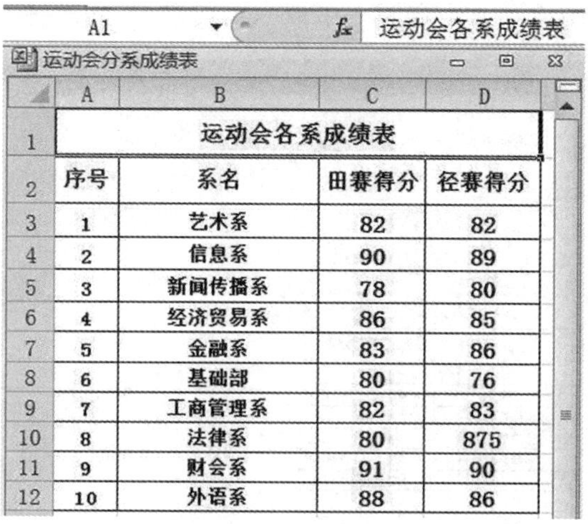

图 4-119　要创建图表的数据区域 A1：D12

(2)单击功能区“插入”选项卡下“图表”命令组中的“柱形图”(或“折线图”，或“饼图”等)命令按钮下方或旁边的箭头，如图 4-120 所示。单击“柱形图”下方的箭头，打开图表类型的列表，如图 4-121 所示，打开的是“柱形图”图表类型列表。再单击下方的“所有图表类型”命令，或者单击“图表”命令组右下角的“创建图表”按钮，打开“插入图表”对话框，如图 4-122所示，在此对话框中也可以选择要创建的图表类型。

图 4-120 "插入"选项卡下的"图表"命令组

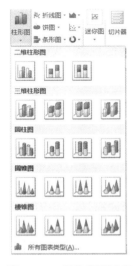

图 4-121 图表类型列表

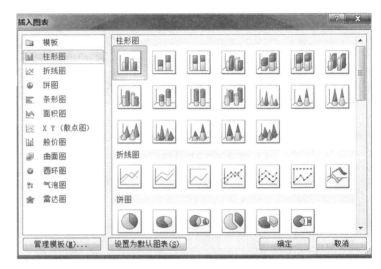

图 4-122 "插入图表"对话框

（3）在打开的图表列表中，单击某个具体图表类型。如单击"二维柱形图"栏中的"簇状柱形图"选项，在工作表中就会马上创建一个嵌入式的图表，如图 4-123 所示。

图 4-123 "簇状柱形图"图表

2. 添加图表元素

1）添加图表标题

单击"图表工具"选项卡下"布局"选项页下"标签"命令组中的"图表标题"命令，弹出"图表标题"选项菜单，如图 4-124 所示。在此菜单中选择一种方式添加图表标题，如"图表上方"。单击"图表上方"命令,图表的上方会出现图表的标题文本框,文本框中标题的名称自动取名为"图表标题"。用户可以对此文本框中的标题名称进行修改,在"开始"选项卡中对图表标题文字进行设置。

2)添加坐标轴标题

单击"图表工具"选项卡下"布局"选项页下"标签"命令组中的"坐标轴标题"命令,弹出"坐标轴标题"选项菜单,其中有两个命令:"主要横坐标轴标题"和"主要纵坐标轴标题"。

如鼠标指向"主要横坐标轴标题"时,出现此命令的级联菜单,如图4-125所示。

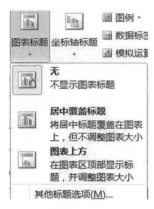

图 4-124　添加图表标题　　　　图 4-125　添加"坐标轴标题"中的"主要横坐标标题"

3)添加或调整图例

单击"图表工具"选项卡下"布局"选项页下"标签"命令组中的"图例"命令,弹出"图例"选项菜单,其中有多个设置图例的命令选项,可以设置图例放置的位置,如图4-126所示。

4)添加数据标签

单击"图表工具"选项卡下"布局"选项页下"标签"命令组中的"数据标签"命令,弹出"数据标签"选项菜单,其中有多个设置数据标签的命令选项,可以设置数据标签放置的位置,如图 4-127 所示。

图 4-126　图例设置　　　　　　图 4-127　添加数据标签

在此菜单中选择一种方式添加数据标签,如单击"数据标签外"命令,图表中每个数据系列条的上面就会出现数据系列条对应的数据具体值。

如果对图 4-123 所示的基本图表经过上述操作,添加了"图表标题""坐标轴标题""数据标签"等图表元素,但未修改标题名称,并调整"图例"到图表顶部,对这个结果中的三个标题文本框中的标题名称再加以修改,并在绘图区填充图案,最终实现用户所希望的结果,如图 4-128 所示。

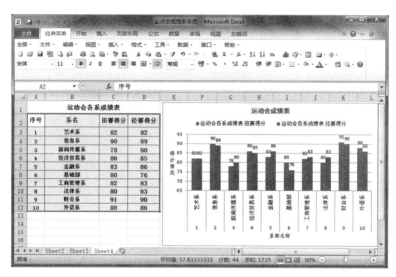

图 4-128 在图 4-146 的基础上修改后的结果

4.6.4 编辑图表

1. 更改图表类型及图表布局

1) 更改图表类型

用户在开始创建图表时选择某种图表类型创建了相应的图表,以后可能因应用的需要,要调整或更改为新的图表类型。

调整或更改为新的图表类型的操作如下。

(1) 选择已存在、要更改的图表。

(2) 右击这个图表,弹出快捷菜单,如图 4-129 所示,选择"更改图表类型"命令,或单击功能区"图表工具"选项卡下"设计"选项页下"类型"命令组中的"更改图表类型"命令,如图 4-130 所示。

图 4-129 图表上的右键菜单

图 4-130 单击"更改图表类型"命令

(3) 打开"更改图表类型"对话框,如图 4-131 所示。在"更改图表类型"对话框的左窗格中选择 11 种图表类型中的某一种类型,再从右窗格中的子类型中选择一种具体的类型。这时图表的类型就变更为新设定的图表类型。

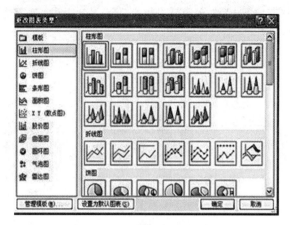

图 4-131 "更改图表类型"对话框

2) 更改图表布局

图表布局是对图表中图表元素结构合理组合的处理。如图 4-132 所示，Excel 对图表布局提供了 11 种基本布局方式，以抽象的模型结构表示图表元素不同排列方式的格局。

实现图表布局操作如下。

(1) 选择已设计、要更改的图表。

(2) 单击功能区"图表工具"选项卡下"设计"选项页下"快速布局"或"图表布局"命令组中下边或右边的箭头，打开"图表布局"命令菜单，如图 4-132 所示。

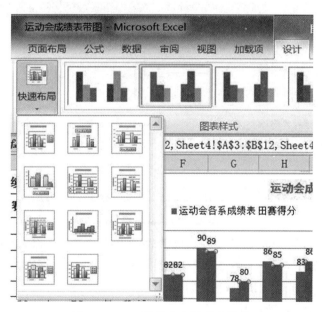

图 4-132 11 种基本布局方式菜单

(3) 选择其中某布局命令，新布局的图表就会显示出来。本例中选择了"布局 5"(第 2 行中间)，如图 4-133 所示，就是对图 4-128 所示的图表更改为布局 5 后的结果。

2. 更改图表数据区域

如要对图 4-133 所示图表中的数据进行更改，操作步骤如下。

(1) 选择要更改的图表。

(2)右击这个图表,弹出快捷菜单,如图 4-129 所示,单击"选择数据"命令,或者单击功能区"图表工具"选项卡下"设计"选项页下"数据"命令组中的"选择数据"命令,如图 4-130 所示。

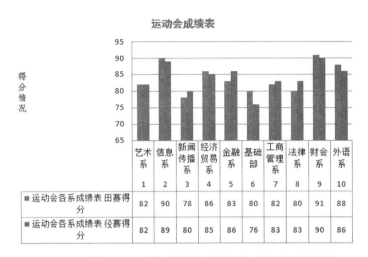

图 4-133 对图 4-128 所示的图表做"布局 5"更改后的结果

(3)打开"选择数据源"对话框,如图 4-134 所示。在最上面可以对生成图表的数据区域进行重新选择;在左窗格中对"图例项(系列)"进行"添加""编辑""删除"操作;在右窗格中可以对"水平(分类)轴标签"进行"编辑"。

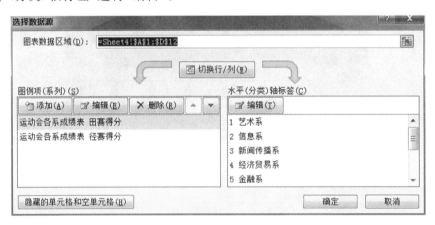

图 4-134 "选择数据源"对话框

本例中,删除图 4-134 中"运动会各系成绩表 径赛得分"操作后,单击"确定"按钮,生成了如图 4-135 所示的图表。从重新生成的图表中看到,径赛的数据不再出现在图表中,但其他内容没有什么变化,保持原有图表的结构。

3. 移动图表及调整图表大小

1)移动图表

选择工作表中的图表,将鼠标移到图表的边框位置,当鼠标指针变为 形状时,拖动图表到新的位置。

如果希望图表与产生图表的数据不放在同一个工作表中,而是单独地放在一个工作表中,称为图表工作表 Chart。移动图表到另一工作表的操作如下。

单击要移动的图表,然后单击功能区"图表工具"选项卡下"设计"选项页下"位置"命令

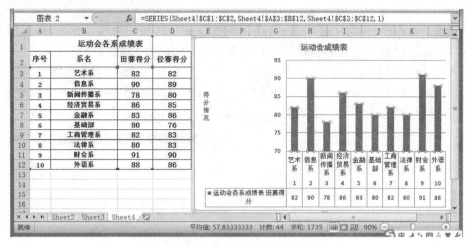

图 4-135 田赛数据区域生成的图表

组中的"移动图表"命令,如图 4-130 所示,打开"移动图表"对话框,如图 4-136 所示,选中"新工作表"单选按钮,再单击"确定"按钮,就可将工作表中的数据与图表分开显示,实现图表放在单独的一个工作表中。本例运动会成绩表在 Sheet4 中,它的图表在 Chart1 中。这里 Chart1 是一个图表工作表,如图 4-137 所示。

图 4-136 "移动图表"对话框

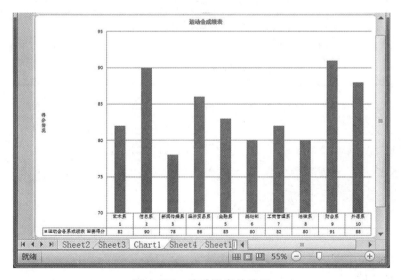

图 4-137 移动图表的结果

2）调整图表大小

（1）使用手动调整：单击工作表图表，在图表的边框上会有 8 个尺寸控点，将鼠标移至图表边框控点处，当鼠标指针变为双向箭头形状时，拖动鼠标就可调整图表的大小。

（2）使用"设置图表区格式"对话框调整：单击工作表图表，然后单击功能区"图表工具"选项卡下"格式"选项页下的"大小"命令旁的箭头，如图 4-138 所示，就打开了"设置图表区格式"对话框，如图 4-139 所示，在此对话框中完成图表大小的设置。

图 4-138 "格式"选项页下的"大小"命令

图 4-139 "设置图表区格式"对话框

习题 4

1. 单项选择题

（1）在 Excel 2010 中执行存盘操作时，作为文件存储的是（   ）。
　　A. 工作表　　　B. 工作簿　　　C. 图表　　　D. 报表
（2）在 Excel 中，在单元格中输入"04/8"，回车后显示的数据是（   ）。
　　A. 4 8　　　　B. 0.5　　　　C. 04 8　　　　D. 4 月 8 日
（3）在 Excel 2010 中，下列为绝对地址引用的是（   ）。
　　A. ＄A5　　　B. ＄E＄6　　　C. F6　　　　D. E＄6
（4）在 Excel 2010 中，计算工作表 A1:A10 数值的总和，使用的函数是（   ）。
　　A. SUM(A1:A10)　　　　　　　B. AVERAGE(A1:A10)
　　C. MIN(A1:A10)　　　　　　　D. COUNT(A1:A10)

2. 名词解释

（1）工作簿。
（2）工作表。
（3）单元格。
（4）单元格地址。
（5）单元格区域。
（6）填充柄。

(7)图表。

(8)数据清单。

(9)图表区。

(10)公式。

3. 填空题

(1)Excel 2010 标题栏左上角是_____。

(2)Excel 2010 工作窗口就是一个_____。

(3)打开 Excel 2010 工作窗口就有一个_____,默认名为_____。

(4)工作簿的默认文件名为_____。

(5)选定多个不相邻的工作表的操作是:单击其中一个工作表的标签,再按住_____键,同时分别单击要选定的工作表的标签。

(6)如果用户不想让他人看到自己的某些工作表中的内容,可使用_____功能。

(7)Excel 2010 新建工作簿时,会默认并自动创建_____个工作表。

(8)冻结工作表的冻结功能主要用于冻结_____和列标题。

(9)在进行查找操作之前,需要首先_____。

(10)Excel 关于编辑工作表实际上就是编辑_____中的内容。

4. 简答题

(1)试述 Excel 2010 常用的退出方法。

(2)图表创建以后,可能需要调整图表的大小,以便更好地显示图表及工作表中的数据。简述调整图表大小可以使用的方法。

(3)如何取消选定的工作表?

(4)如何删除一个工作表?

(5)如何设置日期格式?

(6)简述引用单元格的引用方式,并举例说明。

(7)在进行"分类汇总"时,可以选择具体的汇总方式有哪些?

5. 操作题

(1)新建工作簿。

(2)重命名工作表标签。

(3)设定工作表标签颜色。

(4)保护工作表。

(5)设置自动筛选。

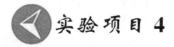

实验项目 4

实验 1　建立.xlsx 文件

实验 2　IF 函数应用

实验 3　求和功能的应用

实验 4　多工作表的数据运算

实验 5　分类汇总

实验 6　创建图表

第 5 章 PowerPoint 2010

【内容提要】

PowerPoint 2010 是 Microsoft 公司的 Office 2010 系列办公软件中的一个演示文稿处理软件。该软件简称 PPT，应用很广泛。PowerPoint 通过对文字、图形、图像、色彩、声音、视频、动画等元素的应用，设计制作出符合要求的产品宣传、工作汇报、教学培训、会议演讲等演示文稿。PowerPoint 具有数据计算、数据统计、数据分析、图表制作等功能。

PowerPoint 的中文意思是演示文稿之意。演示文稿是把静态文件制作成动态文件浏览，把复杂的问题变得通俗易懂，使之更加生动，给人留下更为深刻印象的幻灯片。所以 PowerPoint 别称幻灯片，简称 PPT。

5.1 预备知识

Microsoft Office PowerPoint 2010 是一种演示文稿的创建和编辑程序，使用它可以更加方便轻松地创建、编辑和保存演示文稿。

5.1.1 启动与退出

1. 启动

启动 PowerPoint 2010 的方法也有多种。其中常用的方法有以下几种。

(1) 在 Windows 7 的任务栏上选择"开始"→"所有程序"→ Microsoft Office → Microsoft PowerPoint 2010，然后单击。

(2) 在计算机任务栏上选择"开始"→"所有程序"→ Microsoft Office → Microsoft PowerPoint 2010，右键单击，在弹出的菜单中选择"发送到"→"桌面快捷方式"命令，建立起 PowerPoint 2010 的桌面快捷方式，然后，双击 PowerPoint 2010 的桌面快捷方式图标，即可快速启动 PowerPoint 2010。

(3) 在计算机任务栏上选择"开始"→"所有程序"→ Microsoft Office → Microsoft PowerPoint 2010，右键单击，在弹出的菜单中选择"锁定到任务栏"命令（有的 Windows 7 版本可能没有"锁定到任务栏"命令）。此后，在任务栏上单击 PowerPoint 2010 程序图标即可快速启动该程序。

(4) 双击已经存在的演示文稿，即可打开并启动 PowerPoint 2010 程序。

2. 退出

常用的方法有以下几种。

(1)通过标题栏"关闭"按钮退出。

单击 PowerPoint 2010 窗口标题栏右上角的"关闭"按钮，退出 Excel 2010 应用程序。

(2)通过"文件"选项卡关闭。

单击"文件"选项卡 文件，再单击"退出"按钮，退出 PowerPoint 2010 应用程序，如图 5-1 所示。

(3)通过标题栏右键快捷菜单，或者右上角控制图标的控制菜单关闭。

右击 PowerPoint 2010 标题栏，再单击快捷菜单中的"关闭"命令，或者单击右上角的控制图标，在控制菜单中单击"关闭"命令，退出 PowerPoint 2010 应用程序，如图 5-2 所示。

图 5-1　单击"文件"选项卡退出　　　　图 5-2　通过标题栏右键快捷菜单退出

(4)使用快捷键关闭。

按键盘上的 Alt+F4 键，关闭 PowerPoint 2010。

5.1.2　界面

启动界面完成后，显示图 5-3 所示的主界面，包括标题栏、功能区、幻灯片窗格、缩略图窗格、备注窗格和状态栏。

图 5-3　PowerPoint 2010 主界面

1. 标题栏

标题栏位于窗口的顶部，分为三部分。左侧是程序图标 P 和快速访问工具栏 ，单击 可以自定义快速访问工具栏。中间用于显示该演示文稿的文件名。右侧是控制按钮区,包括最小化、还原和关闭按钮。

2. 功能区

功能区的上面一行最左边是"文件"选项卡,接着是"开始""插入"等选项卡。

功能区中所有的命令按钮按逻辑被组织在"命令组"(或称"组")中,同时集中在相关的选项卡下面。

在功能区的右上角,有一个图标 ⌃ ,单击它可以将功能区最小化,即仅显示功能区上的选项卡名称,如图 5-4 所示。此时右上角的图标变为 ♡ ,单击该图标又可以展开功能区。

图 5-4　功能区最小化后的 PowerPoint 2010 主界面

3. 幻灯片窗格

幻灯片窗格是用来编辑演示文稿中当前幻灯片的区域,在这里可以对幻灯片进行所见即所得的设计和制作。

4. 缩略图窗格

缩略图窗格包括"幻灯片"和"大纲"两个选项卡。"幻灯片"选项卡显示演示文稿中每张幻灯片的一个完整大小的缩略图版本,单击相应的缩略图,即可在幻灯片窗格中显示并编辑该幻灯片。在"幻灯片"选项卡中拖动缩略图可以重新排列演示文稿中的幻灯片。还可以在"幻灯片"选项卡上进行添加和删除幻灯片的操作。

单击"大纲"选项卡,即可从"幻灯片"选项卡切换到"大纲"选项卡。

"大纲"选项卡显示演示文稿中每张幻灯片的编号、标题和主体中的文字,因此使用大纲视图更容易快速地查看幻灯片内容的大纲。

5. 备注窗格

在演示文稿中的每张幻灯片里都可以添加相应的备注信息,备注窗格中显示当前幻灯片窗格中的幻灯片的备注信息,单击备注窗格即可添加和修改备注信息。

6. 状态栏

状态栏位于应用程序的底端。PowerPoint 2010 中的状态栏与其他 Office 软件中的略有不同,而且在 PowerPoint 2010 运行的不同阶段,状态栏会显示不同的信息。图 5-5 所示的状态栏中,显示的内容包括当前幻灯片的编号和总数、"Office 主题"名称、拼写检查按钮和语言、幻灯片的四种视图(变色显示当前视图)、幻灯片的缩放栏。

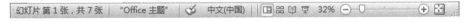

图 5-5　PowerPoint 2010 状态栏

5.1.3 视图方式

PowerPoint 2010 的窗口可以根据不同的视图方式来显示演示文稿的内容。常用的视图方式有四种，分别是普通视图、幻灯片浏览视图、阅读视图和幻灯片放映视图，单击状态栏上的视图切换按钮 中对应按钮即可切换到不同的视图状态，如图 5-6 所示。

(a) 普通视图

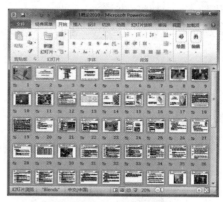

(b) 幻灯片浏览视图

(c) 阅读视图

(d) 幻灯片放映视图

图 5-6 PowerPoint 2010 的四种视图方式

普通视图是 PowerPoint 2010 默认的视图，如图 5-6(a)所示。在对幻灯片编辑时一般都使用普通视图。这种视图里有"幻灯片"和"大纲"两个选项卡，默认为"幻灯片"选项卡。在"幻灯片"选项卡下，列出演示文稿中所有幻灯片，可以单击选择幻灯片为当前幻灯片，在幻灯片窗格中进行编辑当前幻灯片。

幻灯片浏览视图如图 5-6(b)所示。在这种视图中，可以查看演示文稿中所有幻灯片的缩略图，从而方便地定位、添加、删除和移动幻灯片。

单击幻灯片阅读视图按钮，即可一页一页地浏览每张幻灯片。如图 5-6(c)所示，通过右下角的按钮组合 ，可以方便地向前翻页、对幻灯片进行相关操作、向右翻页等。

单击幻灯片放映视图按钮，即可从第一张幻灯片开始放映幻灯片。在放映时，幻灯片会铺满整个屏幕，如图 5-6(d)所示。如果显示器是宽屏，左右未铺满部分均显示为黑色。

5.2 基本操作

演示文稿的基本操作包括创建新演示文稿、保存、关闭和打开演示文稿等。

5.2.1 创建新演示文稿

当在已存在的演示文稿中创建新演示文稿时,单击"文件"选项卡,选择"新建"命令,出现可以用来创建新演示文稿的模板和主题,如图 5-7 所示。PowerPoint 2010 提供了多种创建演示文稿的方法,包括"空白演示文稿"、"样本模板"、"主题"等新建演示文稿的方式。下面介绍几种常用的创建方法。

图 5-7 创建空白演示文稿

1)创建空白演示文稿

(1)单击"文件"选项卡,选择"新建"命令,出现如图 5-7 所示页面。

(2)在"可用的模板和主题"窗格中,选择"空白演示文稿",并在右侧窗格中单击"创建"按钮即可创建一个新的空白演示文稿。

2)根据"主题"创建新演示文稿

(1)单击"文件"选项卡,选择"新建"命令,出现如图 5-7 所示页面。

(2)在"可用的模板和主题"窗格中,选择"主题",出现如图 5-8 所示页面。

(3)选择合适的主题,如图 5-8 中的"流畅"主题,在右侧窗格中单击"创建"按钮即可创建一个基于"流畅"主题的新演示文稿。

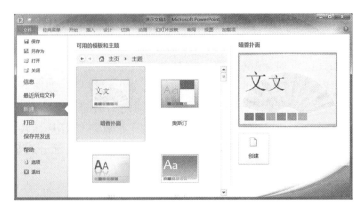

图 5-8 基于"主题"创建新演示文稿

3）根据"样本模板"创建新演示文稿
(1)单击"文件"选项卡,选择"新建"命令,出现如图 5-7 所示页面。
(2)在"可用的模板和主题"窗格中,选择"样本模板",出现如图 5-9 所示页面。
(3)单击选择合适的样本模板,如图 5-9 中的"PowerPoint 2010 简介",在右侧窗格中单击"创建"按钮即可创建一个基于"PowerPoint 2010 简介"样本模版的新演示文稿。

图 5-9　通过"样本模板"创建新演示文稿

4）根据"Office.com 模板"创建新演示文稿
(1)单击"文件"选项卡,选择"新建"命令,出现如图 5-7 所示页面。
(2)在"可用的模板和主题"窗格中,拖动下拉滑块,在"Office.com 模板"中选择模板类型,图 5-10 所示是先选择"证书、奖状",然后选择"学院"后出现的页面。
(3)单击选择合适的模板,如图 5-10 中的"学生考勤优秀奖"模板,在右侧窗格中单击"下载"按钮即可从 Office.com 上下载模板,并创建一个基于下载的"学生考勤优秀奖"模版的新演示文稿。

图 5-10　通过"Office.com 模板"创建新演示文稿

在"可用的模板和主题"窗格中,通过后退按钮 ← 即可返回当前内容的上一级页面,通过前进按钮 → 即可返回刚退出的下一级页面。

5.2.2　演示文稿的保存

演示文稿创建或编辑之后,需要将其保存。最简单的方式是直接在程序左上角的快速访问工具栏中单击"保存"按钮 💾 或是按 Ctrl+S 组合键。第一次保存时会弹出"另存为"对话框,设置好文件名和保存路径后,单击"保存"按钮,新演示文稿就保存为扩展名为.pptx 的文档。

5.3 幻灯片操作

5.3.1 添加和修改

1. 添加幻灯片

PowerPoint 中除"空白"版式外,还包含 9 种内置幻灯片版式,如图 5-11 所示,根据演示文稿所采用的主题和模板的不同,这 9 种内置的版式也有区别。也可以创建满足特定需求的自定义版式,并与使用 PowerPoint 创建演示文稿的他人共享。

添加新幻灯片的方法主要有如下 4 种。注意这 4 种方法中无论新建的是哪种版式的幻灯片,都可以继续对其版式进行修改。

(1) 选择所要插入幻灯片的位置,按下回车键,即可创建一个"标题和内容"幻灯片。

(2) 选择所要插入幻灯片的位置,在该幻灯片上单击右键,从弹出的快捷菜单中选择"新建幻灯片",创建一个"标题和内容"幻灯片。

(3) 在默认视图(普通视图)模式下,单击"开始"选项卡下的"新建幻灯片"命令上半部分图标 ,即可在当前幻灯片的后面添加系统设定的"标题和内容"幻灯片。

(4) 在"开始"选项卡下单击"新建幻灯片"命令的下半部分字体或右下脚的箭头 ,则出现不同幻灯片的版式供挑选,单击即可选择并新建相应的幻灯片。

2. 修改幻灯片版式

(1) 单击"开始"选项卡下"幻灯片"命令组中的"版式"按钮。

(2) 弹出如图 5-11 所示的页面,页面中反色显示的,是当前选中幻灯片的版式。

(3) 单击所需要的版式即可对当前幻灯片的版式进行修改。

5.3.2 选择和复制

1. 选择幻灯片

在普通视图下,用鼠标单击缩略图窗格中"幻灯片"选项卡下的幻灯片图标,即可选中一张幻灯片。在幻灯片浏览视图下,直接用鼠标单击幻灯片图标即可选中一张幻灯片。

选中一张幻灯片后,按住 Ctrl 键,单击其他幻灯片图标,即可选中多张不一定连续的幻灯片。

选中一张幻灯片后,按住 Shift 键,再单击另外一张幻灯片,即可选中这两张幻灯片及其中间的所有幻灯片。

2. 复制幻灯片

在普通视图或幻灯片浏览视图下,选中一张或多张幻灯片后,按住 Ctrl+C 组合键,或者单击"开始"选项卡下的"剪贴板"命令组中的"复制"命令,或者单击鼠标右键,在弹出的菜单中选择"复制"命令,即可将所选中的幻灯片复制到剪贴板里。

此时在本演示文稿或其他已打开的演示文稿中的相应位置按住 Ctrl+V 组合键,或者

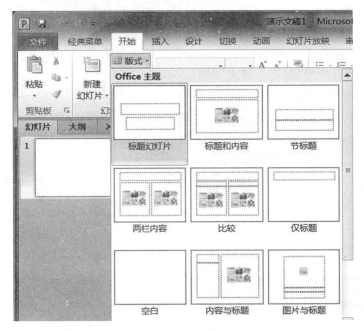

图 5-11 幻灯片版式

单击"开始"选项卡下的"剪贴板"命令组中的"粘贴"命令,或者单击鼠标右键,在弹出的菜单中选择"粘贴"命令,即可将剪贴板中复制的幻灯片复制到所选演示文稿的相应位置。

5.3.3 移动和删除

1. 移动幻灯片

在本演示文稿中进行幻灯片复制和移动时,可以在选中一张或多张幻灯片后,用鼠标拖动到本演示文稿中待放置的位置,来实现幻灯片的移动,如果在移动之前按住 Ctrl 键不动至移动结束,那么就实现了幻灯片的复制和移动操作。

另外,用 Ctrl+X(剪切)和 Ctrl+V(粘贴)两个组合键也可以实现幻灯片的移动。

2. 删除幻灯片

(1)选中所需删除的一张或多张幻灯片。

(2)按 Delete 键,或者单击"开始"选项卡中"剪贴板"命令组下的"剪切"命令,或者单击鼠标右键,在弹出的菜单中选择"删除"命令,即可删除不需要的幻灯片。

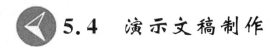

5.4 演示文稿制作

5.4.1 幻灯片编辑

幻灯片的编辑包括在幻灯片中输入文本内容,将输入的文本以更加形象的格式或效果呈现出来,还包括在幻灯片中插入图形、图像、音频、视频等多媒体元素等。下面分别介绍。

1. 文本输入

在幻灯片中输入文本一般是通过占位符来实现的。通俗地讲,占位符就是先占住一个固定的位置,等着用户再往里面添加内容的符号。占位符在幻灯片上表现为一个虚框,虚框内部往往有"单击此处添加标题"之类的提示语,一旦鼠标单击,提示语会自动消失。

在演示文稿中输入文本内容时,首先选中需要添加文字的幻灯片为当前幻灯片,然后单击当前幻灯片中的占位符,最后添加文字即可。

如图 5-12(a)所示,在新建空白演示文稿中选中第一张标题幻灯片,单击"单击此处添加标题"占位符,添加主标题;单击"单击此处添加副标题"占位符,添加副标题。

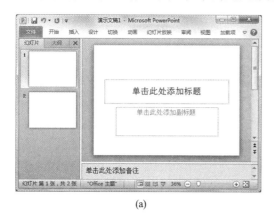 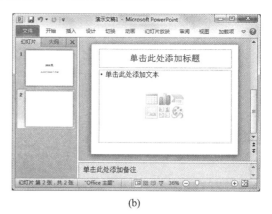

(a)　　　　　　　　　　　　　　　　(b)

图 5-12　幻灯片文本输入

图 5-12(b)所示是标题内容幻灯片,其中虚线占位符内可以添加文本、表格、图像、视频等内容,但是只能选择一种进行添加。当添加完内容之后,占位符内其他内容自动消失。由此可见,占位符能起到规划幻灯片结构的作用。

2. 设置文本格式

1) 设置文本字体格式

PowerPoint 2010 中的字体格式通过功能区中"开始"选项卡下的"字体"命令组来完成,"字体"命令组中的大部分格式设置与 Word 2010 类似,如图 5-13 所示。单击图 5-13 中"字体"命令组右下角的展开按钮 ,弹出如图 5-14 所示的"字体"对话框,在该对话框中可以对"字体"及"字符间距"进行详细的设置。

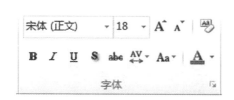

图 5-13　"开始"选项卡下的"字体"命令组

图 5-14　"字体"对话框

设置字体格式的操作步骤如下。

(1) 在幻灯片中选中待设置的文本,如本例中的"定义计算机"。

(2) 在"开始"选项卡下的"字体"命令组中设置字体为华文琥珀,字号为 36,颜色为红色,文字加粗,单击文字阴影按钮 给文本添加阴影,效果如图 5-15 所示。

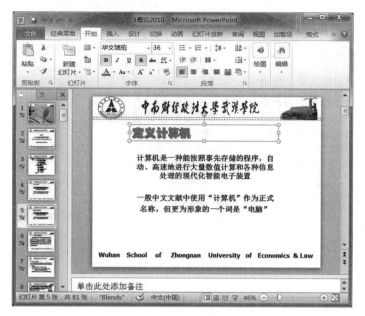

图 5-15　设置字体格式

2）设置文本艺术字样式

当鼠标置于占位符内，或选定幻灯片上的文字时，单击"绘图工具格式"选项卡，功能区会反色显示出"绘图工具格式"选项卡，出现图 5-16 所示的"艺术字样式"命令组。

为文字或标题设置艺术字样式，可以增强视觉冲击力。PowerPoint 2010 在"艺术字样式"命令组提供了艺术字样式库，单击图 5-16 中的下拉按钮 ，即可弹出图 5-17 所示的艺术字样式库。当鼠标停留在某个样式上面时可以实时预览当前选中文字或形状的艺术字样式的效果。

图 5-16　"艺术字样式"命令组

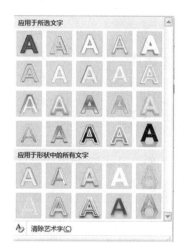

图 5-17　艺术字样式库

也可以对已有艺术字样式的填充效果、边框效果及特殊效果进行修改或自定义。如图 5-16 所示，单击"艺术字样式"命令组中的"文本填充""文本轮廓""文本效果"三个下拉按钮进行设置即可，如图 5-18 所示。其中："文本填充"使用纯色、渐变、图片或纹理填充文本，如图 5-18（a）所示；"文本轮廓"指定文本轮廓的颜色、宽度和线型，如图 5-18（b）所示；"文本效果"对文本应用外观效果（如阴影、发光、映像或三维旋转），如图 5-18（c）所示。

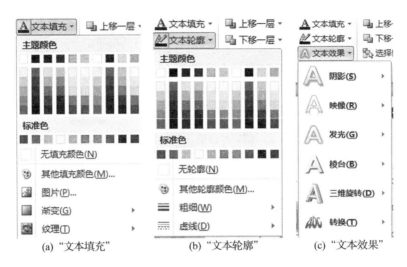

图 5-18　自定义艺术字样式

单击"艺术字样式"命令组右下角的 ，弹出如图 5-19 所示的"设置文本效果格式"对话框，在该对话框中可以对文本的填充、轮廓和效果进行全面设置。

图 5-19　"设置文本效果格式"对话框

设置艺术字的操作步骤如下。

(1) 选中需要设置艺术字的文字，如图 5-15 中的标题"定义计算机"。

(2) 在"绘图工具格式"选项卡下的"艺术字样式"命令组中，单击"文本效果"命令，弹出图 5-18(c) 所示的菜单。

(3) 单击"转换"菜单，在弹出的列表中单击即可选择某种艺术字样式如"上弯弧"，如图 5-20 所示。

(4) 如果对已经设置的艺术字样式不满意，可以清除艺术字样式或重新设置艺术字样

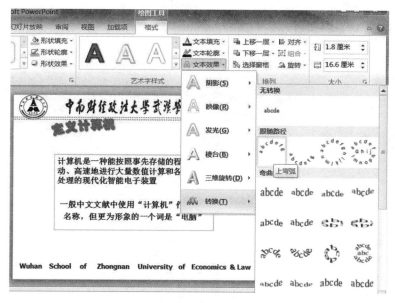

图 5-20　设置"转换"艺术字样式

式。"清除艺术字"命令在图 5-17 中的最后一行。

3）设置文本样式

以下为设置文本样式的操作步骤，其他形状样式的处理与下面操作步骤类似。

（1）选中需要设置的样式目标，例如单击图 5-15 中的主标题"定义计算机"占位符的边框。

（2）在"开始"选项卡下，单击"绘图"命令组中"快速样式"命令的下拉按钮，弹出形状样式库，当鼠标停留在某个样式上面时可以即时预览当前样式的效果，如图 5-21 所示，当鼠标停留在"细微效果-黑色，深色 1"形状样式上时，"定义计算机"占位符框就有效果。

（3）单击某个形状样式即可将其应用于选中的文本样式。

（4）如果对已经设置的形状样式不满意，可以重新选择形状样式。单击"其他主题填充"，将鼠标放置在"样式 5"上预览效果，单击即可设置该形状样式，如图 5-22 所示。

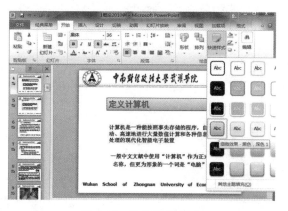

图 5-21　选择形状样式

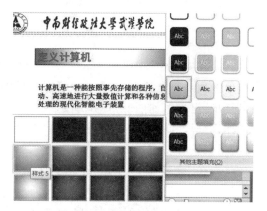

图 5-22　重新选择形状样式

（5）如果希望对库中已有形状样式的填充效果、边框效果及特殊效果进行修改或自定义形状样式，如图 5-23 所示，单击"形状样式"命令组中的"形状填充""形状轮廓""形状效果"三个命令的下拉按钮进行设置即可，如图 5-24 所示。其中："形状填充"使用标准色、渐变、图片或纹理填充选定形状,如图5-24(a)所示;"形状轮廓"指定选定形状轮廓的颜色、粗细和线型,如图5-24(b)所示;"形状效果"对选定形状应用外观效果,如阴影、发光、映像或三维旋转,如图5-24(c)所示。

图 5-23 "形状样式"命令组

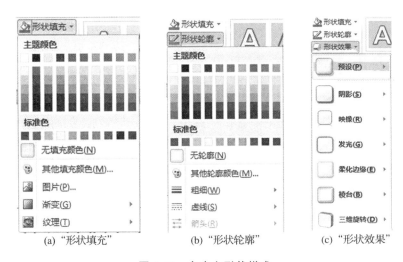

图 5-24 自定义形状样式

也可以单击"形状样式"命令组右下角的 ,弹出如图5-25所示的"设置形状格式"对话框,在该对话框中可以对形状的填充、线条颜色和阴影等进行全面设置。

4)设置段落格式

设置段落格式的操作步骤如下。

(1)在幻灯片中选中待设置的段落,如图 5-26(a)所示。

(2)在"开始"选项卡中的"段落"命令组中,单击项目符号按钮,选择"带填充效果的钻石形项目符号",如图 5-26(b)所示。也可以单击"项目符号和编号",在弹出的菜单中设置合适的项目符号。

(3)在"段落"命令组中,单击行距按钮,设置行距为"1.5"倍行距,如图 5-26(c)所示。

(4)在"段落"命令组中,单击文字方向按钮,设置文字方向为"竖排",如图 5-26(d)所示。

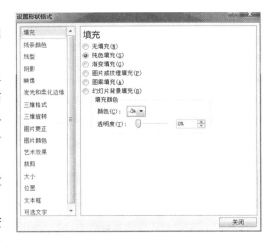

图 5-25 "设置形状格式"对话框

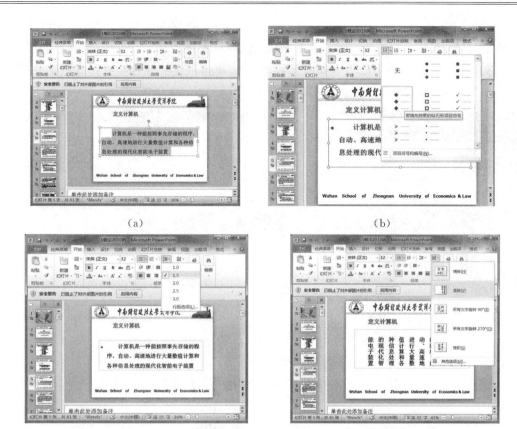

图 5-26 段落设置

3. 插入图形图像

在幻灯片中插入图形图像,可以丰富幻灯片内容,加强演示文稿的表达效果。

1)插入图像

在幻灯片中插入图像时,首先选择要插入图片的幻灯片,然后单击"插入"选项卡下的"图像"命令组的"图片"命令,如图 5-27 所示。"图像"命令组将可插入的图像分为图片、剪贴画、屏幕截图、相册四种类别,如图 5-28 所示。

(1)"图片":插入来自文件的图片。如果插入图片,选择幻灯片上插入的地方后,单击"图片"命令弹出图 5-29 所示的"插入图片"对话框,显示插入的图片来源。单击要插入的图片缩略图,再单击"插入"按钮完成图片的插入。

图 5-27 "图片"命令

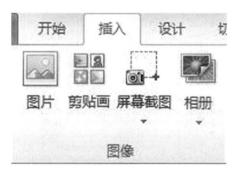

图 5-28 "图像"命令组

(2)"剪贴画":将剪贴画插入文档,包括绘图、影片、声音或库存照片,以展示特定的概念。单击"剪贴画"命令,在右边弹出剪贴画窗格,在这里搜索如"计算机"有关的插图文件,如图 5-30 所示,搜索完毕后的结果如图 5-31 所示。单击某个剪贴画即可完成剪贴画插入到幻灯片的当前位置,并可调整大小和所需位置。

图 5-29 "插入图片"对话框

图 5-30 插入剪贴画操作

(3)"屏幕截图":插入任何未最小化到任务栏的程序的图片,包括"可用视窗"和"屏幕剪辑"两个部分。"可用视窗"显示当前未最小化到任务栏的所有活动程序的图片,单击图片即可将其插入到幻灯片,如图 5-32 所示。"屏幕剪辑"用于自行选择插入屏幕任何部分的图片。

图 5-31 搜索剪贴画后单击插入

图 5-32 插入屏幕截图

例如,要在图 5-33 的当前幻灯片上插入当前桌面部分画面。当前桌面如图 5-34 所示。

图 5-33 在当前幻灯片上插入屏幕截图

图 5-34 当前桌面

单击"屏幕剪辑"后屏幕反灰显示,鼠标变成十字形,单击并拖动鼠标选择当前屏幕上所需部分的图片,如图 5-35 所示,放开鼠标后当前所选图片便插入到了幻灯片中,然后可以进行编辑,如图 5-36 所示。

图 5-35 屏幕截图剪辑　　　　　　　　　　图 5-36 插入屏幕截图

(4)"相册":根据一组图片创建或编辑一个演示文稿,每张图片占用一张幻灯片。单击"相册"命令,选择"新建相册"命令,弹出如图 5-37 所示的"相册"对话框,单击"文件/磁盘"按钮,弹出"插入新图片"对话框,可以选择插入一张或多张相片。单击"新建文本框"按钮,可以在相册中添加文字。

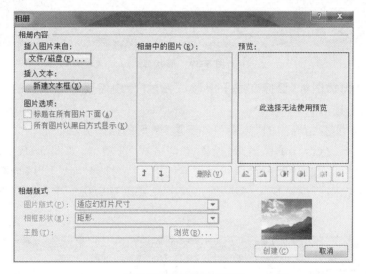

图 5-37 "相册"对话框

以上四种类型的图像在插入完毕后,菜单栏上会出现"图片工具格式"选项卡,如图 5-38 所示。"图片工具格式"选项卡包括"调整""图片样式""排列""大小"四个命令组。通过这些命令组的功能设置,可以对插入图像的大小、效果、样式等做进一步的调整。

图 5-38 "图片工具格式"选项卡

2）插入图形

插入图形的操作方法如下。

(1)单击"插入"选项卡下"插图"命令组中的"形状"命令,即可弹出形状库,如图 5-39 所示。

图 5-39　形状库

(2)单击选择所需图标,鼠标变成十字形,在幻灯片中需要添加形状的地方单击并拖动鼠标即可绘制出所选形状。

可以参阅本章实验指导中的"笑脸"和"云形"图形的插入方法。

(3)在插入图形之后,菜单栏出现"绘图工具格式"选项卡,如图 5-40 所示。"绘图工具格式"选项卡包括"插入形状""形状样式""艺术字样式""排列""大小"等命令组。通过这些命令组的功能设置,可以继续插入形状,对形状的样式以及形状上字体的样式等进行进一步的细致调整。

图 5-40　"绘图工具格式"选项卡

4. 页眉和页脚

单击"插入"选项卡下的"文本"命令组中的"页眉和页脚"命令,弹出如图 5-41 所示的"页眉和页脚"对话框。

通过选择"页眉和页脚"对话框中的"日期和时间""幻灯片编号""页脚"等复选框,可以将幻灯片的其他信息,如日期和时间、幻灯片编号、演示文稿的标题或主旨、演示文稿作者等信息添加到每一张幻灯片的底部。

以上信息如果不想显示在标题幻灯片中,可以选中"标题幻灯片中不显示"。

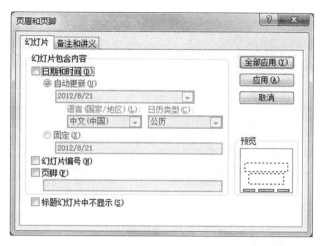

图 5-41 "页眉和页脚"对话框

5．声音

插入声音的操作步骤如下。

（1）选择要插入声音的幻灯片，在"插入"选项卡下的"媒体"命令组中，单击"音频"命令，如图 5-42 所示，弹出的菜单中包括 3 个命令："文件中的音频""剪贴画音频""录制音频"。

（2）如果想添加文件夹中的音频到幻灯片，则单击"文件中的音频"命令，弹出图 5-43 所示的"插入音频"对话框，选择自己喜欢的音频文件插入。

图 5-42 插入音频

图 5-43 "插入音频"对话框

如果想添加剪贴画中的音频，则单击"剪贴画音频"命令，弹出图 5-44 所示的页面，搜索相关音频文件，单击插入。

如果想即时录制音频插入，单击"录制音频"命令，弹出图 5-45 所示的"录音"对话框。单击有红色圆形的"录制"按钮 开始录音，单击有蓝色长方形的"停止"按钮 停止录音，单击有蓝色三角形的"播放"按钮 对录制的音频进行播放。单击对话框中的"确定"按钮即可将当前录制的音频加入到幻灯片中，单击"取消"按钮可以取消此次的音频插入。

（3）预览音频文件。插入音频文件后，幻灯片中会出现声音图标 ，它表示刚刚插入的声音文件。在幻灯片中单击选中声音图标，如图 5-46 所示，在幻灯片上会出现一个音频工具栏，通过"播放/暂停"按钮可以预览音频文件，通过"静音/取消静音"按钮可以调整音量的大小。

图 5-44 插入剪贴画中的音频

图 5-45 "录音"对话框

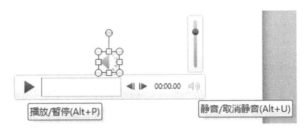

图 5-46 声音图标及其控制工具栏

(4)利用"音频工具"编辑声音文件。在幻灯片中单击声音图标,在菜单栏上会出现"音频工具"选项卡,包括"格式"和"播放"两个选项页,选择"播放"选项页中的命令来控制音频的播放。如图5-47所示,"预览"命令组可以播放预览音频文件;"书签"命令组可以在音频中添加书签,方便定位到音频中的某个位置;"编辑"命令组可以对音频的长度进行裁剪;"音频选项"命令组的下拉框和复选框可以对播放时间、次数和是否隐藏声音图标等进行设置。

图 5-47 "音频工具"选项卡下的"播放"选项页

6. 视频

插入视频的操作步骤与插入音频的操作类似,基本步骤如下。

(1)选择需要插入视频的幻灯片。

(2)单击"插入"选项卡下"媒体"命令组中"视频"命令下的小三角形箭头,弹出如图5-48所示的下拉菜单,下拉菜单包括"文件中的视频""来自网站的视频""剪贴画视频"等3个命令。

如果要从文件中添加视频,选择"文件中的视频"命令,在弹出的"插入视频文件"对话框中选择视频文件进行插入即可。

如果要插入网站上的视频,选择"来自网站的视频"命令,弹出"从网站插入视频"对话框,将视频文件的嵌入代码拷贝、粘贴到文本框中,如图 5-49 所示,单击"插入"按钮即可完成插入。

注意:视频文件的嵌入代码并不是它所在的网址,打开视频网址,鼠标放在视频右边,单击右侧的"分享"命令,在弹出的"分享"对话框中单击"复制 html 代码"按钮,即可复制该视频的嵌入代码。

图 5-48　插入视频　　　　　　　　　图 5-49　"从网站插入视频"对话框

如果要插入剪贴画视频,那么选择"剪贴画视频"命令,即可在弹出的剪贴画页面中,查找并插入相应的视频文件。

(3)视频文件的编辑。选中视频文件后,通过"视频工具"选项卡下的"格式"和"播放"选项页来进行编辑和预览。

"视频工具"选项卡下的"格式"选项页如图 5-50 所示,通过命令组中的命令,可以对整个视频重新着色,或者轻松应用视频样式,使插入的视频看起来雄伟华丽、美轮美奂。

图 5-50　"视频工具"选项卡下的"格式"选项页

"视频工具"选项卡下的"播放"选项页如图 5-51 所示,通过命令组中的命令,可以对整个视频的播放进行预览、编辑和控制,如通过添加视频书签,可以轻松定位到视频中的某些位置。

图 5-51　"视频工具"选项卡下的"播放"选项页

7.幻灯片切换

PowerPoint 2010 添加了很多新的切换效果。"切换"选项卡如图 5-52 所示。单击"切换到此幻灯片"命令组中的下拉按钮,弹出如图 5-53 所示的切换效果库,选择某个效果,如图中的"框",则将"框"的切换效果添加到当前幻灯片上,并实时播放切换效果。如果要再次预览,则单击"预览"命令组中的"预览"命令,可以设置垂直和水平效果。单击"切换到此幻灯片"命令组中的"效果选项",在下拉菜单中可以设置效果的变化方向。

图 5-52 切换菜单

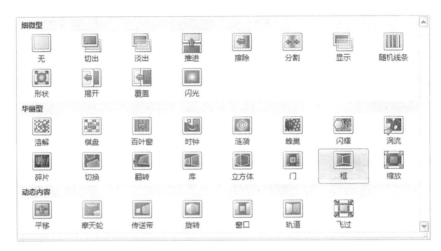

图 5-53 切换效果库

通过"计时"命令组中的"声音"下拉列表框可以为切换效果添加声音,通过"持续时间"下拉列表框可以设置切换效果的持续时间。如果想要对所有的幻灯片应用当前效果,则单击"全部应用"命令,还可以通过"换片方式"来设置根据时间来自动切换幻灯片还是单击鼠标时切换幻灯片。

5.4.2 母版

在 PowerPoint 2010 中有 3 种母版,分别是幻灯片母版、讲义母版和备注母版。

幻灯片母版是 PowerPoint 2010 模板的一个部分,用于设置幻灯片的样式,包括标题和正文等文本的格式、占位符的大小和位置、项目符号和编号样式、背景设计和配色方案等。幻灯片母版使得整个演示文稿保持一致的格式,因此在编辑演示文稿时,可以先使用母版对幻灯片的格式进行预设置,母版中的预设置就会应用到演示文稿的所有幻灯片中。

讲义母版用于更改讲义的打印设计和版式。通过讲义母版,在讲义中设置页眉页脚,控制讲义的打印方式,如将多张幻灯片打印在一页讲义中,还可以在讲义母版的空白处添加图片文字等内容。

备注母版用于控制备注页的版式和备注文字的格式。

使用母版可以使整个演示文稿统一背景和版式,使编辑制作更简单,更富有整体性。

1. 打开母版视图

(1)进入母版编辑界面。打开"视图"选择卡,在"母版视图"命令组中单击"幻灯片母版"命令,弹出如图 5-54 所示的母版编辑窗口,并在菜单栏上出现"幻灯片母版"选项卡。

(2)设置文本格式。用鼠标单击幻灯片中"单击此处编辑母版标题样式"占位符,右击鼠标,在弹出的快捷菜单中选择"字体"命令,在弹出的"字体"对话框中修改字体。对于其余占

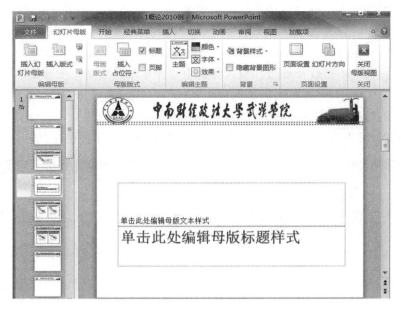

图 5-54　幻灯片母版视图编辑窗口

位符中文本的格式都可以类似修改。

（3）设置背景。在"幻灯片母版"选项卡下的"背景"命令组中，单击"背景样式"命令，可以直接通过系统预设的背景样式对母版背景进行简单的设置。也可以单击"背景"命令组右下角的 按钮，在弹出的"设置背景格式"对话框中对背景格式进行全面的设置。

（4）退出母版视图。母版编辑完毕后，可以通过"幻灯片母版"选项卡下"关闭"命令组中的"关闭母版视图"命令退出母版视图状态。

打开和退出讲义母版视图、备注母版视图的操作与幻灯片母版视图的操作类似，只是母版编辑窗口不同，图 5-55 是讲义母版视图编辑窗口，图 5-56 是备注母版视图编辑窗口。

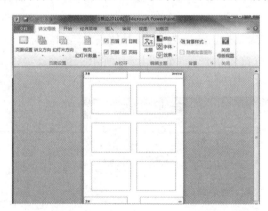

图 5-55　讲义母版视图编辑窗口

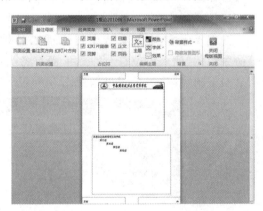

图 5-56　备注母版视图编辑窗口

2. 编辑母版

在 PowerPoint 2010 中，一个演示文稿中可以有多个幻灯片母版，每个幻灯片母版可以应用一个主题。幻灯片母版针对每个版式都有单独的版式母版。图 5-57 中幻灯片母版编辑窗口左侧显示的是分组在幻灯片母版的下面的各种可用的版式母版。

修改幻灯片母版时，这些修改会应用到与其关联的各个版式母版。而修改单独的版式母版时，修改只应用到该母版中的该版式。

如其他版式母版不想要幻灯片母版中的背景，需要在图 5-57 所示的功能区选中"背景"命令组的"隐藏背景图形"选项。

若要使演示文稿包含两个或更多个不同的主题（如背景、颜色、字体和效果），则需要为每个主题分别插入一个幻灯片母版。插入和删除幻灯片母版的操作步骤如下。

（1）插入幻灯片母版：如图 5-54 所示，在"幻灯片母版"选项卡下的"编辑母版"命令组中，单击"插入幻灯片母版"命令，则在当前母版下方插入如图 5-58 所示的编号为 2 的一个新的幻灯片母版，对于编号为 2 的母版可以为它设置与母版 1 不同的主题和样式。

图 5-57　多个幻灯片母版　　　　　　图 5-58　在演示文稿中插入新母版

（2）删除幻灯片母版：选中带有母版编号的幻灯片，在"幻灯片母版"选项卡下的"编辑母版"命令组中，单击删除按钮，即可删除一个幻灯片母版；如果选中的是不带母版编号的其他母版，则仅仅删除这张幻灯片的版式。

如果现有的版式不够用，还可以创建新的版式。创建新的版式的操作步骤如下。

（1）在图 5-57 母版视图下，选中左侧要添加新版式的幻灯片母版后，单击"编辑母版"命令组中"插入版式"命令，则在当前母版下方添加一张新的版式。

（2）编辑版式：在新版式中可以插入各种元素，还可以插入各类占位符。单击"母版版式"命令组的"插入占位符"命令，下面有各类占位符可供选择，如图 5-59 所示。

（3）编辑完毕后，关闭母版视图。

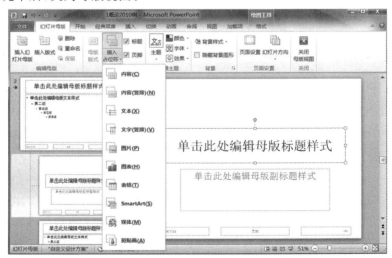

图 5-59　插入占位符

5.4.3 设置动画

幻灯片动画就是给幻灯片上的内容在出现、消失或强调时添加特殊的视觉或声音效果，PowerPoint 2010 中有四种不同类型的动画效果：进入、退出、强调、动作路径。其中，进入和退出效果用来设置对象出现和消失时的效果，强调效果一般通过放缩、颜色变换、旋转等对重点内容进行强调，动作路径则可以设定对象在幻灯片放映过程中从一个位置按照某种轨迹移动到另一个位置。

1. 动画操作步骤

(1) 选中需要设置动画的对象，单击"动画"选项卡，如图 5-60 所示，单击"动画"命令组中的下拉按钮，弹出如图 5-61 所示的动画效果库，选择某个预设效果。

图 5-60 "动画"选项卡

(2) 在"动画"选项卡下的"预览"命令组中单击"预览"按钮可以对动画进行预览。

(3) 在"动画"选项卡下的"动画"命令组中的"效果选项"下拉菜单中可以对效果的变化方向进行修改。

(4) 根据动画对象的需要，在"计时"命令组中的"开始"下拉列表框中选择其一："单击时""与上一动画同时""上一动画之后"。通过"持续时间"功能项设置动画的持续时间；通过"延迟"功能项设置动画发生之前的延迟时间。

(5) 当幻灯片动画对象有多个，需要调整幻灯片动画对象发生的时间顺序时，单击"高级动画"命令组中的"动画窗格"命令后，在右侧出现动画窗格，如图 5-62 所示。

图 5-61 动画效果库

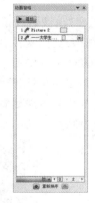

图 5-62 动画窗格

列表框列出了当前幻灯片的所有动画对象。窗格中编号表示具有该动画效果的对象在该幻灯片上的播放次序，编号后面是动画效果的图标，可以表示动画的类型；图标后面是对象信息；对象框中的黄色矩形是高级日程表，通过它可以设置动画对象的开始时间、持续时间、结束时间等。选择其中一动画对象，可以通过 ⬇ 和 ⬆ 重新调整动画对象的播放顺序。如果要删除某个动画效果，选中后按 Delete 键，或是单击鼠标右键，从弹出的快捷菜单中选择"删除"命令。

(6) 预览动画。单击动画窗格播放按钮，即可预览动画。

2. 动画刷

如果其他对象想设置跟别的动画对象一样的动画效果,最快的方式是动画刷。

动画刷的操作步骤如下。

选择包含要复制的动画的对象;在"动画"选项卡下的"高级动画"命令组中,单击"动画刷"命令,此时光标更改为形状;在幻灯片上,单击要将动画复制到的目标对象。动画刷此时就失去效果。如果双击"动画刷",动画效果可以复制多次,直到再次单击"动画刷"才失去效果。

5.4.4 超链接和动作按钮

1. 设置超链接

在 PowerPoint 2010 中,超链接可以是从一张幻灯片到同一演示文稿中另一张幻灯片的链接,也可以是从一张幻灯片到不同演示文稿中另一张幻灯片、电子邮件地址、网页或文件的链接。可以从文本或对象(如图片、图形、形状或艺术字)创建超链接。

创建和修改超链接的操作步骤如下。

(1)选择需要设置超链接的对象,单击"插入"选项卡,单击"链接"命令组中的"超链接"命令,弹出如图 5-63 所示的"插入超链接"对话框。

图 5-63 "插入超链接"对话框

(2)在该对话框的左侧窗格中选择所需选项按钮,默认的"现有文件或网页"按钮。如果要插入其他文件,在图 5-63 所示的"插入超链接"对话框中,选择文件所在的文件夹,从文件列表框中选中所需的文件后,单击"确定"按钮即可。

如果要超链接到另一幻灯片,在图 5-63 所示的对话框的左侧窗格中选择"本文档中的位置",此时该对话框改为图 5-64 所示,选择"请选择文档中的位置"列表框中的幻灯片后,单击"确定"按钮即可。

图 5-64 本文档中的位置超链接

如果要超链接新文件,在对话框的左侧窗格中选择"新建文档",对话框改为图 5-65 所示,改变文件夹位置,输入"新建文件名称",单击"确定"按钮即可。如果要超链接电子邮件地址,在该对话框的左侧窗格中选择"电子邮件地址",对话框改为图 5-66 所示,在"电子邮件地址"中输入电子邮件地址,单击"确定"按钮即可。

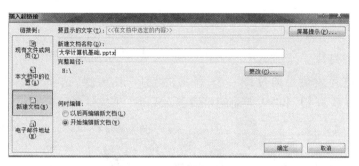

图 5-65　超链接新文件

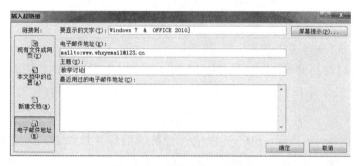

图 5-66　超链接电子邮件

超链接不需要时,只需选择超链接对象后,鼠标右击,在弹出的快捷菜单中选择"取消超链接"命令即可。

2. 动作按钮和动作设置

动作按钮是指可以添加到演示文稿中的内置按钮形状(位于形状库中),可以设置单击鼠标或鼠标移过时动作按钮将执行的动作,还可以为剪贴画、图片或 SmartArt 图形中的文本设置动作。

动作按钮的操作步骤:在"插入"选项卡的"插图"命令组的"形状"命令下的形状库中找到的内置动作按钮形状示例包括右箭头和左箭头,以及通俗易懂的用于转到下一张、上一张、第一张、最后一张幻灯片和用于播放视频或音频等的符号,图 5-67 所示是部分动作按钮,选中后在幻灯片上贴出,此时出现如图 5-68 所示的"动作设置"对话框,根据需要设置"单击鼠标"与"鼠标移过"即可。

图 5-67　动作按钮

图 5-68　"动作设置"对话框

动作设置的操作步骤:选中要设置动作的幻灯片对象,单击"插入"选项卡下的"链接"命令组的"动作"命令,弹出如图 5-68 所示的"动作设置"对话框,根据需要设置"单击鼠标"与"鼠标移过"即可。

5.4.5 放映

1. 开始放映幻灯片

最简单的幻灯片放映是通过图 5-69 所示的"幻灯片放映"选项卡下的"开始放映幻灯片"命令组中的"从头开始"和"从当前幻灯片开始"命令来完成的。

图 5-69 "幻灯片放映"选项卡

单击"从头开始"命令或者按 F5 键,从演示文稿的第一张幻灯片开始放映。

单击"从当前幻灯片开始"命令或者按 Shift+F5,或者单击状态栏上的幻灯片放映视图按钮 ,则从当前幻灯片开始放映演示文稿。

2. 广播幻灯片

广播幻灯片是 PowerPoint 2010 提供的一种新的幻灯片放映方式,通过广播幻灯片,即可使用浏览器将当前 PPT 演示文稿与任何人实时地共享。

广播幻灯片的操作步骤如下。

(1)演示者打开要进行广播的演示文稿,单击"幻灯片放映"选项卡下的"广播幻灯片"命令,弹出如图 5-70 所示的"广播幻灯片"对话框。

(2)单击"启动广播"按钮,弹出如图 5-71 所示的"连接到 pptbroadcast.officeapps.live.com"对话框,在该对话框中输入 Windows Live ID 的电子邮件地址和密码,单击"确定"按钮。如果没有 Windows Live ID,那么可以单击对话框左下角的"获得一个.NET Passport"来申请一个。

图 5-70 "广播幻灯片"对话框

图 5-71 输入电子邮件地址和密码

(3)输入正确的 Windows Live ID 后,准备广播,并弹出如图 5-72 所示的对话框,显示链接进度。

(4)准备完毕后,弹出如图 5-73 所示的对话框,该对话框给出了幻灯片广播时的链接地址,可以通过"复制链接"和"通过电子邮件发送"功能将链接地址发送给广播对象(也称参与者),然后单击"开始放映幻灯片"按钮,开始放映幻灯片。

图 5-72　链接进度　　　　　　　　图 5-73　将链接地址发送给广播对象

(5)放映结束后,单击如图 5-74 所示的"广播"选项卡下的"结束广播"按钮,弹出如图 5-75 所示的对话框,如果要结束此广播,单击"结束广播"按钮即可。

图 5-74　"结束广播"按钮　　　　　　图 5-75　确认结束广播

3. 自定义幻灯片放映

自定义幻灯片放映是将演示文稿中的一部分幻灯片,以一定的次序形成新的幻灯片进行放映,以适应不同的放映场合。

自定义幻灯片放映的操作步骤如下。

(1)单击"幻灯片放映"选项卡下的"自定义幻灯片放映"命令,从下拉菜单中选择"自定义放映"命令,弹出如图 5-76 所示的"自定义放映"对话框。

(2)单击"新建"按钮,弹出如图 5-77 所示的"定义自定义放映"对话框,在该对话框中,可以设置幻灯片放映名称,从演示文稿中选择幻灯片加入到自定义放映中。如图 5-77 所示,将幻灯片 1、2、3、6、8 加入到自定义放映幻灯片中。

图 5-76　"自定义放映"对话框　　　　图 5-77　"定义自定义放映"对话框

(3)添加完成后,若要修改幻灯片放映的次序,可以在图 5-77 中"在自定义放映中的幻灯片"列表框中选中要修改的幻灯片,然后单击列表框右边的"向上""向下"按钮来进行调整。

(4)完成之后单击"确定"按钮,返回"自定义放映"对话框。

(5)单击"放映"按钮,进入放映视图,以刚才自定义的放映方式放映幻灯片。

4．设置幻灯片放映方式

演讲者放映是默认的放映方式,在该方式下演讲者具有全部的权限,放映时可以保留幻灯片设置的所有内容和效果。

观众自行浏览与演讲者放映类似,但是以窗口的方式放映演示文稿,不具有演讲者放映中的一些功能,如用绘图笔添加标记等。

在展台浏览:以全屏的方式显示开始放映的那一张幻灯片。在这种方式下,除了鼠标单击某些超级链接而跳转到其他幻灯片外,其余的放映控制如单击鼠标或鼠标右击都不起作用。

设置幻灯片放映方式的操作步骤如下。

(1)打开"幻灯片放映"选项卡,在"设置"命令组中单击"设置幻灯片放映"命令,弹出如图 5-78 所示的"设置放映方式"对话框。

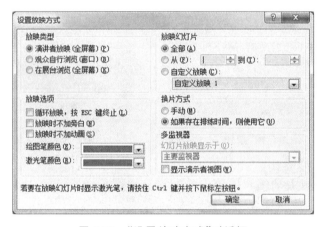

图 5-78 "设置放映方式"对话框

(2)在该对话框中通过单选框选择"放映类型",通过复选框设置"放映选项",通过单选框设置"放映幻灯片"及"换片方式"等。

(3)设置完毕后单击"确定"按钮返回 PowerPoint 编辑窗口,单击"幻灯片放映"选项卡下"开始放映幻灯片"命令组中的"从头开始"命令或"从当前幻灯片开始"命令,即可按照刚才设置的放映方式来放映演示文稿。

5．排练计时

演示者有时需要幻灯片能自动换片,可以通过设置幻灯片放映时间的方法来达到目的。利用"切换"选项卡设置放映时间的操作步骤如下。

打开"切换"选项卡,选中"计时"命令组中的"设置自动换片时间"复选框,如图 5-79 所示,并设置换片的时间,"单击鼠标时"复选框可以和"设置自动换片时间"复选框同时选中,达到设置的自动换片时间则切换到下一张幻灯片,如果单击鼠标也会切换到下一张幻灯片。

排练自动设置放映时间的操作步骤如下。

(1)打开"幻灯片放映"选项卡,单击"设置"命令组中的"排练计时"命令,即可启动全屏幻灯片放映。

(2)屏幕上出现如图 5-80 所示的"录制"对话框,第一个时间表示在当前幻灯片上所用的时间,第二个时间表示整个幻灯片到此时的播放时间。此时,练习幻灯片放映,会自动录制下来每张幻灯片放映的时间。

图 5-79　设置换片方式　　　　图 5-80　计时开始

(3)幻灯片放映结束时,弹出图 5-81 所示的对话框,如果要保存这些计时以便将其用于自动运行放映,单击"是"按钮。

图 5-81　保存排练计时时间提示框

(4)幻灯片自动切换到幻灯片浏览视图方式,在每张幻灯片的左下角出现每张幻灯片的放映时间。

5.4.6　录制旁白

如果计划使用演示文稿创建视频,使用旁白和计时可以使视频更生动些。可以使用音频旁白将会议存档,以便演示者或缺席者可在以后观看演示文稿,听取别人在演示过程中做出的任何评论。此外,还可以在幻灯片放映期间将旁白与激光笔的使用一起录制。

录制旁白的操作步骤如下。

(1)根据需要,在"幻灯片放映"选项卡下,单击"录制幻灯片演示"→"从头开始录制"或"从当前幻灯片开始录制"命令,如图 5-82(a)所示。

(2)弹出如图 5-82(b)所示的"录制幻灯片演示"对话框,单击"开始录制"按钮后,出现与图 5-80 相同的对话框,录制开始了。

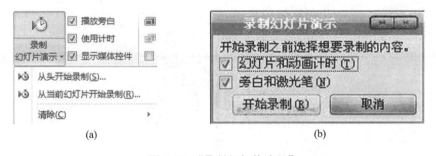

图 5-82　"录制幻灯片演示"

5.4.7　输出演示文稿

1. 文件保存

演示文稿到此全部制作完毕,保存演示文稿时,默认文件为演示文稿文件(扩展名为.pptx)。

如果需要打开文件就直接进入幻灯片放映状态,可以把文档另存为自动放映文件。其操作步骤如下。

(1)单击"文件"→"另存为",弹出"另存为"对话框,如图 5-83 所示。

(2)在"另存为"对话框中选中"保存类型"下拉列表框中的"PowerPoint 放映(.ppsx)",单击"保存"按钮即可。

图 5-83 "另存为"对话框的保存类型

2. 发布到幻灯片库

经常制作 PowerPoint 演示文稿的工作组或项目团队的成员,将制作好的幻灯片发布到幻灯片库。幻灯片库是一种特殊类型的库,可帮助共享、存储和管理 PowerPoint 2007 或更高版本的幻灯片。在创建幻灯片库后,可以向其中添加 PowerPoint 幻灯片,并重用这些幻灯片以便直接从幻灯片库中创建 PowerPoint 演示文稿。

发布幻灯片的操作步骤如下。

(1)单击"文件"→"保存并发送"→"发布幻灯片"后,再单击"发布幻灯片"按钮,如图 5-84 所示。弹出"发布幻灯片"对话框,如图 5-85 所示。

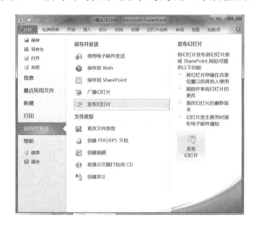

图 5-84 单击"发布幻灯片"按钮

图 5-85 "发布幻灯片"对话框

（2）在"发布幻灯片"对话框中，选中要发布的幻灯片，如要全部选中，可单击"全选"按钮。选好后，单击"浏览"按钮，弹出"选择幻灯片库"对话框，从中选择要保存的库文件夹后，单击"选择"按钮。"选择幻灯片库"对话框关闭，回到"发布幻灯片"对话框，单击"发布"按钮。

这样选中的幻灯片就发布到幻灯片库中了。

3. 打包演示文稿

将演示文稿复制给其他人使用，如果别的计算机上没有安装 PowerPoint 2010 的话，可能无法使用，这时可以使用 PowerPoint 2010 中的 CD 打包功能。操作步骤如下。

（1）单击"文件"→"保存并发送"→"将演示文稿打包成 CD"，如图 5-86 所示，再单击"打包成 CD"按钮，弹出"打包成 CD"对话框，如图 5-87 所示。

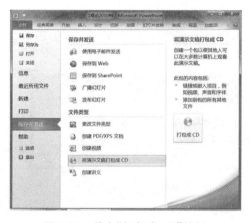
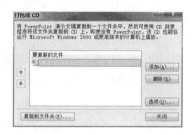

图 5-86　单击"打包成 CD"按钮　　　　图 5-87　"打包成 CD"对话框

如果演示文稿中有其他链接文件也需要打包，单击"选项"按钮，将会弹出"选项"对话框，如图 5-88 所示。设置好后，单击"确定"按钮，退出"选项"对话框。如果有其他链接文件也需要打包，会弹出如图 5-89 所示的对话框，根据需要选择"是"或"否"，退出即可。返回到"打包成 CD"对话框，如图 5-87 所示。

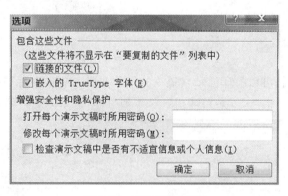

图 5-88　"选项"对话框

图 5-89　"是否要在包中包含链接文件"提示框

（2）单击"复制到文件夹"按钮，弹出"复制到文件夹"对话框，如图 5-90 所示，设置"文件夹名称"和"位置"后,单击"确定"按钮,退出对话框。演示文稿打包成 CD 做好了,只要把刚才做的文件夹复制即可。

图 5-90 "复制到文件夹"对话框

4. 演示文稿打印

演示文稿还可以打印出来,打印之前,可以进行页面设置。具体操作步骤如下。

(1)打开"设计"选项卡,单击"页面设置"命令组中的"页面设置"命令,如图 5-91 所示,弹出如图 5-92 所示的"页面设置"对话框。

图 5-91 单击"页面设置"命令

(2)在"页面设置"对话框中设置幻灯片大小和方向,单击"确定"按钮,如图 5-92 所示。

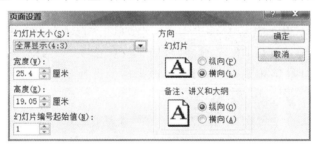

图 5-92 "页面设置"对话框

页面设置完毕后,可以打印演示文稿。其操作步骤:单击"文件"→"打印",如图 5-93 所示。如未安装打印机,则单击"未安装打印机"→"添加打印机"来添加打印机,如图 5-94 所示。

图 5-93 打印演示文稿

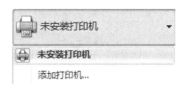

图 5-94 添加打印机

如果不是打印全部幻灯片,则单击"打印所选幻灯片"来选择所需的幻灯片,如图5-95所示。或者打印指定幻灯片,如图5-96所示,写上幻灯片号。还可以单击图5-93中的"整页幻灯片"来调整打印幻灯片的版式,如图5-97所示。设置完成,返回图5-93,选好打印"份数",准备好打印机,单击"打印"按钮即开始打印。

图 5-95　选择打印幻灯片　　　　　图 5-96　打印指定幻灯片

图 5-97　设置打印版式

习题 5

1. 单项选择题

(1) 在 PowerPoint 2010 中,从头开始或从当前幻灯片开始放映的快捷操作是(　　)。

　　A. F5　　　　　B. Ctrl+S　　　　C. Shift+F5　　　　D. Ctrl+Esc

(2) 在幻灯片的放映过程中,要中断放映,可以直接按(　　)键。

　　A. Alt　　　　　B. Ctr　　　　　C. Esc　　　　　　D. Del

(3) 移动页眉和页脚的位置需要利用(　　)。

　　A. 幻灯片的母版　　　　　　　B. 普通视图

　　C. 幻灯片浏览视图　　　　　　D. 大纲视图

(4) 在 PowerPoint 2010 中,如果想设置动画效果,可以使用功能区(　　)选项卡下的"动画"命令组。

　　A. 格式　　　　　B. 视图　　　　　C. 动画　　　　　　D. 编辑

(5)PowerPoint 2010 演示文稿文件的扩展名是（　　）。
　　　A..potx　　　　　B..pptx　　　　　C..ppsx　　　　　D..popx
(6)PowerPoint 2010 默认的视图是（　　）。
　　　A.幻灯片浏览视图　　　　　　　B.普通视图
　　　C.阅读视图　　　　　　　　　　D.幻灯片放映视图
(7)SmartArt 图形包括图形列表、流程图以及更为复杂的图形,例如维恩图和（　　）。
　　　A.幻灯片浏览视图　　　　　　　B.幻灯片放映视图
　　　C.阅读视图　　　　　　　　　　D.组织结构图

2.名词解释

(1)演示文稿。

(2)PowerPoint。

(3)功能区。

(4)幻灯片窗格。

(5)幻灯片的编辑。

(6)占位符。

(7)移动幻灯片。

(8)SmartArt 图形。

(9)"插入"选项卡下的"图像"命令组将可插入的图像分为图片、剪贴画、屏幕截图、相册四种类别。请解释：

图片；

剪贴画；

屏幕截图；

相册。

(10)幻灯片母版。

3.填空题

(1)PowerPoint 2010 模板的扩展名是_____文件。

(2)退出 PowerPoint 2010 就是退出_____。

(3)选中一张幻灯片后,按住_____键,单击其他幻灯片图标,即可选中多张不一定连续的幻灯片。

(4)在普通视图或幻灯片浏览视图下,选中一张或多张幻灯片后,按住_____组合键,或者单击"开始"选项卡下的_____命令组中的"复制"按钮,或者单击鼠标右键,在弹出的菜单中选择_____命令,即可将所选中的幻灯片复制到剪贴板里。

(5)用_____和_____两组合键也可以实现幻灯片的移动。

(6)PowerPoint 2010 中有四种不同类型的动画效果:进入、退出、强调和_____。

(7)用来编辑幻灯片的视图是_____。

(8)如果要调整页眉和页脚的位置,需要在幻灯片_____中进行操作。

(9)幻灯片的母版可分为幻灯片母版、讲义母版和_____母版等类型。

(10)演示文稿放映的缺省方式是_____,这是最常用的全屏幕放映方式。

4.简答题

(1)打开 PowerPoint 2010 的帮助信息有哪些方法？

(2)添加新幻灯片的方法主要有哪些?

(3)有哪几种创建演示文稿的方法?

(4)PowerPoint 2010 中"主题"和"模板"两个概念有什么不同?

(5)启动 PowerPoint 2010 有哪些方法?

(6)有哪些方法退出 PowerPoint 2010?

(7)简述 PowerPoint 2010 界面中的功能区。

(8)简述 PowerPoint 2010 删除一张或多张幻灯片的操作步骤。

(9)简述 PowerPoint 2010 设置艺术字的操作步骤。

(10)简述 PowerPoint 2010 设置段落格式的操作步骤。

5. 操作题

(1)从"文件"选项卡进入帮助的操作步骤。

(2)在 PowerPoint 2010 下基于"文件"选项卡创建空白演示文稿。

(3)在 PowerPoint 2010 下修改幻灯片版式。

(4)在 PowerPoint 2010 下创建新的版式。

(5)在 PowerPoint 2010 下设置幻灯片动画。

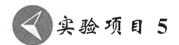

实验1　建立.pptx 文件

实验2　在幻灯片中插入图形

实验3　在演示文稿中插入声音

实验4　在演示文稿中插入视频

实验5　设计幻灯片放映中的自动换片

第6章 计算机网络基础及应用

【内容提要】

本章的知识点有计算机网络基础、计算机网络的特点和发展,数据通信的概念、数据通信系统的组成及其技术指标,局域网技术,广域网的接入技术,Internet 连接方法、IP 地址和名字、万维网的工作原理、网络管理协议与网络管理内容、故障诊断等。要求通过本章的学习,了解和掌握数据编码知识和 Internet 等概念。

随着时代的前进和科技的进步,计算机网络技术迅猛发展,并已成为当今社会不可缺少的一个重要组成部分,在人们的生活、工作中扮演着越来越重要的角色。因此,掌握必要的计算机网络知识对于日常生活、工作和适应信息时代的发展非常必要。

6.1 计算机网络基础

6.1.1 概述

什么是计算机网络?简单地说,计算机网络就是通过电缆、电话或无线通信设备将两台以上的计算机相互连接起来的集合。按计算机联网的地理位置划分,网络一般有两大类:广域网和局域网。

Internet(因特网,也称其为互联网)是最典型的广域网,它通常连接着范围非常巨大的区域。我国比较著名的因特网中科网、中国公用计算机互联网(Chinanet)、中国教育和科研计算机网(CERNET)和中国国家公用经济信息通信网(ChinaGBN)也属于广域网。局域网是目前应用最为广泛的网络,例如高校计算机网络就是一个局域网,我们通常也把它称为校园网。局域网通常也提供接口与广域网相连。

计算机网络是计算机技术和通信技术相结合而形成的一种新型通信方式,主要是满足数据通信的需要。它是将不同地理位置、具有独立功能的多台计算机、终端及附属设备用通信链路连接起来,并配备相应的网络软件,以实现通信过程中资源共享而形成的通信系统。它不仅可以满足局部地区的一个企业、公司、学校和办公机构的数据、文件传输需要,而且可以在一个国家甚至全世界范围内进行信息交换、储存和处理,同时可以提供语音、数据和图像的综合性服务,具有诱人的发展前景。

6.1.2 定义

计算机网络是指将分散在不同地点并具有独立功能的多台计算机系统用通信线路互相连接,按照网络协议进行数据通信,实现资源共享的信息系统。

1. 计算机网络涉及的问题

计算机网络涉及三个方面的问题。

(1)要有两台或两台以上的计算机才能实现相互连接构成网络,达到资源共享的目的。

(2)两台或两台以上的计算机连接,实现通信,需要有一条通道。这条通道的连接是物理的,由硬件实现,这就是连接介质(有时称为信息传输介质)。它们可以是双绞线、同轴电缆或光纤等"有线"介质;也可以是激光、微波或卫星等"无线"介质。

(3)计算机之间要通信交换信息,彼此就需要有某些约定和规则,这就是协议,例如TCP/IP 协议。

2. 计算机网络的功能

1)实现资源共享

所谓资源共享,是指所有网内的用户均能享受网上计算机系统中的全部或部分资源,这些资源包括硬件、软件、数据和信息资源等。

2)进行数据信息的集中和综合处理

将地理上分散的生产单位或业务部门通过计算机网络实现联网,把分散在各地的计算机系统中的数据资料适时集中,综合处理。

3)能够提高计算机的可靠性及可用性

在单机使用的情况下,计算机或某一部件一旦有故障便引起停机,当计算机连成网络之后,各计算机可以通过网络互为后备,还可以在网络的一些结点上设置一定的备用设备,作为全网的公用后备。另外,当网中某一计算机的负担过重时,可将新的作业转给网中另一较空闲的计算机去处理,从而减少了用户的等待时间,均衡了各计算机的负担。

4)能够进行分布处理

在计算机网络中,用户可以根据问题性质和要求选择网内最合适的资源来处理,以便能迅速而经济地处理问题。对于综合性的大型问题可以采用合适的算法,将任务分散到不同的计算机上进行分布处理。利用网络技术还可以将许多小型机或微型机连成具有高性能的计算机系统,使它具有解决复杂问题的能力。

5)节省软件、硬件设备的开销

因为每一个用户都可以共享网中任意位置上的资源,所以网络设计者可以全面统一地考虑各工作站上的具体配置,从而达到用最低的开销获得最佳的效果。如只为个别工作站配置某些昂贵的软、硬件资源,其他工作站可以通过网络调用,从而使整个建网费用和网络功能的选择控制在最佳状态。

6.1.3 产生和发展

1. 计算机网络的产生

计算机网络是计算机技术和通信技术紧密结合的产物,自从有了计算机,计算机技术和通信技术就开始结合。早在1951年,美国麻省理工学院林肯实验室就开始为美国空军设计称为SAGE的自动化地面防空系统,该系统最终于1963年建成,被认为是计算机和通信技术结合的先驱。

2. 计算机网络发展的四个阶段

1)第1阶段:计算机技术与通信技术相结合(诞生阶段)

20世纪60年代末到20世纪70年代初是计算机网络发展的萌芽阶段。该阶段的计算机网络又称终端计算机网络,是早期计算机网络的主要形式,它是将一台计算机经通信线路与若干终端直接相连。终端是一台计算机的外部设备,包括显示器和键盘,无CPU和内存。

其示意图如图 6-1 所示。其主要特征是：为了增强系统的计算能力和资源共享能力，把小型计算机连成实验性的网络。

ARPANET 是第一个远程分组交换网，它第一次实现了由通信网络和资源网络复合构成计算机网络系统，标志着计算机网络的真正产生。ARPANET 是这一阶段的典型代表。

2）第 2 阶段：计算机网络具有通信功能（形成阶段）

第 2 阶段是 20 世纪 70 年代中后期，是局域网络（LAN）发展的重要阶段，以多个主机通过通信线路互联起来，为用户提供服务，主机之间不是直接用线路相连，而是由接口报文处理机（IMP）转接后互联的。IMP 和它们之间互联的通信线路一起负责主机间的通信任务，构成了通信子网。通信子网互联的主机负责运行程序，提供资源共享，组成了资源子网。这个时期，网络概念为"以能够相互共享资源为目的互联起来的具有独立功能的计算机之集合体"，形成了计算机网络的基本概念，如图 6-2 所示。

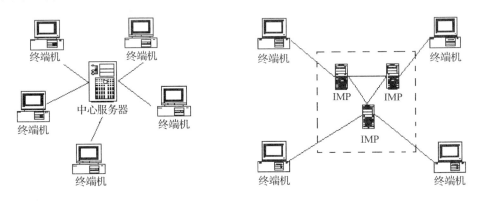

图 6-1　第 1 阶段计算机网络　　　　图 6-2　第 2 阶段计算机网络

3）第 3 阶段：计算机网络互联标准化（互联互通阶段）

计算机网络互联标准化是指具有统一的网络体系结构并遵循国际标准的开放式和标准化的网络。整个 20 世纪 80 年代是计算机局域网络的发展时期。ARPANET 兴起后，计算机网络发展迅猛，各大计算机公司相继推出自己的网络体系结构及实现这些结构的软、硬件产品。由于没有统一的标准，不同厂商的产品之间互联很困难，人们迫切需要一种开放性的标准适用网络环境，这样两种国际通用的最重要的体系结构应运而生了，即 TCP/IP 体系结构和国际标准化组织的 OSI 体系结构。其主要特征是：局域网络完全从硬件上实现了 ISO 的开放系统互联通信模式协议的能力。计算机局域网及其互联产品的集成，使得局域网与局域网互联、局域网与各类主机互联，以及局域网与广域网互联的技术越来越成熟。

4）第 4 阶段：计算机网络高速和智能化发展（高速网络技术阶段）

从 20 世纪 90 年代初至今是计算机网络飞速发展的阶段，其主要特征是：计算机网络化、协同计算能力发展以及全球互联网络（Internet）的盛行。计算机的发展已经完全与网络融为一体，体现了"网络就是计算机"的口号。目前，计算机网络已经真正进入社会各行各业。另外，虚拟网络 FDDI 及 ATM 技术的应用，使网络技术蓬勃发展并迅速走向市场，走进平民百姓的生活。

6.1.4　组成

现在所使用的 Internet 是一个集计算机软件系统、通信设备、计算机硬件设备以及数据处理能力为一体的，能够实现资源共享的现代化综合服务系统。一般网络系统的组成可分为三个部分:硬件系统、软件系统和网络信息。

1. 硬件系统

硬件系统是计算机网络的基础,硬件系统由计算机、通信设备、连接设备及辅助设备组成,通过这些设备的组成形成了计算机网络的类型。下面来学习几种常用的设备。

1)服务器(server)

在计算机网络中,核心的组成部分是服务器。服务器是计算机网络中向其他计算机或网络设备提供服务的计算机,并按提供的服务被冠以不同的名称,如数据库服务器、邮件服务器等。

2)客户机(client)

客户机是与服务器相对的一个概念。在计算机网络中享受其他计算机提供的服务的计算机就称为客户机。

3)网络传输介质

网络传输介质是网络中发送方与接收方之间的物理通路,它对网络的数据通信具有一定的影响。常用的传输介质有同轴电缆、双绞线、光纤、无线传输媒介(包括无线电波、微波、红外线等)。图 6-3 所示为双绞线截面图,图 6-4 为同轴电缆结构图,图 6-5 为光纤结构图。

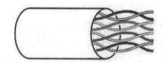 

图 6-3　双绞线截面图　　　图 6-4　同轴电缆结构图

4)网卡

网卡是安装在计算机主板上的电路板插卡,又称网络适配器或者网络接口卡(network interface board),是网组的核心设备。网卡的作用是将计算机与通信设备相连接,负责传输或者接收数字信息。如图 6-6 所示为插槽式普通网卡。

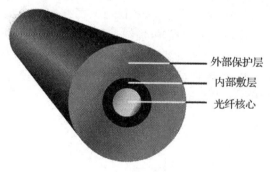 

图 6-5　光纤结构图　　　图 6-6　插槽式普通网卡

5)调制解调器

调制解调器(modem)是一种信号转换装置,它可以将计算机中传输的数字信号转换成通信线路中传输的模拟信号,或者将通信线路中传输的模拟信号转换成数字信号。

图 6-7 所示为外置式调制解调器。

6)集线器(hub)

集线器用于网络连线之间的转换,是网络中连接线缆的扩展设备,用于把网络线缆提供的一个网络接口转换为多个,如图 6-8 所示。集线器是局域网中常用的连接设备,可以连接多台本地计算机。

图 6-7　外置式调制解调器

图 6-8　集线器

7）中继器

中继器又称转发器，用于连接距离过长的局域网。如果连接距离过长，局域网上的信号就会因为衰减和干扰而难以维持有效，中继器可以重新整理和加强这些信号（但不对信号进行校验处理等），并双向传送，从而扩大局域网使用时覆盖的地理范围。

8）网桥（bridge）

网桥又称桥接器，也是一种网络连接设备，它的作用有些像中继器，但是它并不仅仅起到连接两个网络段的功能，它是更为智能和昂贵的设备。网桥用于传递网络系统之间特定信息的连接端口设备。网桥的两个主要用途是扩展网络和通信分段，是一种在链路层实现局域网互联的存储转发设备。

9）路由器

路由器是互联网中常用的连接设备，它可以将两个网络连接在一起，组成更大的网络。路由器可以将局域网与 Internet 互联，如图 6-9 所示。

图 6-9　路由器

10）交换机

交换机也叫交换式集线器，是局域网中的一种重要设备，如图 6-10、图 6-11 所示。它可将用户收到的数据包根据目的地址转发到相应的端口。它与集线器的不同之处是：集线器是将数据转发到所有的集线器端口，即同一网段的计算机共享固有的带宽，传输通过碰撞检测进行，同一网段计算机越多，传输碰撞也越多，传输速率会变慢；而交换机的每个端口为固定带宽，有独特的传输方式，传输速率不受计算机台数的影响，性能比集线器更高。

图 6-10　交换机　　　　　　　　　　图 6-11　典型的二层交换机

11）网关

网关是用于互联的设备，它提供了不同系统间互联的接口，用于实现不同体系结构网络（异种操作系统）之间的互联。它工作在 OSI 模型的传输层及其以上的层次，是网络层以上的互联设备的总称,它支持不同的协议之间的转换,实现不同协议网络之间的通信和信息共享。

2. 软件系统

网络系统软件包括网络操作系统和网络协议等。网络操作系统是指能够控制和管理网络资源的软件,是由多个系统软件组成的,在基本系统上有多种配置和选项可供选择,使得用户可根据不同的需要和设备构成最佳组合的互联网络操作系统。网络协议能够保证网络中两台设备之间正确传送数据。

3. 网络信息

计算机网络上存储、传输的信息称为网络信息。网络信息是计算机网络中最重要的资源,它存储于服务器上,由网络系统软件对其进行管理和维护。

6.1.5 拓扑结构和分类

1. 网络的拓扑结构

计算机网络的拓扑结构,是指网上计算机或设备与传输媒介形成的结点与线的物理构成模式。连接在网络上的计算机、大容量的外存、高速打印机等设备均可看作是网络上的一个结点。网络的结点有两类:一类是转换和交换信息的转接结点,包括结点交换机、集线器和终端控制器等;另一类是访问结点,包括计算机主机和终端等。线则代表各种传输媒介,包括有形的和无形的。

1)总线型拓扑结构

总线型拓扑结构是一种共享通路的物理结构。网络中所有的结点通过总线进行信息的传输,如图 6-12 所示。这种结构中总线具有信息的双向传输功能,普遍用于局域网的连接。

2)星型拓扑结构

星型拓扑结构是一种以中央结点为中心,把若干外围结点连接起来的辐射式互联结构,如图 6-13 所示。这种结构适用于局域网,特别是近年来连接的局域网大都采用这种连接方式。

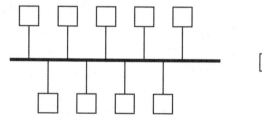

图 6-12 总线型拓扑结构示意图

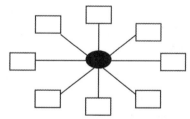

图 6-13 星型拓扑结构示意图

3)环型拓扑结构

环型拓扑结构是将网络结点首尾相连形成一个闭合环型线路。环型网络中的信息传送是单向的,即沿一个方向从一个结点传到另一个结点,每个结点都配有一个收发器,以接收、放大、发送信号。信息在每台设备上的延时时间是固定的,如图 6-14 所示。

2. 计算机网络的分类

1)按拓扑结构分类

根据拓扑结构的不同,计算机网络可以分为星型结构、总线型结构、环型结构。

2）按照网络的使用者分类

（1）公用网（public network），也称公众网，一般由电信公司作为社会公共基础设施建设，任何人只要按照规定注册、交纳费用都可以使用。

（2）专用网（private network），也称私用网，由某些部门或组织为自己内部使用而建设，一般不向公众开放。例如军队、铁路、电力等系统均有本系统的专用网，学校组建的校园网、企业组建的企业网等也属于专用网。

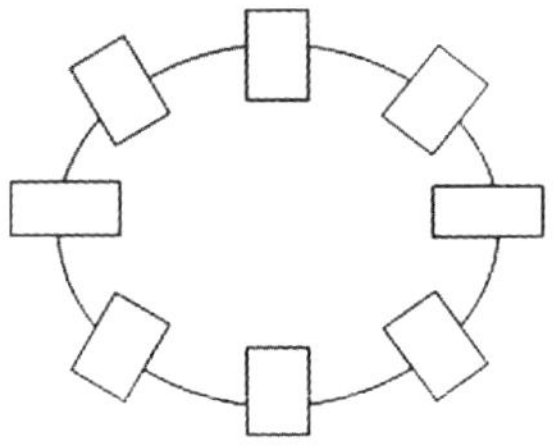

图 6-14　环型拓扑结构示意图

（3）虚拟专用网（virtual private network，VPN），在公用网络上采用安全认证技术建立的专用网络，通常用于具有分散性、有异地分支机构或业务联系的情况。图 6-15 所示为 VPN 示意图。

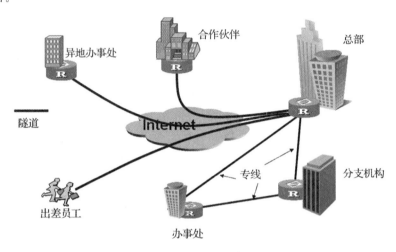

图 6-15　VPN 示意图

3）按照网络的作用范围进行分类

（1）局域网（local area network，LAN）。所谓局域网，就是在局部地区范围内的网络，它所覆盖的地区范围较小。局域网在计算机数量配置上没有太多的限制，少的可以只有两台，多的可达几百台。一般来说，在企业局域网中，在工作站的数量上，从几十台次到两百台次都有；在网络所涉及的地理距离上，一般来说，可以是几米至 10 千米以内。局域网一般位于一个建筑物或一个单位内，不存在寻径问题，不包括网络层的应用。这种网络的特点就是：连接范围窄、用户数少、配置容易、连接速率高。局域网是目前应用最为广泛的网络，是众多网络里面的最基本单位，是我们最常见、应用最广的一种网络。

（2）城域网 MAN。城域网是指地理覆盖范围大约为一个城市的网络，但不在同一地理小区范围内的计算机互联。这种网络的连接距离可以在 10～100 千米，它采用的是 IEEE 802.6 标准。MAN 与 LAN 相比扩展的距离更长，连接的计算机数量更多，在地理范围上可以说是 LAN 网络的延伸。在一个大型城市，一个 MAN 网络通常连接着多个 LAN 网，如连接政府机构的 LAN、医院的 LAN、电信的 LAN、企业的 LAN 等。光纤连接的引入，使 MAN 中高速的 LAN 互联成为可能。

（3）广域网 WAN。广域网又称远程网，一般指跨地区甚至延伸到整个国家和全世界的网络，所覆盖的范围比城域网更广。它一般是在不同城市之间的 LAN 或者 MAN 网络互联，地理范围可从几百千米到几千千米。

(4)互联网。互联网是最典型的广域网,它通常连接着范围非常巨大的区域。我国比较著名的中科网、中国公用计算机互联网(Chinanet)、中国教育和科研计算机网(CERNET)和中国国家公用经济信息通信网(ChinaGBN)都属于广域网。

6.2 局域网及组网技术

6.2.1 局域网概述

以太网最早是由 Xerox(施乐)公司创建的,在 1980 年由 DEC、Intel 和 Xerox 三家公司联合开发为一个标准。以太网是应用最为广泛的局域网,包括标准以太网(10 Mbps)、快速以太网(100 Mbps)、千兆以太网(1000 Mbps)和 10G 以太网,它们都符合 IEEE 802.3 系列标准规范。

近几年来无线局域网(wireless local area network,WLAN)是最为热门的一种局域网,无线局域网与传统的局域网的主要不同之处就是传输介质不同,传统局域网都是通过有形的传输介质进行连接的,如同轴电缆、双绞线和光纤等,而无线局域网则是采用无线电波作为传输介质的,传送距离一般为几十米。无线局域网用户必须配置无线网卡,并通过一个或更多无限接取器(wireless access points,WAP)接入无线局域网。

这种局域网的最大特点就是自由,只要在网络的覆盖范围内,可以在任何一个地方与服务器及其他工作站连接。这一特点使得它非常适合那些移动办公一族,有时在机场、宾馆、酒店等(通常把这些地方称为"热点"),只要无线网络能够覆盖到,用户都可以随时随地连接上无线网络,甚至 Internet。

6.2.2 体系结构和标准

20 世纪 70 年代后期,计算机局域网迅速发展,各大计算机公司相继开发出以本公司为主要依托的网络体系结构,这推动了网络体系结构的进一步发展,同时也带来了计算机网络如何兼容和互联等问题。为了使不同的网络系统能相互交换数据,迫切需要制定共同遵守的标准,即 TCP/IP 体系结构和国际标准化组织的 OSI 体系结构。它们的分层对照表如表 6-1 所示。

表 6-1 TCP/IP 与 OSI 分层对照表

TCP/IP	OSI
应用层/Application	应用层/Application
	表示层/Presentation
	会话层/Session
传输层/Transport	传输层/Transport
网络层/Network	网络层/Network
网络接口层/Link	数据链路层/Data Link
	物理层/Physical

1. TCP/IP 参考模型

经过多年发展,TCP/IP 协议已经演变成为一个工业标准,并得到相当广泛的实际应用。

这也使得该协议成为计算机网络体系结构的事实上的标准,也称之为工业标准。该模型共包含四层:网络接口层、网络层、传输层和应用层。

2. ISO/OSI 参考模型

ISO/OSI 参考模型——开放系统互联参考模型,是具有一般性的网络模型结构,作为一种标准框架为构建网络提供了一个参照系。该模型最大的特点是开放性。不同厂家的网络产品,只要遵照这个参考模型,就可以实现互联、互操作和可移植。任何遵循 OSI 标准的系统,只要物理上连接起来,它们之间都可以相互通信。该模型的成功之处在于它明确区分了服务、接口和协议这三个概念。服务描述了每层自身的功能,接口定义了某层提供的服务如何被上一层访问,而协议是每一层功能的实现方法。通过区分这些抽象概念,OSI 参考模型将功能定义与实现细节分开,概括性高,使它具备了很强的适应能力。该模型共有七层,自底向上依次为物理层、数据链路层、网络层、传输层、会话层、表示层和应用层。

3. 局域网参考模型

由于局域网大多采用共享信道,当通信局限于一个局域网内部时,任意两个结点之间都有唯一的链路,即网络层的功能可由链路层来完成,所以局域网中不单独设立网络层。IEEE 802 委员会提出的局域网参考模型(LAN/RM),如图 6-16 所示。

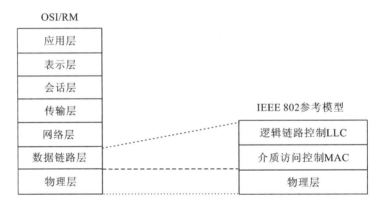

图 6-16 IEEE 802 参考模型与 OSI 参考模型的对应关系

6.2.3 组建局域网

1. 组建对等网

对等网指的是网络中没有专用的服务器,每一台计算机的地位平等,每一台计算机既可充当服务器又可充当客户机的网络。最简单的对等网由两台使用有线或无线连接方式直接相连的计算机组成。也可以连接多台 PC 而形成较大的对等网,但需要使用网络设备(如集线器、交换机等)将计算机相互连接。

若只是希望实现多台计算机系统的简单共享,可以选择对等网。利用网线将多台计算机连接在网络设备上,然后安装相应的网络协议和网络客户。注意:只需要安装 TCP/IP 协议、Microsoft 网络客户、文件和打印机共享即可。接下来设置相应的 IP 地址,一个简单的对等网就完成了。

2. 组建基于服务器的局域网

基于服务器的网络是指服务器在网络中起核心作用的组网模式。基于服务器的网络与对等网的区别在于:网络中必须至少有一台采用网络操作系统(如 Windows NT/2000

Server、Linux、Unix 等）的服务器，其中服务器可以扮演多种角色，如文件和打印服务器、应用服务器、电子邮件服务器等。

6.3 Internet 知识与应用

6.3.1 Internet 概述

Internet 在当今计算机界是最热门的话题，以至人们将它称作"信息高速公路"。目前，很难对 Internet 进行严格的定义，但从技术角度，可以认为 Internet 是一个相互衔接的信息网。中国计算机学会编著的《英汉计算机词汇》，将 Internet 正式译为"因特网：一种国际互联网"。

Internet 可以对成千上万的局域网和广域网进行实时连接与信息资源共享。因此，有人将其称为全球最大的信息超市，如图 6-17 所示。

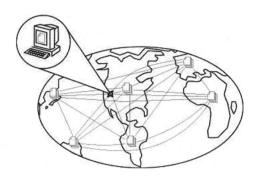

图 6-17 互联网示意图

关注以下常用专业术语。

WWW：WWW 是 world wide web 的简称，译为万维网或全球网。它并非传统意义上的物理网络，而是方便人们搜索和浏览信息的信息服务系统。WWW 为用户提供了一个可以轻松驾驭的图形化界面，用户可以查阅 Internet 上的信息资源，包含新闻、图像、动画、声音、3D 世界等多种信息。

HTTP：hyper text transfer protocol，即超文本传送协议，它是带有内建文件类型标识的文件传输协议，主要用于传输 HTML 文本。在 URL 中，http 表示文件在 Web 服务器上。

URL：uniform resource locators，即统一资源定位器，它不仅可以用来定位网络上信息资源的地址，也可以用来定位本地系统要访问的文件。

FTP：文件传输协议，在 Internet 中对远程主机的文件上传（从本机传到远端）或下载（从远端传到本机）。

主页：home page，是指通过万维网（Web）进行信息查询时的起始信息页。

域名：domain name，是指为连到因特网上的计算机所指定的名字。

BBS：电子公告板，是网上随时取得最新的软件及信息的地方，也是"网虫"流连忘返的地方。

HTML：hyper text markup language，即超文本标记语言，HTML 是一系列的标记符号或嵌入希望显示文件内的代码，这些标记告诉浏览器应该如何显示文字和图形。

防火墙：一种软件／硬件设备组，负责计算机系统或网络之间的隔离和安全，许多公司在它们的内部网络和 Internet 之间设置了防火墙。

6.3.2 工作原理

Internet 使用一种专门的计算机语言（协议）以保证数据能够安全可靠地到达指定的目的地。这种语言分为两部分，即 TCP（transfer control protocol，传输控制协议）和 IP（internet protocol，网络连接协议），通常将它们放在一起，用 TCP/IP 表示。

1. TCP/IP 协议

1）TCP/IP 协议的定义

协议：为了使不同的计算机系统之间相互识别，进行有效的通信，建立了一系列的通信规则，通常称这些规则为"协议"（protocol）。

TCP/IP 成为计算机网络体系结构的事实上的标准，也称之为工业标准。它实质上是一组协议族。其中，最重要的两个协议是 IP 与 TCP。IP 为网络连接协议，提供网络层服务，负责将需要传输的信息分割成许多信息"小包"（亦称为"信息包"），并将这些小包发往目的地，每个小包包含了部分要传输的信息和要传送到目的地的地址等重要信息。TCP 为传输控制协议，提供传输层服务，负责管理小包的传递过程，并有效地保证数据传输的正确性。

2）TCP/IP 工作原理

TCP/IP 利用协议组来完成两台计算机之间的信息传送。前面讲过，这个协议组分为四层，即应用层、传输层、网络层和网络接口层，每一层都呼叫它的下一层所提供的网络来完成自己的需求。当用户开始第一次信息传输时，请求传递到传输层，传输层在每个信息小包中附加一个头部，并把它传递给网络层。在网络层，加入了源和目的 IP 地址，用于路由选择。路由器：位于网络的交叉点上，它决定数据包的最佳传输途径，以便有效地分散 Internet 的各种业务量荷载，避免系统某一部分过于繁忙而发生"堵塞"，如图 6-18 所示。

图 6-18　路由选择示意图

网络接口层对来往于上一层协议和物理层之间的数据流进行错误校验，在物理层数据沿着介质移入或移出（介质可以是通过电缆的以太网或通过 modem 的 PPP 等）。最后数据到达目的地。计算机将去掉 IP 的地址标志，检查数据在传输过程中是否有损失，在此基础上并将各数据包重新组合成原文本文件。如果接收方发现有损坏的数据包，则要求发送端重新发送被损坏的数据包。在接收方，执行相反的过程，数据从物理层开始向上到达应用层。如图 6-19 所示，在发送端的信息由上一层传到下一层，逐层封装，最后通过物理线路传到接收方，而接收方则执行相反过程。

2. Internet 信息传递原理

Internet 上的各种信息是通过 TCP/IP 协议进行传送的。为了说明其传输过程，现将

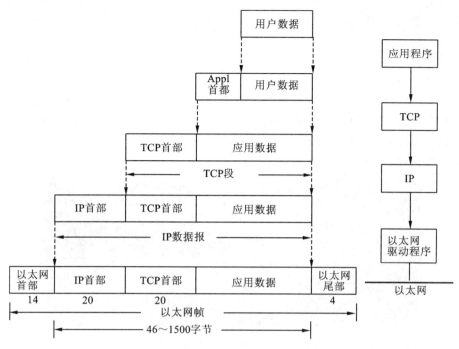

图 6-19　网络信息传递封装示意图

计算机之间传输的信息比作行驶在连接几个城市的高速公路上运输的汽车,如图 6-20 所示。

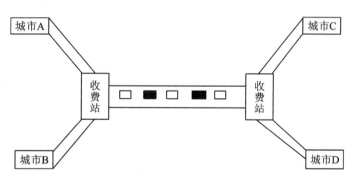

图 6-20　Internet 信息传送示意图

通过图 6-20 可以看出 TCP/IP 协议为什么要把传送的信息分割成许多小包。从城市 A 和城市 B 开出的一辆辆汽车(相当于信息包),可以顺利地逐个交替地通过收费站进入高速公路,分别开往城市 C 和城市 D。如果不将传送的信息分成小包,相当于从城市 A、城市 B 两城市分别开出的是一列长达几十千米的列车,如城市 A 的列车先到达收费站,它将占据整个高速公路,城市 B 开出的列车将无法进入高速公路,位于高速公路另一侧的城市 C 的接收者可以持续地接到城市 A 汽车送来的物品,而城市 D 的接收者不得不长时间等待。如果接收者需要持续占用线路 3 小时,则另外的接收者不想等待只好放弃接收。更为不合理的是,若城市 A 传送的物品到达城市 C 后发现错误,需要重新发送时,也要占用线路 3 小时。因此,为解决这一问题,Internet 采用 TCP/IP 协议将信息分割成小包,使信息小包分散到达目的地,将检查传送信息的正确性,一旦发现传送的信息有误,再自动请求发送出错的信息小包,并最后整理成一个完整的信息。

6.3.3 地址和域名

1. IP 地址

1) IP 地址的构造

在国际互联网(Internet)上有很多台主机(host),为了区分这些主机,人们给每台主机都分配了一个专门的"地址"作为标识,称为 IP 地址。它就像用户在网上的身份证,要查看自己 IP 地址可在 Windows 系统中单击"开始"→"运行",输入 ipconfig,按回车键,可得图 6-21 所示的画面,图中所示计算机的 IP 地址为 192.168.1.101。

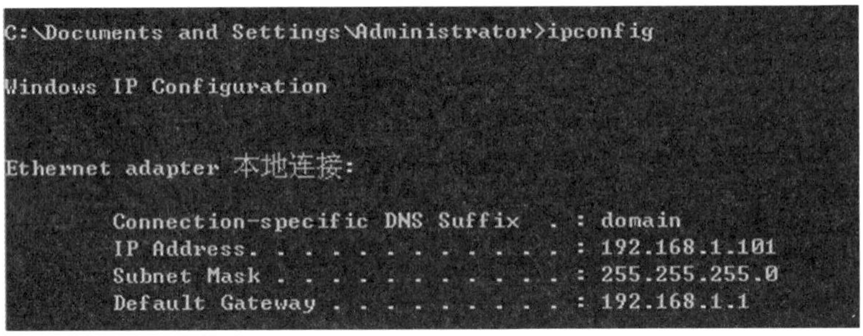

图 6-21 利用 ipconfig 查看 IP 地址

IP 是 internet protocol 的缩写。各主机间要进行信息传递必须要知道对方的 IP 地址。目前使用的 IPv4 协议版本中它的地址长度为 32 位(bit)。在 Internet 中,不允许有两个设备具有相同的 IP 地址,每个主机或路由器至少有一个 IP 地址,其中发送信息的主机地址称为源地址,接收信息的主机地址称为目的地址。为了保证地址的唯一性,IP 地址由因特网名称与号码指派公司(Internet Corporation for Assigned Names and Numbers,ICANN)进行统一分配。

为了便于 IP 地址的阅读,将 32 位地址分 4 段,每段 8 位(1 个字节),常用十进制数字表示,每段数字范围为 1~254,段与段之间用小数点分隔。每个字节(段)也可以用十六进制或二进制表示。

32 位二进制 IP 地址:　　　　　　11000010 10101000 00000000 00011111

将每 8 位的二进制转换为十进制数:194.168.0.31

2) IP 地址的分类

每个 IP 地址包括两个 ID(标识码),即网络 ID 和主机 ID。同一个物理网络上的所有主机都用同一个网络 ID,网络上的一个主机(工作站、服务器和路由器等)对应一个主机 ID。这样把 IP 地址的 4 个字节划分为 2 个部分:一部分用来标明具体的网络段,即网络 ID;另一部分用来标明具体的结点,即主机 ID。这样的 32 位地址又分为五类,分别对应于 A 类、B 类、C 类、D 类和 E 类 IP 地址,如表 6-2 所示。

表 6-2　IP 地址分类对照表

网络类	最高位	网络 ID	网络数	主机数	网络号范围	应用于
A 类	0	8 位	126	16 777 214	1~126	大型网络
B 类	10	16 位	16 382	65 534	128~191	中型网络
C 类	110	24 位	2 097 150	254	192~223	小型网络
D 类	1110			广播地址		
E 类	11110			保留试验		

(1) A 类 IP 地址。

一个 A 类 IP 地址由 1 字节（每个字节是 8 位）的网络地址和 3 个字节主机地址组成，网络地址的最高位必须是"0"，即第一段数字范围为 1～127，全 0 或全 1 不可用。A 类 IP 地址最多能有 $2^7-2=126$ 个网络，每个网络最多能有 $2^{24}-2=16\ 777\ 214$ 台主机。

(2) B 类 IP 地址。

一个 B 类 IP 地址由 2 个字节的网络地址和 2 个字节的主机地址组成，网络地址的最高位必须是"10"，即第一段数字范围为 128～191。B 类 IP 地址最多能有 $2^{14}-2=16\ 382$ 个网络，每个网络最多能有 $2^{16}-2=65\ 534$ 台主机。

(3) C 类 IP 地址。

一个 C 类地址是由 3 个字节的网络地址和 1 个字节的主机地址组成，网络地址的最高位必须是"110"，即第一段数字范围为 192～223。C 类 IP 地址最多能有 $2^{21}-2=2\ 097\ 150$ 个网络，每个网络最多可连接 254 台主机。

考虑到特殊地址和特殊使用，实际使用的地址数都少于前述数量。

(4) D 类地址用于多点播送。

第一个字节以"1110"开始，第一个字节的数字范围为 224～239，是多点播送地址，用于多目的地信息的传输，也可以作为备用。

(5) E 类地址。

以"11110"开始，即第一段数字范围为 240～254。E 类地址保留，仅做实验和开发用。

注意：全 0 或全 1 不可作为主机号。全 0 的 IP 地址称为网络地址，如 129.45.0.0 就是 B 类的网络地址；全 1（即 255）的 IP 地址称为广播地址，如 129.45.255.255 就是 B 类的广播地址。

网络 ID 不能以十进制"127"作为开头，在地址中数字 127 保留给诊断用。如 127.1.1.1 用于回路测试，同时网络 ID 部分全为"0"和全部为"1"的 IP 地址被保留使用。

3) 私有 IP 地址

由于 IP 地址作为一种网络资源，需要花钱购买或租用，所以 ICANN 将 A、B、C 类地址的一部分保留下来，作为私有 IP 地址，供各类专有网络（如企业小型局域网）无偿使用。

私有 IP 地址见表 6-3。

小型局域网可以选择 192.168.0.0 地址段，大中型局域网则可以选择 172.16.0.0 或 10.0.0.0 地址段。

当局域网通过路由设备与广域网连接时，路由设备会自动将该地址段的信号隔离在局域网内，故这些地址不可能出现在公网上，一旦要连入广域网或 Internet，还需要拥有公网 IP。表 6-3 所示为私有地址表。

表 6-3 私有地址表

类 别	IP 地址范围	网 络 号	网 络 数
A	10.0.0.0～10.255.255.255	10	1
B	172.16.0.0～172.31.255.255	172.16～172.61	6
C	192.168.0.0～192.168.255.255	192.168.0～192.168.255	255

2. 域名

IP 地址为 Internet 提供了统一的编址方式，直接使用 IP 地址就可以访问网络中的主机,但 IP 地址很难记忆。例如,中南财经政法大学武汉学院的 WWW 服务器的 IP 地址是 59.175.215.88,用户很难记忆,我们可以用 www.whxy.net 这样的标识名来表示。这样的名字结构有层次,每个字符都有意义,容易理解和记忆,这个标识名,即域名。其一般格式如下:

计算机名.三级域名.二级域名.顶级域名

每个分量分别代表不同级别的域名。每一级别的域名都由英文字母和数字组成(不超过 63 个字符,并且不区分大小写字母),级别最低的域名写在最左边,级别最高的顶级域名写在最右边。完整的域名不超过 255 个字符。

其中,顶级域名又称为最高层域名,顶级域名代表建立网络的组织机构或网络所隶属的地区或国家,大体可分为两类。

一类是组织性顶级域名,既机构性域名,一般采用由三个字母组成的缩写来表明各部门的类型,目前主要有 14 种机构性域名。以机构区分的最高域名原来有 7 个,后来又加了 7 个。这些域名的注册服务由多家机构承担,CNNIC 是注册机构之一;按照 ISO-3166 标准制定的国家域名,一般由各国的 NIC(Network Information Center,网络信息中心)负责运行。表 6-4 是机构域名表。

表 6-4 机构域名表

域	说 明	域	说 明	域	说 明
com	商业系统	edu	教育系统	gov	政府机关
mil	军队系统	net	网络管理部门	org	非营利性组织
int	国际机构	firm	商业或公司	web	主要活动与 WWW 有关的实体
arts	以文化活动为主的实体	rec	以消遣性娱乐活动为主的实体	info	大量提供信息服务的实体
nom	有针对性的人员/个人的命令	store	提供购买商品的业务部门		

另一类是地理性顶级域名,以两个字母的缩写代表其所处的国家,例如:

cn 中国 uk 英国 us 美国 it 意大利 jp 日本

计算机名一般可由网络用户自定义。

域名应该容易记忆,例如域名 www.ccc.edu.cn 表明对应的网络主机属于中国(cn)某教育机构(edu)"ccc",其计算机名为"www"。需要说明的是,凡是能使用域名的地方,都可以使用 IP 地址。

当键入某个域名的时候,其实还是先将此域名解析为相应网站的 IP 地址。完成这一任务的过程就称为域名解析。

我国域名体系分为类别域名和行政区域名。类别域名有 6 个,分别依照申请机构的性质依次分为:

AC——科研机构;

COM——工、商、金融等行业;

EDU——教育机构;

GOV——政府部门;

NET——互联网络、接入网络的信息中心和运行中心；
ORG——各种非营利性的组织。

6.3.4 电子邮件

电子邮件(electronic mail,E-mail)是 Internet 应用最广泛的服务。通过电子邮件，用户可以方便快速地交换信息,查询信息。

1. 邮件地址

在 Internet 中,邮件地址如同用户自己的身份。Internet 邮件地址的统一格式为"收件人邮箱名@邮箱所在主机的域名",例如"degor@znufe.edu.cn"。其中"@"读作"at",表示"在"的意思。

"收件人邮箱名"又简称为"用户名",是收件人自己定义的字符串标识符,该标识符在邮箱所在的邮件服务器上必须是唯一的,这就保证了这个电子邮件地址在世界范围内是唯一的。

要使用电子邮件,首先要申请一个邮件地址。有非常多的电子邮件服务商为我们提供有偿的或者免费的电子邮件服务。我们可以根据自己不同的需求有针对性地选择。如果是经常和国外的客户联系,建议使用国外的电子邮箱,比如 Gmail、Hotmail、MSN mail、Yahoo mail 等;如果是想当作网络硬盘使用,经常存放一些图片资料等,那么就应该选择存储量大的邮箱,比如 Gmail、网易 163mail 等都是不错的选择;如果自己有计算机,那么最好选择支持 POP/SMTP 协议的邮箱,可以通过 Outlook、Foxmail 等邮件客户端软件将邮件下载到自己的硬盘上,这样就不用担心邮箱的存储量不够用,同时还能避免别人窃取密码以后偷看自己的信件。

2. 电子邮件使用方式

通常,在使用电子邮件服务时,有以下两种方式。

1)基于用户代理的电子邮件

所谓用户代理,实际上就是电子邮件客户端软件,例如 Outlook、Foxmail。通过用户代理,我们可以撰写电子邮件,然后由它发送到用户设置的邮件服务器上。用户也可以通过用户代理将自己的邮件从邮件服务器上下载到自己的计算机上。

2)基于万维网的电子邮件

通过万维网浏览器也可以方便地使用电子邮件服务。通过浏览器打开邮件服务的页面,用户可以键入自己的用户名和密码,登录到邮件服务器上,然后撰写、发送和关注自己的邮箱。

例如,用户 A(a@163.com)向用户 B(b@sina.com)发送邮件。用户 A 可以通过用户代理或者网站登录的方式先撰写邮件,然后发送到 163 的邮件服务器上,如图 6-22 所示。

6.3.5 文件传输服务

文件传输服务是由文件传输协议(file transfer protocol)来完成的,所以又称为 FTP 服务,它是 Internet 中最早提供的服务功能之一,目前仍然在广泛使用中。

FTP 服务方式可分为非匿名 FTP 服务和匿名 FTP 服务。

对于非匿名 FTP 服务,用户必须先在服务器上注册,获得用户名和口令。在使用 FTP 时必须提交自己的用户名和口令,在服务器上获得相应的权限以后,方可上传或下载文件。

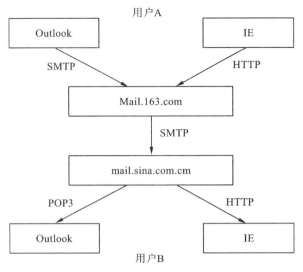

图 6-22 邮件的发送与接收

匿名 FTP 则是这样一种机制：用户可通过它连接到服务器，并从其下载文件，而无须成为其注册用户。系统管理员建立了一个特殊的用户 ID，名为 anonymous，Internet 上的任何人在任何地方都可使用该用户 ID，并用自己的 E-mail 地址作为口令，使系统维护程序能够记录下来谁在存取这些文件。作为一种安全措施，大多数匿名 FTP 主机都允许用户从其下载文件，而不允许用户向其上传文件。

有很多途径可以登录到 FTP 服务器并享受 FTP 服务。例如，打开 IE 浏览器，在地址栏里输入 ftp://ftp.znuel.net，即可进入到中南财经政法大学的 FTP 服务器，或者在命令提示符窗口输入"ftp ftp.znuel.net"也可以登录该服务器。另外，使用专门软件从 FTP 服务器上下载文件也是常用的途径，例如 NetAnts、FlashGet 等，这些软件采用了断点续传的方法，即使遇上网络断线，先前下载的文件片段依然有效，可以等网络连接上后继续下载。

6.3.6 Telnet 服务

Telnet 是进行远程登录的标准协议和主要方式，它为用户提供了在本地计算机上完成远程主机工作的能力。远程登录服务，即通过 Internet，用户将自己的本地计算机与远程服务器进行连接。一旦实现了连接，由本地计算机发出的命令，可以到远程计算机上执行，本地计算机的工作情况就像是远程计算机的一个终端，实现连接所用的通信协议为 Telnet。通过使用 Telnet，用户可以与全世界许多信息中心图书馆及其他信息资源联系。

Telnet 远程登录的方法主要有两种。第一种是用户在远程主机上有自己的帐号（account），即用户拥有注册的用户名和口令；第二种是许多 Internet 主机为用户提供了某种形式的公共 Telnet 信息资源，这种资源对于每一个 Telnet 用户都是开放的。

这里介绍简单的一种：单击"开始"菜单的"运行"命令完成。

注意，Windows 7 默认不出现"运行"命令。设置方法：从"开始"菜单进入控制面板，将查看方式设置为"大图标"，然后单击"任务栏和「开始」菜单"，在弹出的"任务栏和「开始」菜单属性"对话框（见图 6-23）中单击"「开始」菜单"选项卡，再单击"自定义"按钮，弹出"自定义「开始」菜单"对话框，如图 6-24 所示，下拉到"运行命令"并在其前面打钩，单击"确定"按钮，如图 6-25 所示。

图 6-23 设置任务栏和"开始"菜单属性

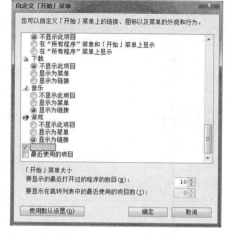
图 6-24 自定义"开始"菜单

单击"开始"菜单的"运行"命令,在打开的对话框中直接输入 telnet 远程主机的域名地址或 IP 地址,如图 6-26 所示,并单击"确定"按钮。用户就会看到远程主机的欢迎信息或登录标志。

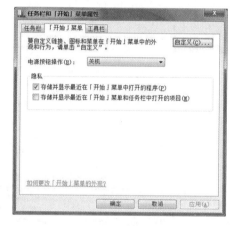
图 6-25 选中"运行命令"后返回

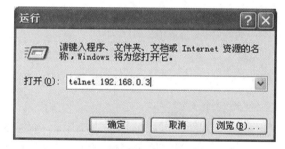
图 6-26 "运行"对话框

6.3.7 搜索引擎

从使用者的角度看,搜索引擎提供一个包含搜索框的页面,在搜索框中输入词语,通过浏览器提交给搜索引擎,搜索引擎就会返回与用户输入的内容相关的信息列表。

百度是全球最大的中文搜索引擎,2000 年 1 月由李彦宏、徐勇两人创立于北京中关村,致力于向人们提供"简单、可依赖"的信息获取方式。"百度"二字源于中国宋朝词人辛弃疾的《青玉案·元夕》词句"众里寻她千百度",象征着百度对中文信息检索技术的执著追求。

图 6-27 是百度的中文界面,界面简洁,易于操作。主体部分包括一个长长的搜索框,外加一个"百度一下"搜索按钮和上面一行的搜索分类标签。

1. 使用具体关键字搜索

目前百度目录中收录了超过数百亿的中文网页数据库,这在同类搜索引擎中是第一流的,并且这些网页的内容涉猎广泛,无所不有。

图 6-27 百度的中文页面

2. 在类别中搜索

许多搜索引擎都提供类别搜索功能,如图 6-28 所示。如果单击其中一个类别,然后再使用搜索引擎,就可以将搜索范围限定在指定的范围内。比如先单击"新闻",然后再录入关键字"计算机"并按实际要求选择"新闻全文"单选项,最后按"百度一下"按钮。显然,在一个特定类别下进行搜索所耗费的时间较少,能够提高搜索的准确度。

图 6-28 在类别中搜索

3. 使用多个关键字

使用多个关键字可以缩小搜索范围。例如,想要搜索有关计算机等级考试的信息,则输入两个关键字"计算机 等级考试",如图 6-29 所示。一般而言,提供的关键字越多,搜索引擎返回的结果越精确。

图 6-29 使用多个关键字

4. 高级搜索

百度开发了一些高级搜索功能，供有特殊需要的用户进行使用。高级搜索相当于一个多条件的组合搜索，它可以根据用户的需要更加灵活地按照用户输入的不同条件组合来进行搜索。高级搜索网址为 http://www.baidu.com/gaoji/advanced.html。进入百度高级搜索后，即可以限定时间及不包括的关键词等。百度高级搜索界面如图 6-30 所示。

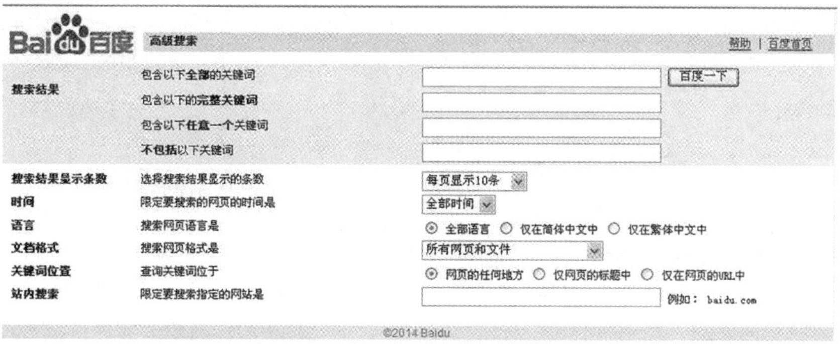

图 6-30　百度高级搜索界面

5. 保留字搜索

百度提供了一种特别的功能，通过百度专门定义的一些保留字可以执行一些特殊的搜索功能。举例如下。

(1) 通过保留字"filetype"查找非 HTML 格式的文件。

百度已经可以支持多种非 HTML 文件的搜索。百度现在可以指定搜索 Microsoft Office（.doc、.ppt、.xls 和.rtf）、Shockwave Flash（.swf）、PostScript（.ps）、PDF 文档和其他类型的文档。例如，只想查找 PDF 格式的文件，而不要一般网页，只需搜索"关键词 filetype:pdf"就可以了。

(2) 通过保留字"site"在指定网站内搜索。

例如，在搜索框内输入"武汉学院 site:www.whxy.net"即可搜索到所有包含关键字"武汉学院"的文档，并且搜索范围仅限于"www.whxy.net"。

(3) 通过保留字"define"查看字词或词组的定义。

要查看字词或词组的定义，只需输入"define:"，然后输入需要其定义的词。如果百度在网络上找到了该字词或词组的定义，则会检索该信息并在搜索结果的顶部显示它们。例如，搜索"define:计算机"将显示从各种在线来源收集到的"计算机"定义的列表。

除了百度外，还有其他一些常用的搜索引擎，以下是它们的网址。

搜狗：http://www.sogou.com/
网易：http://www.sowang.com/163search.htm
360 综合搜索：http://www.so.com/
谷歌：http://www.google.com.hk/

6.3.8　博客

博客（blog、blogger）分为群组型博客和个人博客，群组型博客是一批具有共同目标的人研究和探讨问题的场所，个人博客则是一个记录个人网络日记的空间。博客通常以日历、归档或按主题分类的方式来组织文章，博客的使用者可以自行对文章进行分类，或者将属于私人的信息隐藏起来不对外公布。目前国内使用较多的博客有新浪博客、搜狐博客、百度空间等。这里以新浪博客为例为大家介绍博客的用法。

首先要进入新浪主页 http://www.sina.com，如图 6-31 所示。单击"博客"进入新浪博客首页，对于第一次使用新浪博客的用户，要单击开通博客链接，如图 6-32 所示。

图 6-31　新浪首页　　　　　　　　　图 6-32　新浪博客注册页面

在用户注册后，进入个人博客页面，这时便可以通过写博客或者上传图片和他人交流了。

6.3.9　微博

微博，即微博客（microblog）的简称，是一个基于用户关系的信息分享、传播以及获取的平台，用户可以通过 Web、Wap 等各种客户端组建个人社区，以 140 字左右的文字更新信息，并实现即时分享。最早、最著名的微博是美国 twitter。2009 年 8 月中国门户网站新浪推出"新浪微博"内测版，成为门户网站中第一家提供微博服务的网站，从此微博正式进入中文上网主流人群的视野。2011 年 10 月，中国微博用户总数达到 2.498 亿人，成为世界微博第一大国。

下面以新浪微博为例介绍微博的基本用法。

1. 注册新浪微博帐号

在浏览器地址栏中输入"http://weibo.com/"，连接到新浪微博首页，如图 6-33 所示。

图 6-33　新浪微博首页

如果已经有新浪微博帐号,可以在右边文本框中输入帐号和密码,单击"登录"按钮,否则单击"立即注册"超链接进行注册,申请新的微博帐号。新浪微博的注册方式分为邮箱注册和手机注册两种。邮箱注册后到邮箱通过新浪微博的链接地址进行激活。手机注册需要填写手机号码,通过手机短信收到注册码。

2. 新浪微博的基本用法

在新浪微博首页,通过刚刚注册的帐号和密码登录就可以使用了。此时用户可以进行新浪微博的操作了。通过关注,用户可以成为名人、好友、企业、微吧、微刊等对象的粉丝,它们发出的每条微博会同时出现在该用户的微博首页里。通过互粉,用户发出的每条微博也会同时出现在它们的微博首页里。任何一条微博,用户可以对其进行评论或转发,裂变式的转发使得信息得到了广泛传播,如图 6-34 所示。

微博常用字符:"@"意思是"对某人说话"或者"引起某人注意",格式为@+昵称+空格,例如"@3G 翼路同行";"♯",新浪官方解释是"话题",就是关键字或标签,格式为♯+话题+♯,例如"♯中国电信服务好♯"。

图 6-34　新浪微博个人主页

 6.4　基于 Windows 7 的网络配置及 PING 测试

6.4.1　Windows 7 配置 IP

在 Windows 7 中,打开"控制面板"中的"网络和 Internet",进入"网络和共享中心",如图 6-35 所示。

选择"更改适配器设置"进入网络连接,如图 6-36 所示。右键单击"本地连接",选择"属性",如图 6-37 所示。

在"本地连接 属性"对话框中选择进入"Internet 协议版本 4(TCP/IPv4)"设置 IP 地址,如图 6-38 所示。

图 6-35　网络和共享中心

图 6-36 进入网络连接

图 6-37 选择网络连接属性

系统默认设置为"自动获得 IP 地址"和"自动获得 DNS 服务器地址",用户配置 IP 地址选择"使用下面的 IP 地址"以及"使用下面的 DNS 服务器地址",如图 6-39 所示。

图 6-38 选择"Internet 协议版本 4(TCP/IPv4)"

图 6-39 网络协议设置

输入服务商提供的 IP 地址以及 DNS 服务器地址,单击"确定"按钮完成配置,如图 6-40 所示。

图 6-40 完成网络协议配置

6.4.2 PING 测试

在"开始"菜单中输入 cmd 进入 MS-DOS 命令框,如图 6-41 所示。

ping 命令应用格式为:ping IP 地址。

测试本机 IP,例如本机 IP 地址为 192.168.1.123,则执行命令"ping 192.168.1.123"。如果网卡安装和配置没有问题,则应该出现类似图 6-42 所示的结果。

图 6-41 MS-DOS 命令框

图 6-42 网络正常时 ping 命令结果

如果在 MS-DOS 方式下执行此命令后显示内容为 Request time out,则表明网卡安装或配置有问题。将网线断开再次执行此命令,如果显示正常,则说明本机使用的 IP 地址可能与另一台正在使用的计算机的 IP 地址重复了。如果仍然不正常,则表明本机网卡安装或配置有问题,需继续检查相关网络配置。

测试网关 IP,假定网关 IP 为 192.168.1.254,则执行命令"ping 192.168.1.254"。在 MS-DOS 方式下执行此命令,如果显示类似以下信息则表明局域网中的网关路由器正在正常运行。反之,则说明网关有问题,如图 6-43 所示。

测试远程 IP,这一命令可以检测本机能否正常访问 Internet,例如测试新浪网址。在 MS-DOS 方式下执行命令"ping www.sina.com.cn",如果屏幕显示如图 6-44 所示,则表明运行正常,能够正常接入互联网。反之,则表明主机文件(windows/host)存在问题。

图 6-43 网络异常时 ping 命令结果

图 6-44 测试远程 IP

ping 命令还可以加入许多参数使用,输入 ping 命令后按回车即可看到详细说明,如图 6-45所示。例如,需要长时间 ping 测试指定网络地址,则在命令后加上"-t",如图 6-46 所示。

图 6-45　ping 命令参数

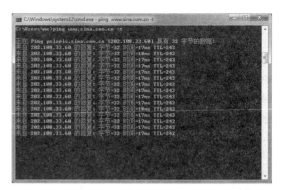
图 6-46　长时间 ping 测试

输入"Control-C"则停止测试。

6.4.3　家用宽带路由器的配置

市场上有很多品牌的家用宽带路由器,其使用方法基本相同,本书以 TP-LINK 为例来讲述家用宽带路由器的一般配置方法。

连接好路由器,通过浏览器进入路由器的管理界面,在浏览器的地址栏中输入 192.168.1.1(各种型号路由器的地址可能不一样,具体地址参考各路由器的说明,一般为 192.168.x.x,其中 x 为 0 或 1),如图 6-47 所示。

图 6-47　通过计算机进入路由器的管理界面

输入路由器用户名及密码(默认密码一般为 admin,具体参考各路由器说明书),进入路由器管理界面,如图 6-48 所示。

1. 设置 ADSL 账号

单击"设置向导",然后单击"下一步"按钮,如图 6-49 所示。

图 6-48　路由器管理界面

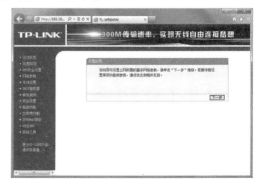
图 6-49　设置向导

选择上网方式,选择"PPPoE(ADSL 虚拟拨号)"后单击"下一步"按钮,如图 6-50 所示。输入网络服务商提供的上网帐号和上网口令,如图 6-51 所示。

 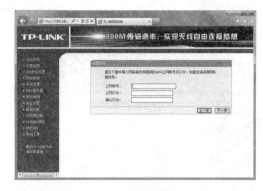

图 6-50　上网方式设置　　　　　　　　图 6-51　输入上网帐号和上网口令

设置路由器无线网络的基本参数以及无线安全,"无线状态"可选择"开启"或"关闭",SSID 为用户为标识自己的网络设置的 ID,输入密码后单击"下一步"按钮,如图 6-52 所示。设置完成,单击"完成"按钮退出设置向导,如图 6-53 所示。

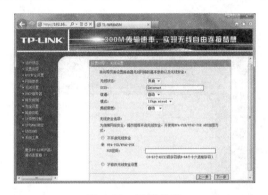 

图 6-52　无线设置　　　　　　　　　　图 6-53　完成设置

在"网络参数"页面也可以设置 ADSL 帐号及密码(即上网口令),并且根据用户需要设置连接方式,如图 6-54 所示。

2. 无线功能

单击"无线设置"选项可进入设置无线功能界面,在基本设置界面中可以选择开启或关闭无线功能,自定义无线网络标识号,如图 6-55 所示。

 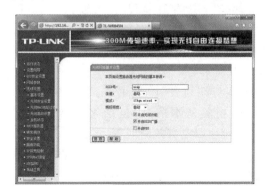

图 6-54　网络参数设置　　　　　　　　图 6-55　无线网络基本设置

进入"无线安全设置"页面可以选择打开或关闭无线安全功能,设置无线网络的加密方式以及修改密码,如图 6-56 所示。

进入"无线 MAC 地址过滤"页面可以管理控制计算机对无线网络的访问,启用过滤功能,可以禁止或允许列表中生效的 MAC 地址访问无线网络,如图 6-57 所示。

图 6-56　无线网络安全设置

图 6-57　无线 MAC 地址过滤设置

进入"无线高级设置"页面可以对无线功能的高级功能进行设置,一般选择默认设置即可,如图 6-58 所示。

进入"主机状态"页面可以查看当前连接无线网络的所有主机的信息,如图 6-59 所示。

图 6-58　无线高级设置

图 6-59　无线网络主机状态

3. DHCP 服务器

在"DHCP 服务"页面可以启用或关闭 DHCP 服务器功能,启用 DHCP 功能能为局域网内各主机自动分配 IP 地址,默认起始地址为 192.168.1.100,默认结束地址为 192.168.1.199。用户还可以根据需要自定义设置地址租期,范围是 1~2880 分钟,默认设置 120 分钟,如图 6-60 所示。

"客户端列表"中显示连接至路由器的所有主机的相关基本信息,包括客户端名、MAC 地址、IP 地址以及有效时间等,如图 6-61 所示。

"静态地址分配"设置 DHCP 服务器的静态地址分配功能,如图 6-62 所示。

图 6-60　DHCP 服务

图 6-61 客户端列表

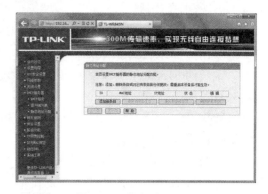

图 6-62 静态地址分配

习题 6

1. 单项选择题

(1) 在常用的传输介质中,(　　)的带宽最宽,信号传输衰减最小,抗干扰能力最强。
　　A. 双绞线　　　B. 同轴电缆　　　C. 光纤　　　D. 微波

(2) 在 Internet 中能够提供任意两台计算机之间传输文件的协议是(　　)。
　　A. WWW　　　B. FTP　　　C. Telnet　　　D. SMTP

(3) 下列(　　)软件不是局域网操作系统软件。
　　A. Windows NT Server　　　B. Netware
　　C. Unix　　　D. SQL Server

(4) HTTP 是(　　)。
　　A. 统一资源定位器　　　B. 远程登录协议
　　C. 文件传输协议　　　D. 超文本传输协议

(5) HTML 是(　　)。
　　A. 传输协议　　　B. 超文本标记语言
　　C. 统一资源定位器　　　D. 机器语言

(6) 下列四项内容中,(　　)不属于 Internet 的基本功能。
　　A. 电子邮件　　　B. 文件传输　　　C. 远程登录　　　D. 实时监测控制

(7) IP 地址由一组(　　)的二进制数字组成。
　　A. 8 位　　　B. 16 位　　　C. 32 位　　　D. 64 位

(8) 下列地址(　　)是电子邮件地址。
　　A. www.pxc.jx.cn　　　B. chenziyu@163.com
　　C. 192.168.0.100　　　D. http://uestc.edu.cn

(9) 因特网使用的互联协议是(　　)。
　　A. IPX 协议　　　B. IP 协议　　　C. AppleTalk 协议　　　D. NetBE

2. 名词解释

(1) 计算机网络。
(2) 资源共享。
(3) 客户机。

(4)网络信息。
(5)公用网(public network)。
(6)专用网(private network)。
(7)城域网 MAN。
(8)对等网。
(9)WWW。
(10)HTTP。

3. 填空题

(1)计算机通信网络是计算机技术和_____相结合而形成的一种新通信方式。
(2)世界上最庞大的计算机网络是_____。
(3)建立计算机网络的主要目的是实现在计算机通信基础上的_____。
(4)在计算机网络中,核心的组成部分是_____。
(5)集线器用于_____之间的转换。
(6)集线器用于把网络线缆提供的网络接口_____。
(7)中继器,又称转发器,用于连接_____。
(8)网关提供_____间互联接口。
(9)网关用于实现 _____ 之间的互联。
(10)网络信息是计算机网络中最重要的资源,它存储于_____,由网络系统软件对其进行管理和维护。

4. 简答题

(1)什么是计算机网络?
(2)计算机网络涉及哪三个方面的问题?
(3)建立计算机网络具有哪五个方面的功能?
(4)简述计算机发展的四个阶段。
(5)计算机网络的组成基本上包括哪些内容?
(6)常用的服务器有哪些?
(7)简述网桥的作用。
(8)什么是网络的拓扑结构?
(9)简述 FTP 服务方式中的非匿名 FTP 服务。
(10)简述远程登录服务。

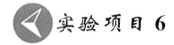

实验项目 6

实验 1　浏览器的使用
实验 2　文件下载
实验 3　搜索引擎的使用
实验 4　配置 TCP/IP 协议

第 7 章　多媒体技术基础

【内容提要】

本章简单介绍多媒体技术的基本概念、多媒体计算机的系统组成以及相关信息处理技术，简单介绍 Photoshop CS4 和会声会影 X3 等多媒体处理软件。

20 世纪 60 年代以来，很多技术专家就致力于研究将文字、图形、图像、声音、视频作为新的信息输入到计算机，使计算机的应用更加丰富多彩。多媒体技术的出现，标志着信息时代一次新的革命，通过计算机对语音和图像进行实时的获取、传输及存储，使人们获取和交互信息流的渠道豁然开朗，既能听其声，又能见其人，虽千里之外，却仿佛近在咫尺，改变了人们的交互方式、生活方式和工作方式，从而对整个社会结构产生了重大影响。

7.1　多媒体技术概念

7.1.1　多媒体技术基本概念

1. 媒体

媒体，通常指大众信息传播的手段，如电视、报刊等，常说的新闻媒体、电视媒体等就属于这个概念范畴。在计算机领域中，媒体有两种具体含义：一种是指存储的物理实体，如磁盘、磁带、光盘等；另一种是指信息的表现形式或载体，如文字、图形、图像、声音和视频等。多媒体技术中的媒体通常是指后者。

2. 多媒体和多媒体技术

多媒体是文字、图形、图像、声音和动画等各种媒体的有机组合。通常情况下，多媒体并不仅仅指多媒体本身，而主要是指处理和应用它的一套技术。因此，多媒体实际上常被看作多媒体技术的同义词。

多媒体技术是指利用数字化给多媒体带来的好处，计算机技术把多媒体信息综合一体化，使它们建立起逻辑联系，并能进行加工处理的技术。对信息的加工处理主要是指对这些媒体的录入、对信息的压缩和解压缩、存储、显示、传输等。显然，多媒体技术是一种基于计算机的综合技术，包括数字化信息的处理技术、音频和视频技术、计算机硬件和软件技术、人工智能和模式识别技术、通信和图像处理技术等，因而是一门跨学科的综合技术。

7.1.2　多媒体信息的类型

1. 文本

文本是计算机中最基本的信息表示方式，包含字母、数字与各种专用符号。多媒体系统除了利用字处理软件实现文本输入、存储、编辑、格式化与输出等功能外，还可应用人工智能技术对文本进行识别、翻译与发音等。

2. 图形

图形一般是指通过绘图软件绘制的由直线、圆、圆弧、任意曲线等组成的画面,图形文件中存放的是描述生成图形的指令(图形的大小、形状及位置等),一般是用图形编辑器或者由程序产生,以矢量图形文件形式存储。

3. 图像

图像有两种来源:扫描静态图像和合成静态图像。前者是通过扫描仪、数码照相机等输入设备捕捉的真实场景的画面;后者是通过程序、屏幕截取等方式生成的。数字化后的文件以位图形式存储。图像可以用图像处理软件(如 Photoshop)等进行编辑和处理。

4. 动画

动画是利用人眼的视觉特性所得到的,当一系列形或像的画面按一定的时间在人的视线中经过时,人脑就会产生物体运动的印象。计算机动画通过 Flash、3ds Max 等软件制作。这些软件目前已成功地用于网页制作、广告业和影视业、建筑效果图、游戏软件等领域,尤其是将动画用于电影特技,使电影动画技术与实拍画面相结合,真假难辨,效果逼真。

5. 音频

音频包括话语、音乐以及动物和自然界发出的各种声音。音乐和解说词可使文字画面更加生动;音频和视频的同步能使视频影像具有真实的效果。在计算机中的音频处理技术主要包括声音的采集、数字化、压缩和解压缩、播放等。

6. 视频

视频图像是来自录像带、摄像机、影碟机等视频信号源的影像,是对自然景物的捕捉,数字化后的文件以视频文件格式存储。视频的处理技术包括视频信号导入、数字化、压缩和解压缩、视频和音频编辑、特效处理、输出到计算机磁盘、光盘等。视频在多媒体系统中充当了非常重要的角色,在计算机辅助教学中,也将起到越来越重要的作用。

7.2 多媒体计算机系统

7.2.1 概述

多媒体个人计算机(multimedia personal computer,简称 MPC),是能够输入、输出并综合处理文字、图形、图像、声音、视频和动画等多种媒体信息,使信息之间能建立联系,并具有交互性的计算机系统。

多媒体计算机系统是对计算机和视觉、听觉等多种媒体系统的综合,一般由多媒体计算机硬件系统和软件系统组成。多媒体计算机系统通常可分为 5 个层次结构,如图 7-1 所示。

最底层为多媒体计算机主机、各种多媒体外设的控制接口和设备。

第二层为多媒体操作系统、设备驱动程序。该层软件除驱动、控制多媒体设备外,还要提供输入/输出控制界面程序。

第三层为多媒体应用程序接口 API,为上层提供软件接口,使程序开发人员能在高层通过软件调用系统功能,并能在应用程序控制中控制多媒体硬件设备。

第四层是媒体制作平台和媒体制作工具软件。设计者可利用该层提供的接口和工具采

第 7 章 多媒体技术基础

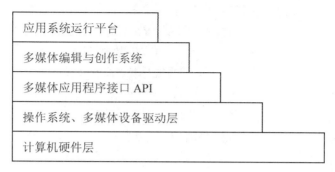

图 7-1 多媒体计算机系统

集、制作媒体数据。

第五层为多媒体应用系统的运行平台，即多媒体播放系统。该层直接面向用户，通常有较强的交互功能和良好的人机界面。

7.2.2 多媒体计算机硬件系统

构成多媒体硬件系统除了需要较高性能的计算机主机硬件外，通常还需要音频、视频处理设备，光盘驱动器，各种媒体输入/输出设备等。例如，摄像机、话筒、录像机、扫描仪、视频卡、声卡、实时压缩和解压缩专用卡、家用控制卡、键盘与触摸屏等，如图 7-2 所示。

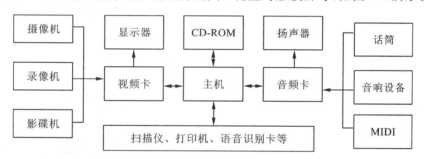

图 7-2 多媒体计算机硬件系统

多媒体计算机的硬件设备很多，但有些设备是计算机必不可少的。多媒体计算机的基本的硬件设备包括以下几个部分。

1. 主机

多媒体计算机可以是大中型机，也可以是工作站，然而更普遍的是多媒体个人计算机。为了提高计算机处理多媒体信息的能力，应该尽可能地采取多媒体信息器。

2. 视频部分

视频部分负责多媒体计算机图像和视频信息的数字化摄取和回放，主要包括显示卡、视频压缩卡（也称视频卡）、电视卡、加速显示卡等。

3. 音频部分

音频部分主要完成音频信号的 A/D 和 D/A 转换及数字音频的压缩、解压缩及播放等功能，主要包括声卡、外接音箱、话筒、耳麦、MIDI 设备等。

4. 基本输入/输出设备

视频/音频输入设备包括摄像机、录像机、影碟机、扫描仪、话筒、录音机、激光唱盘和MIDI 合成器等；视频/音频输出设备包括显示器、电视机、投影电视、扬声器、立体声耳机等；

人机交互设备包括键盘、鼠标、触摸屏和光笔等；数据存储设备包括 CD-ROM、DVD、磁盘、打印机、可擦写光盘等。对于大容量的多媒体作品，光盘是目前最理想的存储载体。现在，光盘驱动器已成为 MPC、笔记本式 PC 乃至普通 PC 的标准装备，一般都采用内置的形式，安装在计算机机箱的内部。随着 DVD 光盘的推广使用，近几年生产的 MPC 越来越多地用 DVD 光驱取代 CD-ROM 光驱，且通常采用内置驱动器的形式。

触摸屏作为多媒体输入设备，已被广泛用于各个行业的控制、信息查询及其他方面。用手指在屏幕上指点以获取所需的信息，具有直观、方便的特点，就是从未接触过计算机的人也能立即使用。触摸屏引入后可以改善人机交互方式，同时提高人机交互效率。

5. 高级多媒体设备

随着科技的进步，出现了一些新的输入/输出设备，比如用于传输手势信息的数据手套，用于虚拟现实能够产生较好的沉浸感的数字头盔和立体眼镜等设备。

6. 数码相机和数码摄像机

所谓数码相机，是一种能够进行拍摄，并通过内部处理把拍摄到的景物转换成以数字格式存放的图像的特殊照相机。与普通相机不同，数码相机并不使用胶片，而是使用固定的或者是可拆卸的半导体存储器来保存获取的图像。数码相机可以直接连接到计算机、电视机或者打印机上。

7.2.3 多媒体计算机软件系统

多媒体计算机软件系统如图 7-3 所示。

按功能划分，多媒体计算机软件系统可分成 3 个层次，即多媒体核心软件、多媒体工具软件和多媒体应用软件。

1. 多媒体核心软件

多媒体核心软件不仅具有综合使用各种媒体、灵活调度多媒体数据进行媒体传输和处理的能力，而且能控制各种媒体硬件设备协调地工作。多媒体核心软件包括多媒体操作系统（multi media operating system，MMOS）和音/视频支持系统（audio/video support system，AVSS），或音/视频核心（audio/video kernel，AVK），或媒体设备驱动程序（medium device driver，MDD）等。

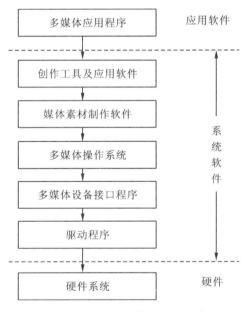

图 7-3 多媒体计算机软件系统

2. 多媒体工具软件

多媒体工具软件包括多媒体数据处理软件、多媒体软件工作平台、多媒体软件开发工具和多媒体数据库系统等。

3. 多媒体应用软件

多媒体应用软件是在多媒体创作平台上设计开发的面向应用领域的软件系统，通常由应用领域的专家和多媒体开发人员共同协作、配合完成。例如，多媒体课件、多媒体演示系统、多媒体模拟系统、多媒体导游系统、电子图书等。

7.2.4 数字化多媒体信息的存储

目前已公布的数据压缩标准有:用于静止图像压缩的 JPEG 标准;用于视频和音频编码的 MPEG 系列标准(包括 MPEG-1、MPEG-2、MPEG-4 等);用于视频和音频通信的 H.261 标准;用于二值图像编码的 JBIG 标准等。

1. JPEG 标准

1986 年,CCITT 和 ISO 两个国际组织组成了一个联合图片专家组(Joint Photographic Expert Group),其任务是建立第一个用于连续色调图像压缩的国际标准,简称 JPEG 标准。

2. MPEG 标准

MPEG 标准是一种在高压缩比的情况下,仍能保证高质量画面的压缩算法。MPEG 系列标准包括 MPEG-1、MPEG-2、MPEG-4、MPEG-7 和 MPEG-21。

MPEG 即"活动图像专家组",是国际标准化组织和国际电工委员会组成的一个专家组。现在已成为有关技术标准的代名词。MPEG 是目前热门的国际标准,用于活动图像的编码。我们今天能够欣赏 VCD 和 DVD,完全得益于信息的压缩和解压缩。MPEG 是针对 CD-ROM 式有线电视传播的全动态影像,它严格规定了分辨率、数据传输率和格式。其平均压缩比为 50:1。MPEG-1 的设计目标是达到 CD-ROM 的传输率和盒式录音机的图像质量。它广泛地适应于多媒体 CD-ROM、硬盘、可读写光盘、局域网和其他通信通道。MPEG-2 的设计目标是在一条线路上传输更多的有线电视信号,它采用更高的数据传输率,以求达到更好的图像质量。MPEG-4 计划用于传输率低于每秒 64 KB 的实时图像。

3. MP3 标准

MP3 是 MPEG Audio Layer 3 音乐格式的缩写,属于 MPEG-1 标准的一部分。利用该技术可以将声音文件以 1:12 的压缩率压缩成更小的文档,同时还保持高品质的效果。例如,一首容量为 30 MB 的 CD 音乐,压缩成 MP3 格式后仅为 2 MB 多。

7.2.5 多媒体技术中常见文件类型

1. 位图图形文件

静态图像是计算机多媒体创作中的基本视觉元素之一,根据它在计算机中生成的原理不同,可以将其分为位图图像和矢量图形两大类。下面对常见的位图图像类文件格式 BMP、TIFF、JPEG、GIF 等进行介绍。

1)BMP 位图格式

BMP 是英文 bitmap(位图)的简称,是一种与设备无关的图像文件格式,是 Windows 环境中经常采用的基本位图图像格式。在 Windows 环境中运行的图形图像处理软件以及其他应用软件都支持这种格式的文件,它是一种通用的图形图像存储格式。Windows 自带的"画笔"是应用 BMP 格式最典型的程序。

2)TIFF 格式

TIFF 是标记图像文件格式,适合用于不同的应用程序及平台间的切换文件,是应用最广泛的位图格式。它在图形媒体之间的交换效率很高,并且与硬件无关,为 PC 和 Macintosh 两大系列的计算机所支持,是位图模式存储的最佳选择之一。

3)JPEG 格式

JPEG 格式(简称 JPG)是一种流行的图像文件压缩格式,通常,JPEG 可将图像文件的长度缩短成原来的 50% 到 2% 不等。在保证图像质量的前提下,获得较高的压缩比。摄影图像通常采用 JPEG 格式存储和显示,大多数数字相机拍摄的图像都经过了 JPEG 压缩处理。JPEG 格式的主要缺点是压缩和还原的速度较慢,其标准仍在发展演化,而且由于其中包含可选项,存在着多个变种,可能会存在不兼容的问题。

4) GIF 格式

GIF(graphics interchange format)是作为一个跨平台图形标准而开发的,与硬件无关的 8 位彩色图形格式,也是在因特网上使用最早、应用最广泛的图像格式。

GIF 格式还支持透明图像和动画。GIF 动画格式可以同时存储若干幅静止图像并指定每幅图像轮流播放时间,从而形成连续的动画效果,目前因特网上大量采用的彩色动画文件多为这种格式的 GIF 文件。很多图像浏览器都可以直接观看此类动画文件。

2. 矢量图形文件

1) EPS 格式

EPS 全称为 encapsulated postscript,它是一种与分辨率无关的 PostScript 文件,因此可以用任何 PostScript 打印机的最大分辨率进行输出。

EPS 格式文件可以包含矢量和位图图形,常用在应用程序间传输 PostScript 语言编写的图稿,但在最后完成的多媒体作品中很少使用这种格式。

2) WMF 格式

WMF(Windows Metafile)格式是微软公司的一种矢量图形文件格式,广泛应用于 Windows 平台。几乎每个 Windows 下的应用软件都支持这种格式,是 Windows 下与设备无关的最好格式之一。在 Office 应用程序中,用户通过"插入"选项卡下的"剪贴画"命令获得的插图就是 WMF 格式的图形。

3) SVG 格式

SVG(scalable vector graphics)是一种开放标准的矢量图形语言,开发的目的是为 Web 提供非光栅的图像标准,以便设计出效果更精彩且分辨率较高的 Web 图形页面。

3. 动态图像文件

视频文件可以分成两大类:一类是影像文件,如常见的 VCD;另一类是流式视频文件,这是随着 Internet 的发展而诞生的后起之秀,如在线实况转播,就是构架在流式视频技术之上的。

1) AVI 格式

AVI(audio-video interleaved,音频-视频交错)文件格式对视频、音频文件采用了一种有损压缩方式,该方式的压缩率较高并可将音频和视频混合到一起。

尽管用该格式保存的画面质量不是太好,但仍是目前较为流行的视频文件格式。AVI 文件目前主要应用在多媒体光盘上,用来保存电影、电视等各种影像信息,有时也出现在 Internet 上,供用户下载、欣赏新影片的精彩片段。

2) MOV 格式

MOV 文件格式是 QuickTime 的文件格式。QuickTime 是 Apple 公司用于 Mac 计算机上的一种图像视频处理软件。其图像画面的质量要比 AVI 文件格式好。

MOV 格式支持 256 位色彩,支持 RLE、JPEG 等领先的集成压缩技术,提供了 150 多种视频效果和 200 多种 MIDI 兼容音响和设备的声音效果,能够通过因特网提供实时的数字化信息流、工作流与文件回放。国际标准化组织(ISO)最近选择 QuickTime 文件格式作为开发 MPEG4 规范的统一数字媒体存储格式。

3) MPG 格式

MPG 是一种应用在计算机上的全屏幕运动视频标准文件格式。MPG 文件以 MPEG 压缩和解压缩技术为基础对全运动视频图像进行压缩,并配以 CD 音质的伴音信息。目前许多视频处理软件都能支持这种格式的视频文件。这类格式包括了 MPEG-1、MPEG-2 和 MPEG-4 在内的多种视频格式。MPEG-1 被广泛地应用在 VCD 的制作和一些视频片段下载的网络应用上面。MPEG-2 则应用在 DVD 的制作上,同时在一些 HDTV(高清晰电视广播)和一些高要求视频编辑、处理上面也有相当多的应用。

4) DAT 文件

DAT 文件是 VCD 专用的视频文件格式,是一种基于 MPEG 压缩、解压缩技术的视频文件格式。如果计算机配备视霸卡或解压缩程序,即可播放该格式的文件。

5) SWF 格式

SWF 是 Micromedia 公司的 Flash 软件支持的矢量动画格式,它采用曲线方程描述其内容,不是由点阵组成内容,因此这种格式的动画在缩放时不会失真,非常适合描述由几何图形组成的动画,如教学演示等。由于这种格式的动画可以与 HTML 文件充分结合,并能添加 MP3 音乐,因此被广泛地应用于网页上,成为一种"准"流式媒体文件。

4. 音频文件

1) WAV 格式

WAV 文件也称波形文件,它是 Microsoft 公司与 IBM 公司联合开发的音频文件格式,它来源于对声音模拟波形的采样。用不同的采样频率对声音的模拟波形进行采样,可以得到一系列离散的采样点,以不同的量化位数把这些采样点的值转换为二进制数,然后存入磁盘,这就产生了声音的 WAV 文件。

2) MP3 格式

MP3 格式是利用 MPEG 压缩的音频数据文件格式,它只包含 MPEG-1 第 3 层编码的声音数。由于存在着数据压缩,其音质要稍差于 WAV 格式,但是,MP3 格式仍是目前因特网上压缩效果好、文件小、质量高的音频文件格式。

3) VOC 格式

VOC 格式是 Creative 公司波形音频文件格式,也是声霸卡(SoundBlaster)使用的音频文件格式。

4) MID 格式

保存 MIDI 信息的文件格式有很多种,绝大多数的 MIDI 文件的后缀名为 .mid,这是最常用的 MIDI 文件格式之一。

5) RMI 格式

RMI 格式是 Microsoft 公司的 MIDI 文件格式。

6) MOD 格式

MOD 文件格式也是一种 MIDI 文件格式,为确保所记录的 MIDI 序列在所有设备上的播放效果一致,该文件在其内部自带了一个波形表,因此,MOD 文件通常比 MID 文件大了许多。

7.3 Photoshop CS4

7.3.1 概述

Photoshop CS4 是 Adobe 公司推出的功能强大的图像编辑软件,是目前世界上专业平面设计人员使用最为广泛的工具。Photoshop CS4 通过更直观的用户体验、更大的编辑自由度来大幅度提高工作效率;使用顺畅的缩放和遥摄可以定位到图像的任何区域;借助全新的像素网格保持实现缩放到个别像素时的清晰度并以最高的放大率实现轻松编辑;通过创新的旋转视图工具随意转动画布,按任意角度实现无扭曲查看。

7.3.2 Photoshop 运行环境

1. Photoshop CS4 的桌面环境

如果计算机正常安装了 Photoshop CS4,执行"开始"→"所有程序"→"Adobe"→Photoshop CS4 命令,即可启动 Photoshop CS4,打开后的 Photoshop CS4 的工作界面如图 7-4 所示。

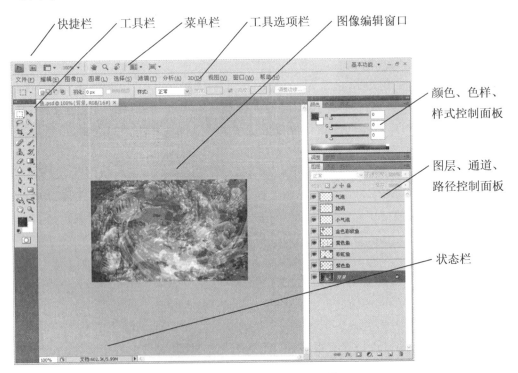

图 7-4 Photoshop CS4 的工作界面

(1)快捷栏包括控制图标、启动 Bridge、查看额外内容、缩放级别、抓手工具、缩放工具、旋转视图工具、排列文档、屏幕模式、工作区设置等。

(2)菜单栏包括文件、编辑、图像、图层、选择、滤镜、分析、3D、视图、窗口、帮助等。

(3)工具栏的工具包括选择范围、移动、喷枪、画笔、铅笔、直线、文本、图章、橡皮擦、渐变、油漆桶、模糊、锐化、涂抹、加深、减淡、海绵、3D工具、路径工具、创作辅助工具等。

一些工具按钮的右下角有个小的黑三角,它表示该工具按钮中有一个系列的工具组,按下该工具按钮,就会显示出该工具组内的其他工具按钮。

(4)状态栏的内容包括文档大小、图像虚拟内存大小、效率、时间、当前使用工具等。

(5)控制面板的类型有颜色、样式、图层、画笔、动画、3D、通道、历史记录、动作等20多个面板。

2.文件的建立和存取

1)新建图像文件

(1)单击菜单栏中的"文件"→"新建"命令,弹出如图 7-5 所示对话框。

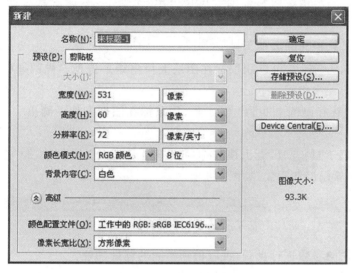

图 7-5 "新建"对话框

(2)输入文件名。Photoshop 的缺省文件名是"未标题-1",也可以在保存文件时再键入文件名。设置文件的宽度、高度,单位可以为像素、厘米、英寸、点、派卡等。图像如应用在多媒体系统中,一般选择像素为单位。

(3)设置文件的分辨率。分辨率越高,图像越精细,同时文件也越大。一般来说,图片应用在网页或多媒体中时,分辨率设为 72 像素/英寸。

(4)设置颜色模式。单击右侧的下拉按钮,出现 RGB、CMYK、Lab、灰度、位图模式可供选择。如果图片应用在网页或多媒体中,颜色模式设为 RGB 颜色。

(5)背景内容有三个选项,可以选择白色、背景色(背景色为 Photoshop 调色板中设定的背景色)、透明色(没有颜色)。

(6)单击"确定"按钮,完成新文件的创建。

2)打开图像文件

(1)单击菜单栏"文件"→"打开"命令。

(2)单击搜索列表,找到文件所在磁盘和文件目录。

(3)单击要打开的文件名,或者直接输入文件名。

(4)单击"打开"按钮,即可打开所需的文件,在第(3)步直接双击也能打开文件。

3)图像的保存

(1)单击菜单栏"文件"→"保存"命令,如果文件已经命名或是编辑原有的文件,则系统直接保存。否则,弹出提示保存的对话框。

(2)在"保存在"下拉列表中找到对应的文件夹,在"文件名"处输入文件名。

(3)在"格式"下拉列表中找到相应的图像格式,常用文件格式有 PSD(Photoshop 的格式,可以保存文件中的图层、通道、路径等)、JPG(常用于网页或多媒体的压缩格式,可以设定压缩率)、PNG(全彩色的无损压缩格式,支持半透明效果,不适合用在网页上)、GIF(256色 2∶1 压缩,支持透明效果和动画,适合用在网页上)等。

(4)单击"保存"按钮,图像即被保存在相应的目录下。

7.3.3 图像的区域选择

选取区域就是用来指定编辑范围,Photoshop 中绝大多数命令只对选取区域中的内容有效,对选区外的内容编辑无效。

1. 矩形选框工具和椭圆选框工具

矩形选框按钮为 ,它可以用鼠标在图层上拉出矩形选框。椭圆选框按钮为 ,其选项栏与矩形选框的大致相同。

先单击 ,鼠标在画面上变为"＋"字形,用鼠标在图像上拖动画出一个矩形,即为选中的区域。

单击矩形选框工具 时,会出现其选项栏。矩形选框工具的选项栏分为三部分,即修改方式、羽化与消除锯齿和样式,如图 7-6 所示。

图 7-6 矩形选框工具的选项栏

通过对选项栏的参数进行设置,可以得到不同的辅助功能。

1)四种选区修改方式

(1)正常的选择 :去掉旧的区域,重新选择新的区域,这是缺省方式。

(2)合并选择 :在旧的选择区域的基础上,增加新的选择区域,形成最终的选择区域。也可以按 Shift 键后,再用鼠标框出需要加入的区域。

(3)减去选择 :在旧的选择区域中,减去新的选择区域与旧的选择区域相交的部分,形成最终的选择区域。也可以按 Alt 键后,再用鼠标框出需要减去的区域。

(4)相交选择 :新的选择区域与旧的选择区域共同的部分为最终的选择区域。

2)羽化选择区域

羽化可以消除选择区域的正常清晰边界对其柔化,也就是使边界产生一个过渡段,其取值在 1~250 个像素之间。羽化的设置对后面的套索、多边形套索或磁性套索工具都适用。

如果需要选择羽化的区域,需先设定羽化的数值,再选择区域。

3)选框样式

选框样式用来规定拉出的矩形选框的形状,包括正常、约束长宽比和固定大小三种样式。

4)调整边缘

可以对画布中的选择区域的大小、光滑度等进一步调整。

2. 套索工具

1)套索工具

如果所要选取的图形区域不规则,这就不是矩形选框和椭圆选框所能做到的,这时就可利用套索工具。套索工具以徒手画的方式描绘出不规则形状的选取区域。

2)多边形套索工具

多边形套索工具可以在图像中选取不规则的多边图形。将鼠标移到图像某点处单击，然后再单击每一转折点，来确定每一条直线。当回到起点时，光标下就会出现一个小圆圈，表示选择区域已封闭，再单击鼠标即完成此操作。

3)磁性套索

单击磁性套索按钮，工具选项栏如图7-7所示。鼠标移到图像上单击选取起点，然后沿图形边缘移动鼠标，无须按住鼠标，回到起点时会在鼠标的右下角出现一个小圆圈，表示区域已封闭，此时单击鼠标即可完成此操作。

图 7-7　磁性套索工具的选项栏

3. 快速选择工具

快速选择工具利用可调整的圆形画笔笔尖快速"绘制"选区。拖动时，选区会向外扩展并自动查找和跟随图像中定义的边缘。

快速选择工具组下的魔棒选择工具可以用来选取图像中颜色相似的区域，当用魔棒单击某个点时，与该点颜色相似和相近的区域将被选中，可以在一些情况下省大量的精力来达到意想不到的效果。通过设定魔棒的选项栏，可以控制其选择颜色的相似程度。魔棒的工具选项栏中的"容差"是用来控制颜色的误差范围的，值越大，被选择颜色的差别就越大，区域越广。容差数值范围在0～255之间，系统默认为32。

4. 取消选择区域

如果要编辑选择区域外的内容，必须先取消该区域的选取状态。取消选取区域只需要用任何一种选框工具单击选取区域以外的任何地方，或者单击右键，在弹出的菜单中选择"取消选择"命令即可。

7.3.4　图像的绘制

1. 绘图工具组

在绘图工具组中，包含画笔、铅笔、橡皮擦等工具。在Photoshop里，可以在工具的选项面板中设置它们的属性和效果，以达到对图像的有效、完美的处理。

1)画笔工具

使用画笔工具可以绘出柔和的彩色线条，是毛笔的绘画方式。可以在该工具的选项控制面板上和画笔调板中设置笔触、色彩混合模式、透明度和湿边等绘图效果。

2)仿制图章工具

仿制图章工具能以选定点为基准点，把基准点周围的图像复制到同一幅图像的其他位置或另一幅图像中。

使用方法是：选择该工具，按Alt键的同时，在画面上单击鼠标左键，从该点开始取样，然后就可在该画面或其他画面上进行绘制，绘制的内容来自取样的图像。

3)修复画笔工具

修复画笔工具可使图像的一部分复制到另一部分，并且与背景自然融合。按Alt键的同时单击需复制的区域，然后拖动，就可将该部分复制到图像的另一部分。

4）补丁工具

补丁工具可以更精确地修正图像。先在图像中选择需要修补的区域，再将鼠标放置于选区内拖动到理想的复制区，原来选择的图像将被复制区替代，并与背景融为一体。

5）橡皮擦工具

橡皮擦工具可以用背景色或透明区域替换图像中的颜色。橡皮擦工具的选项控制面板中"模式"选项可以设置橡皮擦的笔触方式。

6）渐变工具

渐变工具可以创建多种颜色间的逐渐混合。在图像中从起点（按下鼠标处）拖到终点（释放鼠标处）就可以绘制一个渐变，也可以在选定的区域内绘制渐变色彩。

渐变方式包括线性渐变、径向渐变、角度渐变、对称渐变、菱形渐变。

修改或自定义渐变效果可单击渐变选项面板中的渐变样式 ，在弹出的"渐变编辑器"对话框中进行调整设定，如图7-8所示。

7）油漆桶工具

油漆桶工具和渐变工具同属于一个工具组。油漆桶工具对与鼠标单击处的像素颜色值相同的邻近像素进行填充。若在图层面板中选择了"锁定透明区域"，则不填充透明区域。

2. 修饰工具组

修饰工具主要是对图像的局部用鼠标工具进行模糊化、清晰化、涂抹混合、淡化、加深和灰度化。

1）模糊工具、锐化工具和涂抹工具

模糊工具可以软化图像中硬的边缘或区域，产生模糊或聚焦不准的感觉。而锐化工具相反，它通过增强图像像素间的对比，锐化软边缘来增加清晰度。涂抹工具用来模拟在未干的绘画上用手指涂抹的效果。

2）减淡工具、加深工具和海绵工具

减淡工具使图像内的区域变亮；加深工具用来加深图像像素色彩使之变暗；海绵工具用于改变图像的色彩饱和度。

7.3.5 图层的运用

1. 图层功能介绍

图层在图像处理中占有重要的位置。Photoshop可以将整幅图的每一个部分置于不同的图层中，这些图层叠放在一起形成完整的图像，可以独立地对每一图层或某些图层中的图像内容进行画图、编辑、特效处理等各种操作，而对其他图层没有影响。

图层面板如图7-9所示。

2. 图层的基本操作

1）新建图层

图层的新建有多种方法，在执行某些操作时会自动创建图层。例如，当进行图像粘贴或者创建文字时，系统会自动为粘贴的图像或文字创建新图层。当然，也可手动创建新图层。

（1）新建空白图层。

执行菜单栏中的"文件"→"打开"命令，打开 C:\Program Files\Adobe\PhotoshopCS4\示例\图层复合.psd。

在图层面板上，选择的图层作为当前层，新创建的图层将位于该图层的上面。

第7章 多媒体技术基础

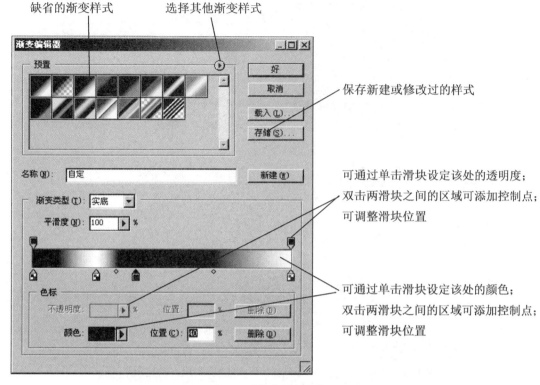

图 7-8 "渐变编辑器"对话框

①执行菜单栏中的"图层"→"新建"→"图层"命令,弹出新建图层对话框。

②根据需要设置各个参数后,单击"确定"按钮,这时就创建了一个新的空图层。

新建的图层自动被设置为当前图层,但它是一个完全空白(透明)的图层,可以在上面增加新的图像及进行编辑。

单击图层面板下方的 ![] 按钮,可在当前层的上面快捷地新建一个图层。

(2) 粘贴新图像成为新图层

①执行菜单栏中的"文件"→"打开"命令,打开 C:\Program Files\Adobe\PhotoshopCS4\示例\鱼.psd。

②在图层面板,选择"气泡"图层。执行菜单栏中的"编辑"→"全选"命令,再执行菜单栏中的"编辑"→"拷贝"命令。

③鼠标单击"图层复合.psd"的窗口以激活该窗口。

④执行菜单栏中的"编辑"→"粘贴"命令。

结果是,图层复合.psd 的图层面板中就会出现新的图层"图层 1",图层的内容是"气泡"的图像。

最后,执行菜单栏"文件"→"另存为"命令,选择保存位置及输入新的文件名,如 mypict,文件的格式为.psd。

2) 复制和删除图层

在图层面板上用鼠标按下某个要复制的图层不放,然后拖动鼠标到面板下方的 ![] 按钮上,快捷地在当前层上面复制一个图层。

在图层面板上选择要删除的图层作为当前层,单击菜单栏中的"图层"→"删除图层"命令,或者单击图层面板下方的 ![] 按钮,当前层就被删除。

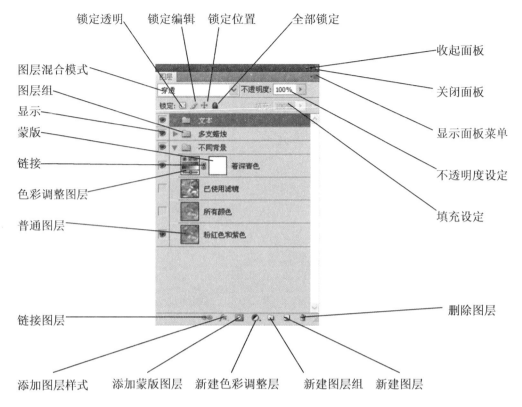

图 7-9 图层面板

3)链接图层

如果让几个图层的内容使用移动工具一起移动,那么可在图层面板上按 Ctrl 键的同时单击需要一起操作的图层,然后单击图层面板下方的 ,这时被链接的图层右侧将出现链接标志。

如果将图层从一个图像窗口移到另一个图像窗口,使用移动工具直接拖动图层到另一个图像窗口就可以了;如果链接有多个图层,那么链接的图层也同时被移过去。

4)调整图层顺序

修改图层排列顺序的方法如下:

(1)在图层面板上选择要改变排列顺序的图层作为当前层。

(2)按住该图层不放,拖动其他图层进行移动即可。也可以使用菜单栏中的"图层"→"排列"命令来进行操作。

5)设置不透明度

操作如下:单击图层面板右上角 ,用鼠标拖动滑块,选择合适的不透明度,或者直接输入数字,范围从 0%～100%。不透明度的数值越小,图像越透明,下面的图层越清楚。该选项对背景图层无效。

6)显示或隐藏图层

图层面板中的 标记表示可见层,否则为不可见层。该选项对背景图层无效。

7)锁定图层

用来锁定当前正在编辑的图层和图像的透明区域,锁定的作用是使该图层处于无法编辑的状态。

该选项对背景图层无效。当刚打开一幅图时，这里的命令是不可用的，这时双击该图层在图层面板上的缩览图，将背景图层转化为一个普通图层后才可以使用。

8）图层样式

图层面板中的样式 *fx.*，如图 7-10 所示，包含了许多特殊效果，可以自动应用到图层中，例如投影、发光、斜面和浮雕、描边、叠加等效果。

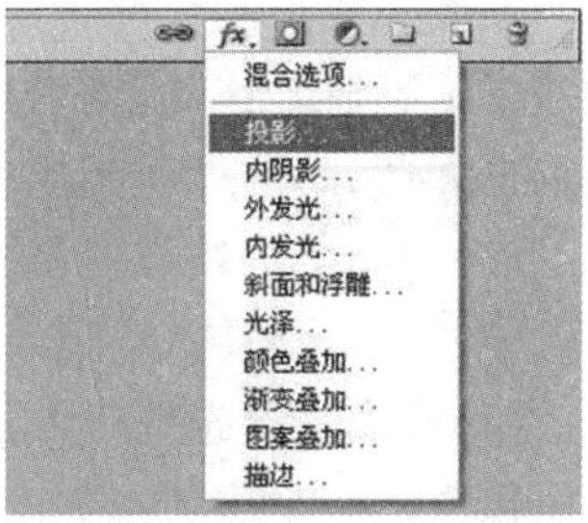

图 7-10 图层样式的种类

7.3.6 路径的应用

1. 路径面板

执行菜单栏中的"窗口"→"路径"命令，可调出路径面板，如图 7-11 所示。

常用的路径生成方法有如下几种。

（1）使用钢笔工具，进行绘制。

（2）使用其他选择工具，诸如魔棒，选择区域，再进入路径面板，在其面板菜单中选择"建立工作路径"即可。

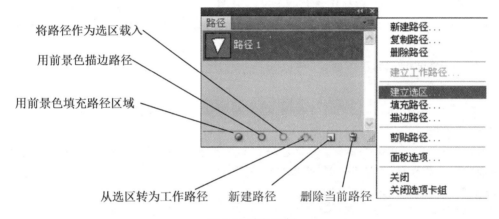

图 7-11 路径面板

2. 制作实例

下面制作一个心形，用人物或风景图片填充，将用到路径制作的大部分工具。具体操作步骤如下。

（1）执行菜单栏中的"文件"→"新建"命令新建图像，输入图像名称，设置宽度、高度均为 400 像素，背景内容为"白色"，如图 7-12 所示，然后单击"确定"按钮。

（2）选择工具栏中的钢笔工具，在工具选项栏中选择"路径"模式。依次在画布上选三个结点，最后一点和起始点重合，使其成为一个倒三角形。选择工具栏中的直接选取工具，通过移动结点将三角形调节至合适的形状和位置，如图 7-13 所示。

图 7-12 文件"新建"对话框

在操作熟练的情况下，可以直接在窗口中用 单击画布，按住鼠标不放并拖动，则可以拖出两条引线和控制句柄，下一个点也如此，这样就可画出任意曲线。

(3) 利用增加结点工具 ，在三角形的上边中间增加一个结点。

(4) 选择直接选取工具 ，向下移动最上端的新增结点，将图像变成一个多边形。

(5) 选择转换点工具 ，将光标位置放到移动后的编辑点上，单击左键使之成为角点。

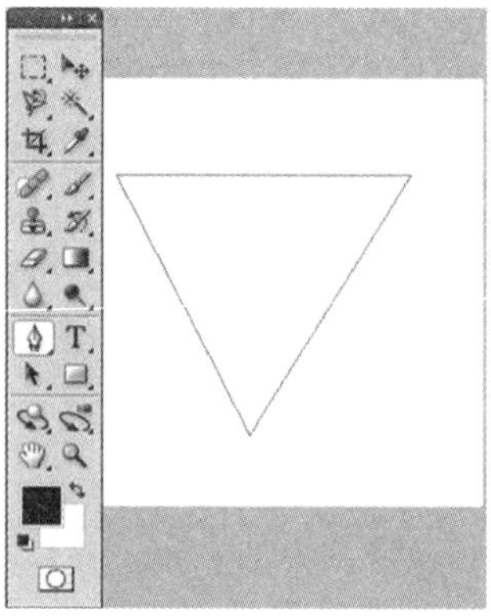

(6) 选择转换点工具 ，将光标位置放到左上方的编辑点上，单击后按住左键并移动。直到图形为适合的心形线，松开鼠标左键，同样在右上取另外一个结点进行编辑，使图形成为心形。此时心形路径完成，如图 7-14 所示。

图 7-13　创建一个三角形路径

(7) 在路径面板中，双击工作路径，命名为 HEART。

(8) 选择"文件"→"打开"命令，打开一张准备好的图片。

(9) 选择移动工具 ，按住图案拖动到"心形图"窗口。也可用选择菜单栏中的"选择"→"全选"命令，然后执行"编辑"→"拷贝"命令，在"心形图"窗口中执行"编辑"→"粘贴"命令等完成操作。

两个图片尺寸大小如果不匹配，可以执行菜单栏中的"编辑"→"自由变换"命令来调整图案的大小。

(10) 在"心形图"窗口，打开路径面板，单击路径面板中的菜单 ，选择"建立选区"，在选区对话框中设置羽化半径为 10 像素。

(11) 选择菜单栏中的"选择"→"反选"命令，将选择区域翻转。选择菜单栏中的"编辑"→"剪切"命令，将图像选定部分剪切（也可以直接按 Delete 键完成删除操作），此时用图案填充的心形图就出现了，如图 7-15 所示。

(12) 保存文件。

图 7-14　完成的心形路径

图 7-15　心形的图像

7.3.7　滤镜简介

Photoshop 的滤镜功能非常强大，可以使图像清晰化、柔化、扭曲、肌理化或者完全转变图像来创作或模拟各种特殊效果。

如果在一个图层上工作,滤镜只能应用于有色区域而不能应用于透明区域,并且每一次滤镜不能同时应用于多个图层。

应用滤镜的基本方法是:选择图层或图层中的某区域,选择相应滤镜,设置参数并可以预览滤镜结果,如果效果合适,确定即可。可以将图层转换为智能对象,这样就可以动态地为图层添加各种滤镜,可以随意取消滤镜效果或施加新滤镜于图层上,也可以方便地调整滤镜的顺序。

7.3.8 制作实例

1. 蓝天草地

蓝天效果使用图案填充方式和"色相/饱和度"色彩调整模式实现,绿草地则运用画笔工具完成。

(1)执行菜单栏中的"文件"→"新建"命令,在弹出的对话框中设置宽度为640像素,高度为480像素,分辨率为72像素/英寸,背景内容为白色。

(2)打开图层面板,单击图层面板下方的创建新的填充或调整图层按钮,在弹出的菜单中选择"图案"选项。

(3)弹出"图案填充"对话框,在该对话框中选择云彩图案,缩放大小设为400%,设置内容如图7-16所示,单击"确定"按钮结束设置。

此时图层面板上增加了一个填充图层。

(4)再次单击图层面板下方的创建新的填充或调整图层按钮,在弹出的菜单中选择"色相/饱和度"选项。

在色相/饱和度面板中勾选其中的"着色"选项,另外,分别将色相、饱和度和明度设置为207、62和52。设置内容如图7-17所示。

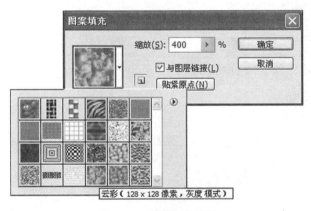

图 7-16　图案填充设置　　　　图 7-17　色相/饱和度设置

(5)单击图层面板上的新建图层按钮,此时图层面板上增加了一个命名为"图层1"的空图层。

(6)在工具栏中选择画笔工具,在画笔工具选项栏中单击"画笔预设"选项,选择其中的"草"画笔,如图7-18所示。

(7)确认"图层1"处于选择状态,单击工具栏中的前景色按钮,在弹出的"拾色器"对话框中选择绿色,接着在画布上绘制就可以了。最终效果如图7-19所示。

(8)执行菜单栏中的"文件"→"存储"命令,将文件保存到存储设备,文件格式为

Photoshop 专用的.psd 格式,只能由 Photoshop 打开。可以执行菜单栏中的"文件"→"存储为"命令,将文件保存为其他通用格式,如.jpg、.bmp 等格式。

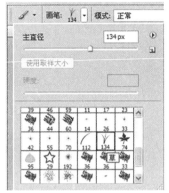

图 7-18　选择"草"画笔　　　　　　图 7-19　蓝天草地

2. 金属字

这里的金属字主要运用了文字工具和图层面板中的图层样式工具。

(1)执行菜单栏中的"文件"→"新建"命令,在弹出的对话框中设置宽度为 640 像素,高度为 480 像素,分辨率为 72 像素/英寸,背景内容为白色。

(2)在工具栏中选择文字工具 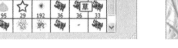,在文字工具选项栏中输入字号值为 150 点,字形选择黑体,然后在画布中输入"金属字"三个字。在工具栏中选择移动工具 将该文字拖动到画布中间。

(3)单击图层面板上的添加图层样式按钮 ,单击弹出菜单中的"投影"选项,在弹出的"图层样式"对话框中的投影项的参数设置如图 7-20 所示。

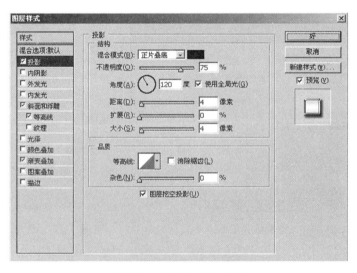

图 7-20　投影的参数设置

(4)单击"图层样式"对话框中的"斜面和浮雕"项,其参数设置如图 7-21 所示。单击"斜面和浮雕"项下的"等高线"项,其设置如图 7-22 所示。

(5)单击"图层样式"对话框中的"渐变叠加"项,其参数设置如图 7-23 所示,其中"渐变"类型选择"橙-黄-橙"渐变。

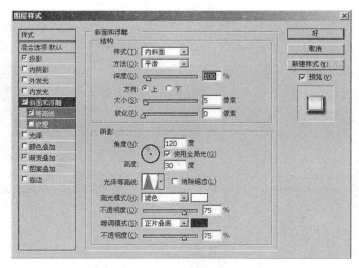

图 7-21　斜面和浮雕的参数设置

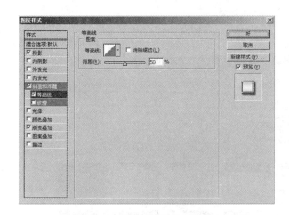

图 7-22　等高线的参数设置

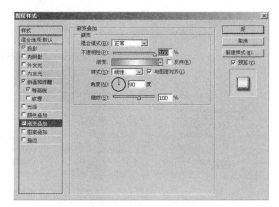

图 7-23　渐变叠加的参数设置

7.4　会声会影 X3

会声会影 X3(Corel VideoStudio Pro X3)是一款视频处理软件,有两种编辑模式。

(1)简易编辑模式,只要三个步骤就可快速做出 DV 影片。

(2)高级编辑模式,操作简单,功能强大,初学者也可以快速从视频捕获、剪接、转场、特效、覆叠、字幕、配乐到刻录完成撼动人心的 HD 高画质的家庭电影。

作为视频编辑的初学者,会声会影的简易编辑模式是最佳的选择,本文只介绍简易编辑模式的操作方法。

7.4.1　启动会声会影 X3

正常安装、运行会声会影 X3 之后,显示的启动画面如图 7-24 所示。

单击"简易编辑"进入影片简易编辑模式——媒体整理窗口,如图 7-25 所示。

媒体整理窗口是会声会影的媒体中心。在媒体整理器中,可以导入、查看和整理媒体文件,例如照片、视频和音乐。媒体整理器还具有编辑、创建、打印等功能,并可随时共享媒体文件。

图 7-24 会声会影 X3 启动画面

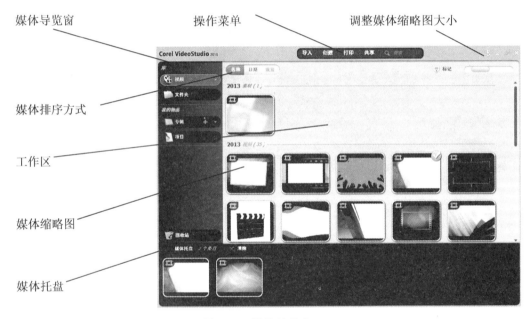

图 7-25 媒体整理窗口

(1)媒体导览窗:查看和组织媒体素材。

媒体滤镜:包括所有媒体、照片、视频或音乐。通过媒体滤镜可以选择在工作区中显示媒体的类型。它还可以显示文件夹的平面视图,以查看每个文件的缩略图。

文件夹按钮:查看、分组导入的媒体文件夹。

专辑按钮:显示用户设定的媒体素材专辑;选择和显示专辑内容及添加新专辑。

项目按钮:访问用户保存的项目文件。

(2)工作区:查看媒体文件的缩略图。

(3)媒体缩略图:以缩略图图像的形式查看照片、视频和音乐文件。

(4)媒体托盘:将媒体素材文件拖到媒体托盘中来添加影片内容,媒体托盘中素材的顺序就是影片播放的顺序。

(5)媒体排序方式:根据文件夹的名称、日期或级别对文件进行排序或分组。
(6)操作菜单:创建并输出影片的操作。

导入:可以将照片、视频和音乐等媒体文件从多种来源(计算机硬盘、数码相机、摄像机、DVD、移动电话、网络摄像机、视频捕获卡等)导入到媒体库。

创建:可选择影片模板创建影片,并可进一步调整影片。

打印:无须打开其他应用程序就能打印照片和光盘卷标。

共享:可以随时共享媒体整理窗口中的照片和视频。

(7)调整媒体缩略图大小:调整工作区中媒体缩略图的大小。

7.4.2 导入媒体素材

使用简易编辑模式的第1步:

(1)单击图7-25所示的操作菜单中的"导入"按钮,从设备列表中选择"我的电脑",如图7-26所示。

(2)在弹出的媒体导入窗口中找到媒体素材所在的盘符和文件夹,在需要导入的文件夹前的□标记上单击鼠标,使标记处于☑选中状态,此时,该文件夹中的所有文件夹和文件都被选择,会声会影将自动从文件夹中选择、分类媒体素材文件,如图7-27所示。

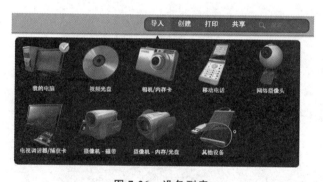

图7-26 设备列表

图7-27 媒体素材的导入窗口

(3)单击窗口右下角的"开始"按钮,完成素材导入。导入窗口自动切换到媒体整理窗口。

7.4.3 删除媒体素材文件夹或文件

鼠标右键单击该素材文件夹或素材文件,在弹出的菜单中选择"删除"命令,也可以按键盘上的Delete键完成删除操作。

7.4.4 创建影片

(1)单击图7-25中操作菜单中的"创建"按钮,从弹出的菜单中选择"电影",开始制作影片。

(2)选择影片模板。影片预设模板有"趣味"和"简单"两种类型,单击鼠标即可选择需要的模板,如图 7-28 所示。

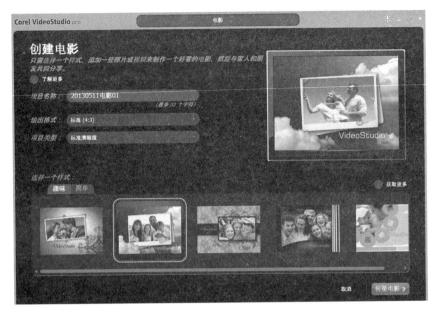

图 7-28　创建影片窗口

根据影片需要,可在创建影片窗口输入项目名称,指定输出格式和项目类型,如图 7-28 所示。然后单击窗口下方的"转至电影"按钮进入影片编辑窗口,如图 7-29 所示,进一步进行编辑。

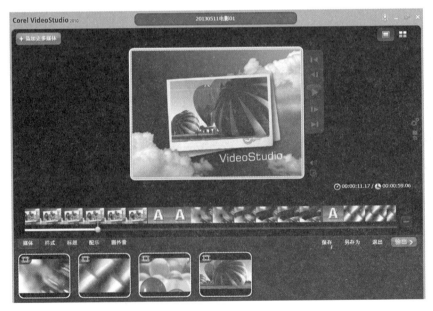

图 7-29　影片编辑窗口

(3) 添加新素材。单击影片编辑窗口中的"添加更多媒体"按钮,进入素材文件窗口,如图 7-25 所示,加入所需的素材,然后单击"转至电影"按钮,返回影片编辑窗口。

(4) 调整素材顺序。媒体托盘中从左到右的素材顺序就是在影片中播放的顺序,用户可以通过简单的拖放方式调整素材顺序。

(5) 更改影片模板。用户可以单击媒体托盘上方的"样式"按钮选择另一种模板。

(6)编辑影片标题。拖动媒体轨下方的滑块,找到标题栏所在的位置,双击标题栏,影片预览图将出现标题文字框,双击标题文字框,标题文字框上方会出现文字属性对话框,如图7-30所示。在此可以更改标题文字及文字属性(字体、字号、颜色、对齐方式等)。

图 7-30 标题文字属性对话框

(7)添加新标题。单击媒体托盘上方的"标题"按钮,媒体托盘将显示可供选择的标题样式,根据标题缩略图,鼠标光标移到所需要的标题缩略图之上,单击该标题缩略图左下方出现的"+"标记,该标题样式就被添加到了影片中,并在预览窗口显示。标题文字属性可按步骤(6)的方法进行更改。

(8)更改背景音乐。单击媒体托盘上方的"配乐"按钮,进入背景音乐编辑窗口。单击"浏览我的音乐"按钮,在素材文件窗口中选择所需的音乐,单击"添加"按钮,该音乐即添加到影片中。需要注意的是,音乐的时长不要超过影片时长。

用户还可以在本窗口利用麦克风录音,为影片添加配音,如图7-31所示。

图 7-31 画外音录制

7.4.5 影片输出

(1)单击"输出"按钮,进入影片输出窗口,如图7-32所示。

(2)输出视频文件。单击"文件"按钮,在"文件名"中输入要保存的视频文件的名称,单击"保存到"右侧的 按钮,在下拉列表中指定视频文件保存的位置,然后指定视频格式和质量,单击"保存"按钮即可。

如果需要刻录视频光盘,则将空白光盘放入刻录机中,在影片输出窗口中单击"光盘"按钮,弹出光盘刻录窗口,在"标题"中输入光盘卷标。将鼠标光标移到窗口右侧的"设置"按钮,可在弹出的参数对话框中设置各项参数。

如果需要对影片进行进一步的编辑,在影片输出窗口,如图7-32所示,单击窗口右下角

图 7-32 影片输出窗口

的"高级编辑"按钮,将启动高级编辑模式,可在此对影片内容做更精细、更专业的调整。

习题 7

1. 名词解释

(1) 媒体。

(2) 多媒体。

(3) 多媒体技术。

(4) 数字化。

(5) 集成性。

(6) 多样性。

(7) 交互性。

(8) 文本。

(9) 图形。

(10) 图像。

2. 填空题

(1) 多媒体技术的关键特性是_____。

(2) 集成性主要是指将媒体信息以及_____集成在同一个系统中。

(3) 多媒体实际上常被看作_____的同义词。

(4) 为了提高计算机处理多媒体信息的能力,应该尽可能地采取_____。

(5) 加速显示卡(accelerated graphics port,AGP)主要完成_____的流畅输出。

(6) 一幅 640×480 分辨率的 24 位真彩色图像的数据量约为_____。

(7) 静态图像是计算机多媒体创作中的基本视觉元素之一,根据它在计算机中生成的原理不同,可以将其分为_____和矢量图形两大类。

(8) 视频文件可以分为两大类:一类是影像文件,另一类是_____。

(9) RealMedia 包括 RA(RealAudio)、_____ 和 RF(RealFlash)三类文件格式。

3. 简答题

(1) 数字化给多媒体带来什么好处?

(2) 多媒体技术包括哪些内容?

(3) 图形和图像有什么区别?

(4) 计算机中的音频处理技术主要包括哪些?

(5) 视频的处理技术包括哪些内容?

(6) 视频卡的主要功能是什么? 其信号源有哪些?

(7) Photoshop CS4 的菜单栏包括哪些内容?

(8) 视频处理软件会声会影 X3 的主要功能包括哪些?

(9) 简述多媒体硬件系统的组成。

(10) 多媒体核心软件包括哪些内容?

4. 计算题

要在计算机上连续显示分辨率为 1280×1024 的 24 位真彩色高质量的电视图像,按每秒 30 帧计算,显示 1 分钟,则数据量大约为多少?

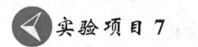

实验 1　Windows 7 Media Player

实验 2　Photoshop 文档的基本操作

实验 3　Photoshop 特效字的制作

实验 4　Photoshop 路径工具与图形绘制

第8章 信息安全

【内容提要】

信息安全包括信息系统安全、计算机安全、计算机系统安全、网络安全等。本章所讲内容的重点有信息系统安全的重要性、信息系统安全所包含的内容和安全意识与法规等。具体内容有计算机犯罪的概念,关于计算机病毒及计算机病毒的特性,计算机病毒的危害与分类,常见杀毒软件的使用,以及正确使用计算机的知识。

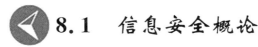

8.1 信息安全概论

8.1.1 信息安全的定义

信息安全(information security)是指信息网络的硬件、软件及其系统中的数据受到保护,不受偶然的或者恶意的原因而遭到破坏、更改、泄露,系统连续、可靠、正常地运行,信息服务不中断。

计算机安全的内容一般包括两个方面:物理安全和逻辑安全。物理安全是指系统设备及相关设施受到物理保护,免于破坏、损失等;逻辑安全包括信息的完整性、保密性和可用性。

物理安全又叫实体安全,是保护计算机设备、设施免遭地震、水灾、火灾、有害气体和其他环境事故(如电磁污染等)破坏的措施和过程。实体安全主要考虑的问题是环境、场地和设备的安全,以及实体访问控制和应急处置计划等。实体安全技术主要是指对计算机系统的环境、场地、设备和人员等采取的安全技术措施。

逻辑安全的核心是软件安全。

软件(software)是包括程序、数据及其相关文档的完整集合。软件的安全就是为计算机软件系统建立和采取的技术和管理的安全保护,保护计算机软件、数据不因偶然或恶意的原因而遭到破坏、更改、泄露、盗版、非法复制,保证软件系统能正常连续地运行。

8.1.2 安全影响

1. 计算机是不安全的

冯·诺依曼结构的"存储程序"体系决定了计算机的本性(这也是计算机系统固有的缺陷和遗憾)。很清楚,一个有指令能编程序的系统,它的指令的某种组合一定能构成对系统作用的程序,即系统具有产生类似病毒的功能;程序是人们编的,如果掌握这门技术的人员没有高尚的道德品质和责任感,当然就有丢失数据、泄露机密、产生错误的可能。计算机系统的信息共享性、传递性、信息解释的通用性和计算机网络,为计算机系统的开发应用带来了巨大的便利,同时也使得计算机信息在处理、存储、传输和使用上非常脆弱,很容易受到干扰、滥用、遗露和丢失,为计算机病毒的广泛传播大开方便之门,为黑客的入侵提供了便利条件,使欺诈、盗窃、泄露、篡改、冒充、诈骗和破坏等犯罪行为都成为可能。

2. 计算机系统面临的威胁

计算机系统所面临的威胁大体可分为两种:一是针对计算机及网络中信息的威胁;二是针对计算机及网络中设备的威胁。如果按威胁的对象、性质,则可以细分为四类:第一类是针对硬件实体设施;第二类是针对软件、数据和文档资料;第三类是针对前两者的攻击破坏;第四类是计算机犯罪。

3. 计算机安全威胁的来源

影响计算机安全的因素很多,归结起来,计算机系统的安全威胁的来源主要有以下三个。

1)天灾

天灾是指不可控制的自然灾害,如地震、雷击。天灾轻则造成业务工作混乱,重则造成系统中断或造成无法估量的损失。如1999年8月吉林省某电信业务部门的通信设备被雷击中,造成惊人的损失。

2)人祸

人祸分为有意的和无意的。有意的指人为的恶意攻击、违纪、违法和犯罪。人为的无意失误有文件的错误删除、输入错误的数据、操作员安全配置不当、用户口令选择不慎等。

3)计算机系统本身的原因

(1)计算机硬件系统的故障。由于生产工艺或制造商的原因,计算机硬件系统本身有故障,如电路短路、断线、接触不良引起的不稳定、电压波动的干扰等。

(2)软件的"后门"。软件的"后门"是软件公司的程序设计人员为了自己方便而在开发时预留设置的,一方面为软件调试、进一步开发或远程维护提供了方便,但同时也为非法入侵提供了通道。这些"后门"一般不为外人所知,但一旦"后门"洞开,其造成的后果将不堪设想。

(3)软件的漏洞。软件漏洞即系统漏洞。什么是系统漏洞?系统漏洞是指应用软件或操作系统软件在逻辑设计上的缺陷或在程序编写时产生的错误,软件不可能是百分之百的无缺陷和无漏洞的,这些缺陷或错误即漏洞可能被不法者或者电脑黑客所利用,成了他们进行攻击的首选目标。这些人通过植入木马、病毒等方式来攻击或控制整个计算机,从而窃取计算机中的重要资料和信息,甚至破坏计算机系统。

8.1.3 信息安全

信息安全是一门涉及计算机科学、网络技术、通信技术、密码技术、信息安全技术、应用数学、数论、信息论等多种学科的综合性学科。

1. 信息安全的重要性

在信息时代,信息安全至关重要,主要表现在以下几个方面。

1)"信息高速公路"带来的问题

"信息高速公路"计划的实施,使信息由封闭式变成社会共享式。它在人们方便地共享资源的同时,也带来了信息安全的隐患。因此,既要在宏观上采取有效的信息管理措施,又要在微观上解决信息安全及保密的技术问题。

2)影响计算机信息安全的主要因素

(1)计算机信息系统安全的三个特性:保密性(防止非授权泄露)、完整性(防止非授权修改)和可用性(防止非授权存取)。

(2)计算机信息系统的脆弱性主要表现在三个方面:硬件、软件、数据。

(3)计算机犯罪已构成对信息安全的直接危害。

计算机犯罪已成为国际化问题,对社会造成严重危害。计算机犯罪的主要表现形式:

①非法入侵信息系统,窃取重要商贸机密;

②蓄意攻击信息系统,如传播病毒或破坏数据等;

③非法复制、出版及传播非法作品;

④非法访问信息系统,占用系统资源或非法修改数据等。

2. 信息安全意识

信息安全意识(information security consciousness)是指人们在信息时代对个人、社会和国家在信息领域的利益进行保护的一种强烈意识形态。比如,人们对自己银行密码信息的隐藏,不告诉他人,或不让其他人偷袭、剽窃等,这种行为则表现了人们在潜意识下,对个人财产的保护。诸如这样的信息安全意识形态还有很多例子,但除了一些日常生活、工作中的信息安全保护行为外,还有很多本应具有的信息安全意识,人们却没有。比如,Word 宏病毒的传播和 E-mail 附件病毒的传播都是个人原因造成的,人们却往往忽视了对自己信息采取有效措施进行保护。还比如,人们在使用 QQ 聊天时,也很少采取安全措施保护自己的密码和聊天记录,以致 QQ 密码被他人盗取,或者聊天记录被他人窃取。

8.1.4 计算机安全

国际标准化委员会对计算机安全下的定义是"为数据处理系统而采取的技术的和管理的安全保护,保护计算机硬件、软件、数据不因偶然的或恶意的原因而遭到破坏、更改、显露"。我国公安部计算机管理监察司的定义是"计算机安全是指计算机资产安全,即计算机信息系统资源和信息资源不受自然和人为有害因素的威胁和危害"。

随着计算机硬件的发展,计算机中存储的程序和数据的量越来越大,如何保障存储在计算机中的数据不被丢失,是任何计算机应用部门要首先考虑的问题,计算机的硬、软件生产厂家也在努力研究和不断解决这个问题。

造成计算机中存储数据丢失的原因主要有病毒侵蚀、人为窃取、计算机电磁辐射、计算机存储器硬件损坏等。

8.1.5 网络安全

网络安全的主题,技术上包括数据加密、数字签名、防火墙、防反黑客和病毒等,另外就是网络管理和提高上网用户的素质和预防意识。

1. 定义

网络安全是指网络系统的硬件、软件及其系统中的数据受到保护,不因偶然的或者恶意的原因而遭受到破坏、更改、泄露,系统连续可靠正常地运行,网络服务不中断。网络安全从其本质上来讲,就是网络上的信息安全。从广义来说,凡是涉及网络上信息的保密性、完整性、可用性、真实性和可控性的相关技术和理论都是网络安全的研究领域。网络安全是一门涉及计算机科学、网络技术、通信技术、密码技术、信息安全技术、应用数学、数论、信息论等多种学科的综合性学科。

2. 影响网络安全的主要因素

网络安全的威胁主要来自黑客、网上计算机病毒、特洛伊木马程序等方面。

1）网络黑客

网络黑客起源于20世纪50年代美国麻省理工学院的实验室,他们精力充沛,热衷于解决难题。20世纪六七十年代,"黑客"用于指代那些独立思考、奉公守法的计算机迷,从事黑客活动意味着对计算机最大潜力的自由探索。到了20世纪八九十年代,计算机越来越重要,大型数据库也越来越多,同时,信息越来越集中在少数人的手里。这样一场新时期的"圈地运动"引起了黑客们的极大反感。黑客们认为,信息应共享而不应被少数人所垄断,于是他们将注意力转移到涉及各种机密的信息数据库上,这时"黑客"就变成了网络犯罪的代名词。

2）网上计算机病毒

计算机病毒的产生是计算机技术和以计算机为核心的社会信息化进程发展到一定阶段的必然产物。其产生的过程可分为：程序设计—传播—潜伏—触发、运行—实行攻击。其中,网络又非常有利于传播和传染。

由于网上计算机病毒广泛的传染性、隐蔽性,以及侵害的主动性和病毒外形的不确定性,对网络信息的安全构成了极大危险,因此对计算机病毒的防治和研究是信息安全学的一个重要课题。

3）特洛伊木马程序

特洛伊木马(Trojan horse)程序实际上是一种病毒程序。

特洛伊木马程序的名称来源于古希腊的历史故事,其寓意为把有预谋的功能藏在公开的功能之中。例如,自己编写了一个程序,起名为"rlogin",其功能是首先将用户输入的口令保存起来,然后删除这个"rlogin"程序,再去调用真正的"rlogin",完成用户要求的功能,这便是一个特洛伊木马程序。用这种方法,当被攻击的用户使用"rlogin"这一命令后,攻击者便会得到这个用户的口令,以这个用户的身份登上另一主机。

 ## 8.2 信息安全技术

8.2.1 重视信息安全

目前信息网络常用的基础性安全技术包括以下几方面的内容。

身份认证技术：用来确定用户或者设备身份的合法性,典型的手段有用户名口令、身份识别、PKI证书和生物认证等。

加解密技术：在传输过程中或在存储过程中进行信息数据的加解密,典型的加密体制可采用对称加密和非对称加密。

边界防护技术：防止外部网络用户以非法手段进入内部网络,访问内部资源,保护内部网络操作环境的特殊网络互联设备,典型的设备有防火墙和入侵检测设备。

访问控制技术：保证网络资源不被非法使用和访问。访问控制是网络安全防范和保护的主要核心策略,规定了主体对客体访问的限制,并在身份识别的基础上,根据身份对提出资源访问的请求加以权限控制。

主机加固技术:操作系统或者数据库的实现会不可避免地出现某些漏洞,从而使信息网络系统遭受严重的威胁。主机加固技术对操作系统、数据库等进行漏洞加固和保护,提高系统的抗攻击能力。

安全审计技术:包含日志审计和行为审计,通过日志审计协助管理员在受到攻击后察看网络日志,从而评估网络配置的合理性、安全策略的有效性,追溯分析安全攻击轨迹,并能为实时防御提供手段。通过对员工或用户的网络行为审计,确认行为的合规性,确保管理的安全。

检测监控技术:对信息网络中的流量或应用内容进行二至七层的检测并适度监管和控制,避免网络流量的滥用、垃圾信息和有害信息的传播。

8.2.2 访问控制技术

按用户身份及其所归属的某预定义组来限制用户对某些信息项的访问,或限制对某些控制功能的使用。访问控制通常用于系统管理员控制用户对服务器、目录、文件等网络资源的访问。

8.2.3 数据加密技术

所谓数据加密(data encryption)技术是指将一个信息(或称明文,plain text)经过加密钥匙(encryption key)及加密函数转换,变成无意义的密文(cipher text),而接收方则将此密文经过解密函数、解密钥匙(decryption key)还原成明文。加密技术是网络安全技术的基石。

具体地说,没有加密的原始数据称为明文,加密以后的数据称为密文。把明文变换成密文的过程叫加密;把密文还原成明文的过程叫解密。加密解密都需要密钥和相应的算法。密钥一般是一串数字,加密解密算法是作者用于明文或密文以及对应密钥的一个数学函数。

8.2.4 数字签名技术

数字签名(digital signature)指对网上传输的电子报文进行签名确认的一种方式。

数字签名技术即进行身份认证的技术。在数字化文档上的数字签名类似于纸张上的手写签名,是不可伪造的。接收者能够验证文档确实来自签名者,并且签名后文档没有被修改过,从而保证信息的真实性和完整性。在指挥自动化系统中,数字签名技术可用于安全地传送作战指挥命令和文件。

签名主要起到认证、核准和生效的作用。在政治、军事、外交等活动中签署文件,商业上签订契约和合同,以及日常生活中从银行取款等事务的签字,传统上都采用手写签名或印鉴。随着信息技术的发展,人们希望通过数字通信网络进行迅速的、远距离的贸易合同的签名,数字或电子签名应运而生。

8.2.5 数字证书技术

数字证书是一种权威性的电子文档,由权威公正的第三方机构,即CA中心签发的证书。

它以数字证书为核心的加密技术可以对网络上传输的信息进行加密和解密、数字签名和签名验证,确保网上传递信息的机密性、完整性。使用了数字证书,即使用户发送的信息在网上被他人截获,甚至用户丢失了个人的账户、密码等信息,仍可以保证用户的账户、资金安全。

基于数字证书的应用角度分类,数字证书可以分为以下几种。

1. 服务器证书

服务器证书被安装于服务器设备上,用来证明服务器的身份和进行通信加密。服务器证书可以用来防止假冒站点。

2. 电子邮件证书

电子邮件证书可以用来证明电子邮件发件人的真实性。它并不证明数字证书上面 CN 一项所标识的证书所有者姓名的真实性,它只证明邮件地址的真实性。

3. 客户端证书

客户端证书主要用来进行身份验证和电子签名。

8.2.6 身份认证技术

身份认证技术是在计算机网络中确认操作者身份的过程中而产生的解决方法。

在网络世界,其手段与真实世界中一致。为了达到更高的身份认证安全性,某些场景会从上面 3 种方式中挑选 2 种混合使用,即所谓的双因素认证。

1. 静态密码

用户的密码是由用户自己设定的。在网络登录时输入正确的密码,计算机就认为操作者就是合法用户。实际上,由于许多用户为了防止忘记密码,经常采用诸如生日、电话号码等容易被猜测的字符串作为密码,或者把密码抄在纸上放在一个自认为安全的地方,这样很容易造成密码泄露。如果密码是静态的数据,在验证过程中,在计算机内存储和传输过程中都可能会被木马程序或网络黑客截获。因此,静态密码机制无论是使用还是部署,都非常简单,但从安全性上讲,用户名/密码方式是一种不安全的身份认证方式。

2. 智能卡(IC 卡)

一种内置集成电路的芯片,芯片中存有与用户身份相关的数据,智能卡由专门的厂商通过专门的设备生产,是不可复制的硬件。智能卡由合法用户随身携带,登录时必须将智能卡插入专用的读卡器读取其中的信息,以验证用户的身份。

3. 短信密码

短信密码以手机短信形式请求包含 6 位随机数的动态密码,身份认证系统以短信形式发送随机的 6 位密码到客户的手机上。客户在登录或者交易认证时输入此动态密码,从而确保系统身份认证的安全性。

4. 生物识别技术

生物识别技术是运用 who you are 方法,通过可测量的身体或行为等生物特征进行身份认证的一种技术。生物特征是指唯一的可以测量或可自动识别和验证的生理特征或行为方式。生物特征分为身体特征和行为特征两类。身体特征包括指纹、掌型、视网膜、虹膜、人体气味、脸型、手的血管和 DNA 等;行为特征包括签名、语音、行走步态等。目前部分学者将视网膜识别、虹膜识别和指纹识别等归为高级生物识别技术;将掌型识别、脸型识别、语音识别和签名识别等归为次级生物识别技术;将血管纹理识别、人体气味识别、DNA 识别等归为"深奥的"生物识别技术,指纹识别技术目前应用广泛的领域有门禁系统、微型支付等。

8.2.7 防火墙技术

防火墙(firewall)是设置在被保护的内部网络和外部网络,如学校的校园网与 Internet

之间的软件和硬件设备的组合。防火墙控制网上通信,检测和限制跨越的数据流,尽可能地对外部网络屏蔽内部网络的结构、信息和运行情况,以防止发生不可预测的、潜在的破坏性入侵和攻击。这是一种行之有效的网络安全技术。

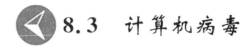 8.3　计算机病毒

8.3.1　计算机病毒的定义

什么是计算机病毒?概括起来,计算机病毒指的就是具有破坏作用的程序或指令的集合。

计算机病毒(computer virus)在《中华人民共和国计算机信息系统安全保护条例》中被明确定义,病毒指"编制或者在计算机程序中插入的破坏计算机功能或者破坏数据,影响计算机使用并且能够自我复制的一组计算机指令或者程序代码"。

而在一般教科书及通用资料中,计算机病毒被定义为:利用计算机软件与硬件的缺陷,由被感染机内部发出的破坏计算机数据并影响计算机正常工作的一组指令集或程序代码。

8.3.2　计算机病毒的分类和特点

1. 计算机病毒的分类

计算机病毒种类众多,目前对计算机病毒的分类方法也不尽相同,常见的分类如下。

1) 按传染方式分类

按传染方式,计算机病毒分为引导型、文件型和混合型病毒。

引导型病毒利用硬盘的启动原理工作,它们修改系统的引导扇区,在计算机启动时首先取得控制权,减少系统内存,修改磁盘读写中断,在系统存取操作磁盘时进行传播,影响系统工作效率。

文件型病毒一般只传染磁盘上的可执行文件.com 和.exe 等。在用户调用染毒的执行文件时,病毒首先运行,然后病毒驻留内存,伺机传染给其他文件。其特点是附着于正常程序文件中,成为程序文件的一个外壳或部件。这是较为常见的传染方式。

宏病毒是近几年才出现的,按方式分类属于文件型病毒。

混合型病毒兼有以上两种病毒的特点,既感染引导区又感染文件,因此这种病毒更易传染。

2) 按连接方式分类

按连接方式,计算机病毒分为源码型、入侵型、操作系统型和外壳型病毒。

源码型病毒较为少见,亦难编写、传播。因为它要攻击高级语言编写的源程序,在源程序编译之前插入其中,并随源程序一起编译、连接成可执行文件。这样刚刚生成的可执行文件便已经带毒了。

入侵型病毒可用自身代替正常程序中的部分模块或堆栈区。因此,这类病毒只攻击某些特定程序,针对性强。一般情况下也难以发现和清除。

操作系统型病毒可用自身部分加入或者替代操作系统的部分功能。因其直接感染操作系统,这类病毒的危害性也较大。

外壳型病毒将自身附在正常程序的开头或结尾,相当于给正常程序加了个外壳。大部

分的文件型病毒都属于这一类。

3) 按破坏性分类

按破坏性，计算机病毒可分为良性病毒和恶性病毒。

良性病毒只是为了表现其存在，如发作时只显示某项信息，或播放一段音乐，或仅显示几张图片，开开玩笑，对源程序不做修改，也不直接破坏计算机的软硬件，对系统的危害极小。但是这类病毒的潜在破坏还是有的，它使内存空间减少，占用磁盘空间，与操作系统和应用程序争抢 CPU 的控制权，降低系统运行效率等。

而恶性病毒则会对计算机的软件和硬件进行恶意的攻击，使系统遭到不同程度的破坏，如破坏数据、删除文件、格式化磁盘、破坏主板、导致系统崩溃、死机、网络瘫痪等。因此，恶性病毒非常危险。

4) 嵌入式病毒

嵌入式病毒将自身代码嵌入到被感染的文件中，当文件被感染后，查杀和清除病毒都非常不易。不过编写嵌入式病毒比较困难，所以这种病毒数量不多。

5) 网络病毒

网络病毒是指基于在网上运行和传播，影响和破坏网络系统的病毒。

2. 计算机病毒的特点

计算机病毒具有以下几个特点。

1) 寄生性

计算机病毒寄生在其他程序之中，当执行这个程序时，病毒就起破坏作用，而在未启动这个程序之前，它是不易被人发觉的。

2) 传染性

计算机病毒不但本身具有破坏性，它还具有传染性，一旦病毒被复制或产生变种，其速度之快令人难以预防。传染性是病毒的基本特征。正常的计算机程序一般是不会将自身的代码强行连接到其他程序之上的。而病毒却能使自身的代码强行传染到一切符合其传染条件的未受到传染的程序之上。

3) 潜伏性

有些病毒像定时炸弹一样，让它什么时间发作是预先设计好的。一个编制精巧的计算机病毒程序，进入系统之后一般不会马上发作，可以在几周或者几个月内甚至几年内隐藏在合法文件中，对其他系统进行传染，而不被人发现。潜伏性愈好，其在系统中的存在时间就会愈长，病毒的传染范围就会愈大。

4) 隐蔽性

计算机病毒具有很强的隐蔽性，有的可以通过病毒软件检查出来，有的根本就查不出来，有的时隐时现、变化无常，这类病毒处理起来通常很困难。

5) 破坏性

计算机中毒后，可能会导致正常的程序无法运行，把计算机内的文件删除或受到不同程度的损坏。通常表现为增、删、改、移。

6) 可触发性

某个事件或数值的出现，诱使病毒实施感染或进行攻击的特性称为可触发性。

8.3.3 计算机病毒的诊断

根据现有的病毒资料可以把病毒的破坏目标和攻击部位归纳如下。

攻击系统数据区。攻击部位包括硬盘主引导扇区、Boot 扇区、FAT 表、文件目录等。一般来说，攻击系统数据区的病毒是恶性病毒，受损的数据不易恢复。

攻击文件。病毒对文件的攻击方式很多，如删除、改名、替换内容、丢失部分程序代码、内容颠倒、写入时间空白、变碎片、假冒文件、丢失文件簇、丢失数据文件等。

攻击内存。内存是计算机的重要资源，也是病毒攻击的主要目标之一，病毒额外地占用和消耗系统的内存资源，可以导致一些较大的程序难以运行。病毒攻击内存的方式有占用大量内存、改变内存总量、禁止分配内存、蚕食内存等。

干扰系统运行。此类型病毒会干扰系统的正常运行，以此作为自己的破坏行为。此类行为也是花样繁多，可以列举下述诸方式：不执行命令、干扰内部命令的执行、虚假报警、使文件打不开、使内部栈溢出、占用特殊数据区、时钟倒转、重启动、死机、强制游戏、扰乱串行口、扰乱并行口等。病毒激活时，其内部的时间延迟程序启动，在时钟中纳入了时间的循环计数，迫使计算机空转，计算机速度明显下降。

攻击磁盘。攻击磁盘数据、不写盘、写操作变读操作、写盘时丢字节等。

扰乱屏幕显示。病毒扰乱屏幕显示的方式很多，如字符跌落、环绕、倒置、显示前一屏、光标下跌、滚屏、抖动、乱写、吃字符等。

扰乱键盘操作。已发现有下述方式：响铃、封锁键盘、换字、抹掉缓存区字符、重复、输入紊乱等。

喇叭病毒。许多病毒运行时，会使计算机的喇叭发出响声。有的病毒作者通过喇叭发出种种声音，以此起到破坏作用；有的病毒作者让病毒演奏旋律优美的世界名曲，在高雅的曲调中去杀戮人们的信息财富。已发现的喇叭发声有以下方式：演奏曲子、警笛声、炸弹噪声、鸣叫、咔咔声、嘀嗒声等。

攻击 CMOS。在计算机的 CMOS 区中，保存着系统的重要数据，例如系统时钟、磁盘类型、内存容量等，并具有校验和。有的病毒激活时，能够对 CMOS 区进行写入动作，破坏系统 CMOS 中的数据。

干扰打印机。典型现象为假报警、间断性打印、更换字符等。

8.3.4 计算机病毒的传染

1. 计算机病毒的传染路径

计算机病毒的传染分两种：一种是在一定条件下方可进行传染，即条件传染；另一种是对一种传染对象的反复传染，即无条件传染。

2. 计算机病毒传染的过程

计算机病毒之所以被称为病毒是因为其具有传染性的本质。传统渠道通常有以下几种。

1) 通过 U 盘

通过使用外界被感染的 U 盘，例如，不同渠道来的系统盘、来历不明的软件、游戏盘等是最普遍的传染途径。使用带有病毒的 U 盘，使机器感染病毒发病，并传染给未被感染的"干净"的 U 盘。大量的 U 盘交换，合法或非法的程序拷贝，不加控制地随便在计算机上使用各种软件造成了病毒的感染、泛滥蔓延。

2) 通过硬盘

通过硬盘传染也是重要的渠道。带有病毒的计算机移到其他地方使用、维修等，将干净的硬盘传染并再扩散。

3）通过光盘

光盘容量大，存储了海量的可执行文件，大量的病毒就有可能藏身于光盘，对只读式光盘，不能进行写操作，因此光盘上的病毒不能清除。在以谋利为目的的、非法盗版软件的制作过程中，不可能为病毒防护担负专门责任，也绝不会有真正可靠可行的技术保障避免病毒的传入、传染、流行和扩散。当前，盗版光盘的泛滥给病毒的传播带来了很大的便利。

4）通过网络

这种传染扩散极快，能在很短时间内传遍网络上的计算机。

8.3.5 计算机病毒的清除

计算机病毒的清除方法一般有人工清除法和自动清除法两种。

人工清除是指用户利用软件，如 DEBUG、PCTOOLS 等所具有的有关功能进行病毒清除；自动清除是指利用防治病毒的软件来清除病毒。

大多数商品化的软件为保证对病毒的正确检测，都对内存进行检测。但清除内存中病毒的软件并不多，一般都要求从干净的系统盘启动后再做病毒的检测和清除工作。

8.4 道德与行为规范

具备良好的信息安全法律常识，时刻保护我们的数据不被破坏、更改和泄露；同时，不违法地使用他人信息，这样我们将在信息的大海里自由翱翔，而不受阻碍。

8.4.1 道德

所谓职业道德，就是同人们的职业活动紧密联系的符合职业特点所要求的道德准则、道德情操与道德品质的总和。每个从业人员，不论是从事哪种职业，在职业活动中都要遵守道德。如教师要遵守教书育人、为人师表的职业道德，医生要遵守救死扶伤的职业道德等。

职业道德不仅是从业人员在职业活动中的行为标准和要求，而且是本行业对社会所承担的道德责任和义务。职业道德是社会道德在职业生活中的具体化。

法律是道德的底线，每一位计算机从业人员必须牢记：严格遵守这些法律法规是计算机从业人员职业道德的最基本要求。

目前，世界各国已对计算机犯罪高度重视，社会各界不仅希望通过高新信息技术来防范这些行为，同时也更希望用社会道德规范来约束人们的信息行为。

8.4.2 道德规范原则

世界知名的计算机道德规范组织 IEEE-CS/ACM 软件工程师道德规范和职业实践（SEEPP）联合工作组曾就此专门制定过一个规范，根据此项规范计算机职业从业人员职业道德的核心原则主要有以下两项。

原则一　计算机从业人员应当以公众利益为最高目标。这一原则可以解释为以下八点：

(1)对工作承担完全的责任；

(2)用公益目标节制雇主、客户和用户的利益；

(3)批准软件,应在确信软件是安全的、符合规格说明的、经过合适测试的、不会降低生活品质的、影响隐私权或有害环境的条件之下,一切工作以大众利益为前提;

(4)当他们有理由相信有关的软件和文档,可以对用户、公众或环境造成任何实际或潜在的危害时,向适当的人或当局揭露;

(5)通过合作全力解决由于软件及其安装、维护、支持或文档引起的社会关切的各种事项;

(6)在所有有关软件、文档、方法和工具的申述中,特别是与公众相关的,力求正直,避免欺骗;

(7)认真考虑诸如资源分配、经济缺陷和其他可能影响使用软件益处的各种因素;

(8)应致力于将自己的专业技能用于公益事业和公共教育的发展。

原则二 客户和雇主在保持与公众利益一致的原则下,计算机从业人员应注意满足客户和雇主的最高利益。这一原则可以解释为以下九点:

(1)在其胜任的领域提供服务,对其经验和教育方面的不足应持诚实和坦率的态度;

(2)不明知故犯使用非法或非合理渠道获得的软件;

(3)在客户或雇主知晓和同意的情况下,只在适当准许的范围内使用客户或雇主的资产;

(4)保证他们遵循的文档按要求经过某一人授权批准;

(5)只要工作中所接触的机密文件不违背公众利益和法律,对这些文件所记载的信息须严格保密;

(6)根据其判断,如果一个项目有可能失败,或者费用过高,违反知识产权法规,或者存在问题,应立即确认、文档记录、收集证据和报告客户或雇主;

(7)当他们知道软件或文档有涉及社会关切的明显问题时,应确认、文档记录和报告给客户或雇主;

(8)不接受不利于为他们雇主工作的外部工作;

(9)不提倡与客户或雇主的利益冲突,除非出于符合更高道德规范的考虑,在后者情况下,应通报雇主或另一位涉及这一道德规范的适当的当事人。

8.4.3 行为规范

行为规范是用以调节人际交往、实现社会控制、维持社会秩序的思想工具,它来自于主体和客体相互作用的交往经验。而网络用户的行为规范主要是指计算机操作人员对网络的使用需要遵循的思想。

下面给出一个通用的网络用户行为规范。

第一条 联入网络的单位和个人必须自觉遵守《中华人民共和国计算机信息系统安全保护条例》《中华人民共和国计算机信息网络国际联网管理暂行规定》《中华人民共和国保守国家秘密法》以及有关法律、法规和管理办法。不得利用计算机信息系统从事危害国家利益、集体利益和公民合法利益的活动,不得危害计算机信息系统的安全。

第二条 不得在网络上接收和散布危害国家安全、分裂国家、破坏国家统一、煽动民族仇恨、歧视和破坏民族团结的信息;不得接收和散布宣传邪教、不健康或色情的信息;不得宣扬封建迷信、赌博、暴力、凶杀、恐怖行为;不得教唆犯罪。

第三条 各网络用户均需规范个人电脑的管理,及时查杀病毒和安装操作系统补丁程序,以免感染、直接或间接传播病毒,危害网络各主机的安全和影响网络的运行。

第四条 严禁故意制作、传播计算机病毒,设置破坏程序,攻击计算机系统,破坏网络资源等危害校园网的活动。要合理利用网络资源,严禁在计算机网络上进行大量消耗资源且无意义的操作,如网络游戏等,以避免浪费信道和网络资源。

第五条 不得使用软件或硬件的方法窃取他人信息,盗用他人 IP 地址,非法入侵他人计算机系统,非法截获、篡改、删除他人电子邮件及其他数据;不得侵犯他人通信自由和通信秘密。

第六条 不得在网站上捏造事实或发布侮辱、诽谤、损害他人、单位或地区声誉的信息。

第七条 不得擅自转让用户帐号,不得随意将口令告诉他人或借用他人帐户使用网络资源;不得在上网过程中,随意将计算机交由不熟悉的人使用。

第八条 不得擅自复制和使用网络上未公开和未授权的文件;不得在网络中擅自传播或复制享有版权的软件,或销售免费共享的软件;不得利用网络窃取别人的研究成果或受法律保护的资源;严禁利用网络侵犯他人的知识产权。

第九条 增强自我保护意识,及时反映和举报违反网络安全的行为。

8.5　正确使用计算机

计算机毕竟是一种电子机器,不过它非常精密。不能正确地使用它,也会造成不安全问题。

1. 正确开关计算机

开关机瞬间会有较大的冲击电流,而我们保护的对象是主机,所以要求开机时先开外设电源如打印机、显示器等,然后再开主机。关机时则要相反,先关掉主机,再关外设,避免加大主机受关电源的冲击次数。

2. 及时关闭计算机

大多数用户都愿意让计算机开机候用,而不会考虑耗电量与计算机使用寿命方面的问题。据计算,一般情况下,一台 PC 机耗电量相当于 2 至 3 盏 100 瓦的家用灯泡,一台 17 英寸的彩电显示器的耗电量则会增加一半,而一台没有节能装置的激光打印机的耗电量相当于 5 盏超过 100 瓦的高能灯泡。

3. 使用环境

计算机应该有单独的电源,而不能与某些高能电器如大功率电扇、饮水器、电饭煲等电器通用电源,那样会影响供给计算机电压的稳定性。

最好是配上稳压器和后备电源(不间断电源)。

要注意经常备份重要信息和数据,以防遇上突发事故时损失惨重。

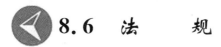

道德的底线是法律,每一位计算机从业人员必须牢记:严格遵守这些法律法规正是计算机从业人员职业道德的最基本要求。

8.6.1　计算机犯罪

计算机犯罪是指一切借助计算机技术或利用暴力、非暴力手段攻击、破坏计算机及网络系统的不法行为。暴力事件如武力摧毁、拼杀打击等刑事犯罪;非暴利形式却多种多样,如数据欺诈、制造陷阱、逻辑炸弹、监听窃听、黑客攻击等。

计算机犯罪的主要目的或形式包括窃取财产、窃取机密信息和通过损坏软硬件使合法用户的操作受到阻碍等等。其犯罪手段包括扩大授权、窃取、偷看、模拟、欺骗、计算机病毒等。许多病毒的制造者和施放者往往出于恶作剧,既显示自己的编程能力,又以破坏系统的运行而取乐。

8.6.2　社会问题

1. 对个人隐私的威胁

隐私权是指公民享有的个人生活不被干扰的权利和个人资料的支配控制权。在信息网络时代,个人隐私权侵犯六种情形:侵害个人通信内容、收集他人私人资料赚钱、散播侵害隐私权的软件、侵入他人系统以获取资料、不当泄露他人资料、网上有害信息。

2. 计算机安全与计算机犯罪

因计算机技术和知识起了基本作用而产生的非法行为(美国司法部)就是计算机犯罪。在自动数据处理过程中任何非法的违反职业道德的未经批准的行为(欧洲经济合作与发展组织)都是计算机犯罪。

我国刑法认定的几类计算机犯罪包括以下几种:
(1)违反国家规定,侵入国家事务、国防建设、尖端科学技术领域的计算机信息的行为;
(2)违反国家规定,对计算机信息系统功能进行删除、修改、增加、干扰,造成计算机信息系统不能正常运行;
(3)违反国家规定,对计算机信息系统中存储处理或者传输的数据和应用程序进行删除、修改、增加操作;
(4)故意制作和传播计算机病毒等破坏性程序,影响计算机系统正常运行。

3. 知识产权(intellectual property)和知识产权的保护

知识产权是指由个人或组织创造的无形资产,依法享有专有的权利。

知识产权要有相应的保护措施。比如,软件是很容易盗版——软件的非法复制。盗版就破坏了版权的合理性和合法性。

4. 依赖复杂技术带来的社会不安全因素

构成当今信息社会的三大技术支柱是计算、通信和数据存储。近50年来,这三项技术的能力有了突飞猛进的发展。美国与因特网连接的主机已超过1.5亿台,分析能力也相应地大为提高。在如此广泛和深入的连接状态下,通过网络传输文字、金钱等信息简直就是点指之劳。随之而来的是对国家安全的威胁也呈现出分散化、网络化和动态的特点。

5. "信息高速公路"带来的问题

"信息高速公路"计划的实施,使信息由封闭式变成社会共享式。在人们方便地共享资源的同时,也带来了信息安全的隐患。因此既要在宏观上采取有效的信息管理措施,又要在微观上解决信息安全及保密的技术问题。

6. 计算机犯罪已构成对信息安全的直接危害

计算机犯罪已成为国际化问题,对社会造成严重危害。计算机犯罪主要表现形式:
非法入侵信息系统,窃取重要商贸机密;

蓄意攻击信息系统,如传播病毒或破坏数据;

非法复制、出版及传播非法作品;

非法访问信息系统,占用系统资源或非法修改数据等。

8.6.3　软件知识产权保护

目前世界各国对软件的保护多以著作权保护为主,我国也是如此;新中国第一部《著作权法》第3条亦明确地将计算机软件列入受保护的作品范围,后鉴于软件的特殊性,国务院颁布并修订了《计算机软件保护条例》加强对软件的保护力度。

8.6.4　相关法律法规

当今社会中,计算机犯罪活动猖獗的一个主要原因在于,各国的计算机安全立法都不健全,尤其是有关单位没有制定相应的刑法、民法、诉讼法等法律。惩罚不严、失之宽松,因此使犯罪活动屡禁不止。1987年出现了世界上第一部计算机犯罪法—佛罗里达计算机犯罪法。它首次将计算机犯罪定为侵犯知识产权罪。计算机软件也逐渐被列入知识产权的范畴,从而受到法律的保护。而在此之前,对窃取信息、篡改信息是否有罪尚无法律依据。随着全球信息化的发展,如何确保计算机网络信息系统的安全,已成为我国信息化建设过程中必须解决的重大问题。由于我国信息系统安全在技术、产品和管理等方面相对落后,所以在国际联网之后,信息安全问题变得十分重要。在这种形势下,为尽快制定适应和保障我国信息化发展的计算机信息系统安全总体策略,全面提高安全水平,规范安全管理,国务院、公安部等有关单位在1994年制定发布了《中华人民共和国计算机信息系统安全保护条例》、1997年制定发布了《中华人民共和国计算机信息网络国际联网管理暂行规定》等一系列信息系统安全方面的法规。这些法规主要涉及信息系统安全保护、国际联网管理、商用密码管理、计算机病毒防治和安全产品检测与销售五个方面。

8.6.5　大学生遵守法律法规

计算机法律问题,是指行为人利用计算机或针对计算机资产实施的法律行为,以及由此产生的适用法律和处理问题。大学生一般年龄在18周岁以上,具有完全行为能力,他们生活和学习环境相对固定,涉及计算机法律问题主要表现在以下方面。

1. 损毁及盗窃计算机设备

一般情况下,大学生遵守学校的规章和要求,在实验、实习过程中造成计算机设备的损毁,不承担经济、行政和刑事责任。只有当学生违反学校规章和要求,故意毁坏及盗窃计算机及相关部件,才视其情节轻重,学校给予相应的处分或由有关部门进行处罚。

2. 网上经济纠纷

大学生进行网上交易,应遵循我国民事和经济法律原则,受消费者权益保护法的保护。网上交易不同于传统的购销方式,在购物时,如果大学生不了解销售方的信用程度,则有可能上当受骗,如果不注意保存证据,则难以主张自己的权利,因为我国民事诉求采取谁主张,谁举证的原则,如果缺少必要的证据,有关部门(如法院)将不予受理。虚拟财产包括以电子数据存在的金钱、有价值的电子信息游戏装备等,也属于法律保护的财产。对于大学生中游戏爱好者,如果不法侵害其他游戏者利益,即构成侵权法律关系,如在网络游戏过程中,盗用或盗取他人装备,即为侵害他人合法权益或财产,行为人应当承担返还原物或赔偿损失的责任。游戏者与服务商之间引起的外挂程序纠纷,视情况可以由当事人选择诉讼理由,如果服务商不当地或违反规则地以使用外挂为理由封杀游戏者账户,导致游戏者虚拟财产损失,由于游戏者与网络游戏服务提供商之间是网络服务关系,因此适用合同法,游戏者可以援用合同法主张和保护自己的合法利益,但合同不当履行也可能引起侵权关系,不适当(即违反合同约定)停止账户构成侵害游戏者利益时,游戏者亦可以以侵权为由提起诉讼。

3. 知识产权纠纷

按照《中华人民共和国著作权法》《信息网络传播权保护条例》《最高人民法院关于审理涉及计算机网络著作权纠纷案件适用法律若干问题的解释》法律法规等规定,大学生以学习研究为目的使用他人电子作品,不承担相应的法律责任,但应注意在使用他人的电子作品时,未经权利人同意,所完成的作品不能直接或间接用于商业目的。如果抄袭他人作品,在网上发表,或未经他人同意,使用他人素材制作电子作品并用于商业目的,即构成侵权行为。

4. 传播非法信息

为适应互联网发展的需要,我国陆续制定了一系列针对信息安全的法律法规,利用网络传播信息应遵守我国《刑法》和《治安管理处罚法》以及其他法律法规和条例的规定,如2000年12月28日第九届全国人民代表大会常务委员会第十九次会议通过的《全国人大常委会关于维护互联网安全的决定》等,这些法律法规和条例对维护国家安全和社会稳定,保护个人、法人和其他组织的人身、财产等合法权利起到重要作用。

5. 窃取破坏他人信息

盗用他人公共信息网络的上网账号和密码上网,造成他人电信资费损失,属侵权或违法犯罪行为。如2004年上海3所大学17名学生盗用他人账号上网违法案,造成权利人1000余元损失,由于情节显著轻微,对17名学生给予一定的处罚,没有追究刑事责任。如果造成他人电信资费损失数额较大,则应以盗窃罪处罚。

第 9 章 Access 2010

9.1 Access 2010 概述

9.1.1 Access 2010 简介

Microsoft Office Access 2010 是微软公司发布的一款面向对象、功能强大的关系数据库管理系统软件,是 Microsoft Office 办公软件中的一部分。Access 2010 提供了大量的向导工具,可通过可视化操作完成大部分的数据库管理工作。

Access2010 具有界面友好、功能强大、易学易用等优点,使数据库的管理、应用和开发工作变得更加简单和方便,同时也突出了数据共享、网络交流、安全可靠的特性。Access 2010 主要包含以下特点:

1. 数据库的建立更快捷

可以很方便地利用他人创建的数据库模板,或使用 Office 在线提供的数据库模板创建数据库,从而快速完成用户开发数据的具体需求。

2. 新的界面元素

Access 2010 的用户界面由多个元素组成,这些元素定义了用户与数据库的交互方式,方便用户更快捷地查找所需命令。

Access 2010 中,各个命令按钮以分组的形式分布在窗口顶部。相关功能的选项卡、按钮分门别类地组合在一起,而且不会被隐藏起来,用户可以非常直观地找到自己想执行的命令按钮。

最突出的新界面元素是功能区,它代替了传统的菜单和工具栏,贯穿于整个程序窗口的顶部,包含了多组命令。在日常操作中,Access 功能区把一些常用的命令进行了精简分类,以选项卡组的形式显示给用户,对于那些不在选项卡组中的命令,仅在用户执行相应操作时才会出现,而不会始终都显示每个命令。

3. 共享 Web 网络数据库

这是 Access 2010 的一个新特色,它极大地增强了通过 Web 网络共享数据库的功能。另外,它还提供了一种将数据库应用程序作为 Access Web 应用程序部署到 SharePoint 服务器的新方法。

Access 2010 与 SharePoint 技术紧密结合,它可以基于 SharePoint 的数据创建数据表,还可以与 SharePoint 服务器交换数据。

4. 支持广泛

Access 可以通过 ODBC(open database connectivity,开放数据库互联)与 Oracle、

Sybase、FoxPro等其他数据库相连,实现数据的交换和共享。并且,作为Office办公软件包中的一员,Access还可以与Word、Outlook、Excel等其他软件进行数据的交换和共享,利用Access强大的DDE(dynamic data exchange,动态数据交换)和OLE(object link embed,对象的链接和嵌入)特性,可以在一个数据表中嵌入位图、声音、Word文档、Excel电子表格等。

5. 导出PDF和XPS格式文件

PDF和XPS格式文件是比较普遍使用的文件格式。Access 2010增加了对这些格式的支持,用户只要在微软的网站上下载相应的插件,安装后,就可以把数据表、窗体或报表直接输出为上述两种格式的文件。

6. 表中行的数据汇总

汇总行是Access的新增功能,它简化了对行计数的过程。在早期Access版本中,必须在查询或表达式中使用函数来对行进行计数,而现在可以简单地使用功能区上的命令对它们进行计数。

汇总行与Excel列表非常相似。显示汇总行时,不仅可以进行行计数,还可以从下拉列表中选择其他常用聚合函数(例如SUM、AVERAGE、MAX等),进行求和、求平均值、求最大值等操作。

7. 加速了宏设计

Access 2010提供了一个全新的宏设计器,它与以前版本的宏设计视图相比较,可以更加轻松地创建、编辑和自动化数据库逻辑。使用这个宏设计器,可以更高效地工作,减少编码错误,并轻松地组合更复杂的逻辑以创建功能强大的应用程序。通过使用数据宏将逻辑附加到用户的数据中来增加代码的可维护性,从而实现源表逻辑的集中化。Access 2010提供了支持设置参数查询的宏,用户开发参数查询更为灵活了。Access重新设计并整合宏操作,通过操作目录窗口把宏分类组织,使得用户运用宏操作更加方便,可以说在Access 2010中宏发生了质的变化。

9.1.2 Access 2010的安装

Access 2010是Microsoft Office 2010组件的一部分,具体安装步骤如下:

(1)启动Office 2010的安装程序"setup.exe",在"阅读Microsoft软件许可证条款"界面,选中"我接受此协议的条款";

(2)在"选择所需的安装"界面中,单击"自定义"按钮,弹出"安装选项"窗口,选择所需安装的组件;

(3)选择"文件位置"选项卡,设置软件的安装位置,单击"立即安装"按钮。

9.1.3 Access 2010的启动与退出

1. Access 2010的启动

Windows 7中可通过以下几种方式启动Access 2010:

(1)双击桌面快捷方式"Microsoft Access 2010";

(2)在"开始"菜单中选择"所有程序",选择"Microsoft Office"文件夹,单击"Microsoft Access 2010";

(3)在桌面空白处或资源管理器中单击右键,在快捷菜单中选择"新建"→"Microsoft

Access 数据库";

(4)在资源管理器中双击任意的 Access 2010 数据库文件(*.accdb)。

2. Access 2010 的退出

Windows 7 中可通过以下几种方式退出 Access 2010：

(1)单击 Access 2010 窗口右侧的"关闭"按钮 ；

(2)在菜单栏中选择"文件"→"退出"命令；

(3)选择标题栏最左侧控制菜单中的"关闭"命令；

(4)双击标题栏最左端的标题控制菜单图标；

(5)右击标题栏任意位置,选择快捷菜单中的"关闭"命令；

(6)按下快捷键 Alt+F4。

9.1.4 Access 2010 的工作界面

启动 Access 2010 后,首先出现 Backstage 视图,新建或打开数据库后进入 Access 的工作界面,如图 9-1 所示。

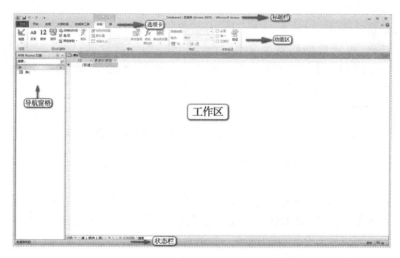

图 9-1 Access 2010 的工作界面

Access 2010 的工作界面主要由标题栏、选项卡、功能区、导航窗格、工作区、状态栏组成,各自的特点如下：

1. 标题栏

标题栏位于 Access 2010 工作界面的最上端,用于显示当前打开的数据库文件名。在标题栏的右侧有最小化、最大化和关闭 3 个图标,依次分别用以控制窗口的最小化、最大化(还原)和关闭应用程序。这是标准的 Windows 应用程序的组成部分。

2. 快速访问工具栏

快速访问工具栏是 Access 窗口标题栏左侧显示的一个标准的可定义的工具栏,它包含一组独立于当前显示的功能区上选项卡的命令,依次分别代表"保存""撤销""恢复""新建"等常用命令的访问。单击快速访问工具栏右侧的下拉箭头按钮,可以弹出"自定义快速访问工具栏"菜单,用户可以通过该菜单设置需要在快速访问工具栏上显示的图标。

3. 选项卡

选项卡包括"文件""开始""创建""外部数据"和"数据库工具"。

1)"文件"选项卡

用户启动 Access 2010 后,首先打开的是"文件"选项卡,也称为 Backstage 视图。

"文件"选项卡界面可分为左、右两个窗格,左侧窗格主要由"保存""打开""最近所用文件""新建""帮助""退出"等一组命令组成,右侧窗格显示所选命令的相关命令按钮。选择"新建"命令,右侧窗格显示系统提供的所有可选用模板。

2)"开始"选项卡

"开始"选项卡由"视图""剪贴板""排序和筛选""记录""查找""文本格式"等命令组组成。

利用"开始"选项卡中的工具,可以完成的功能主要有:选择不同的视图方式;从剪贴板复制和粘贴;对记录进行排序、筛选、记录;对记录进行刷新、新建、保存、删除、汇总、拼写检查;设置当前的字体格式;设置当前的字体对齐格式;对备注字段应用 RTF 格式等操作。

3)"创建"选项卡

"创建"选项卡由"模板""表格""查询""窗体""报表""宏与代码"等命令组组成。

创建功能可以创建数据表、查询、窗体和报表等各种数据库对象。

4)"外部数据"选项卡

"外部数据"选项卡由"导入并链接""导出""收集数据"组成。"外部数据"选项卡可以导入/导出各种数据。可完成的功能主要有:导入或链接到外部数据;导出数据;通过电子邮件收集和更新数据;使用联机 SharePoint 列表,将部分或全部数据移到新的或现有的 SharePoint 网站。

5)"数据库工具"选项卡

"数据库工具"选项卡由"工具""宏""关系""分析""移动数据""加载项"组组成。

数据库工具可进行数据库 VBA、表与关系的设置等。

4. 功能区

功能区中包含了多个选项卡,每个选项卡中的控件可以进一步组成多个命令组。

有时为了扩大数据库的显示区域,Access 允许把功能区隐藏起来。关闭和打开功能区最简单的操作方法是:如果要关闭功能区,双击任意一个命令选项卡;如果要再次打开功能区,只需再次双击命令选项卡即可。当然,也可以单击功能区最小化/展开功能区按钮来隐藏和展开功能区。

5. 导航窗格

打开一个数据库后,用户就可以看到导航窗格。导航窗格代替了 Access 早期版本中的数据库窗口,使得操作更加简捷、方便。导航窗格有两种显示状态,分别是展开状态和折叠状态,单击导航窗格上部的或按钮,可以展开或折叠导航窗格。导航窗格实现对当前数据库的所有对象的管理和对相关对象的组织。导航窗格显示数据库中的所有对象,并且可按类别将它们分组。

6. 工作区

Access 的工作区位于功能区的右下方,导航窗格的右侧,是用来设计、编辑、修改、显示以及运行表、查询、窗体、报表和宏等对象的选项卡式文档区域。对 Access 所有对象进行的所有操作都是在工作区中进行的,操作结果均在工作区中显示。

7. 状态栏

状态栏位于 Access 窗口的底部,其左侧显示的是状态信息,右侧显示的是数据表的视图切换按钮,单击这些按钮可以以不同的视图方式显示对象窗口。如果要查看支持可缩放的对象,则可以使用状态栏右侧的滑块,调整缩放比例以放大或缩小对象。

9.2 Access 2010 数据库

9.2.1 数据库的概述

1. 数据、信息和数据处理

数据(data)是指描述事物的物理符号,数据不仅是数值,还可以是文字、图形、图像、声音、视频等。信息(information)是对现实事物特定语义的描述,是经过加工处理后的数据。数据处理是指将数据加工转换成信息的过程,是对数据进行收集、管理、加工、传播等工作。数据处理(data processing)的核心是数据管理,即对数据进行组织、存储、检索、维护等工作。

2. 数据模型

数据模型是指用于描述事物间联系的描述形式,包括静态特征、动态行为和约束条件三个方面,数据模型决定了数据库的类型。常用的数据模型分为以下三种:

(1)层次模型。层次模型用树结构表示各类实体集以及实体集间的联系,由根节点、父节点、子节点和连线组成,树的每一个节点代表一个实体集,适合用于表示一对多的联系。

(2)网状模型。网状模型中节点之间的联系不受层次的限制,可以任意发生联系,因此网状模型是一个图结构,图中的每条边都是不带任何条件的有向边。网状模型适合用于表示一对多的联系。

(3)关系模型。Access 2010 属于关系型数据模型。在关系模型中,数据采用二维表的形式进行组织,数据按行和列的形式进行组织。

3. 数据库

数据库(database)是指存储在计算机内,实现某一主题,按照某种规则组织起来的可共享的数据集合。

数据库中的数据必须满足结构化、共享性、独立性、完整性、安全性等特性。

➢ 结构化:数据应有一定的组织结构,而不是杂乱无章的。

➢ 共享性:数据能够为多个用户同时使用。

➢ 独立性:数据记录和数据管理软件之间的独立。

➢ 完整性:保证数据库中数据的正确性。

➢ 安全性:不同级别的用户对数据的处理有不同的权限。

4. 数据库管理系统

Access 2010 是一个数据库管理系统,数据库管理系统是指建立在操作系统基础上,位于操作系统与用户之间的一层数据管理软件,负责对数据库进行统一的管理和控制。数据库管理系统主要具有以下功能:

(1)数据定义:用于定义数据库中的各种对象。

(2)数据操纵:用于对数据库中的数据进行查询、插入、修改和删除等操作。

(3)数据组织:DBMS 负责按类别对数组进行组织、存储和管理,如数据字典、用户数据、存取路径等。

(4)数据库运行管理:包括对数据库的运行进行并发控制、安全性检查、完整性约束条件的检查和执行、数据库的内部维护等。

(5)数据库的建立与维护:建立数据库包括数据库初始数据的输入、数据转换等。维护数据库包括数据库的转储与恢复、数据库的重组与重构、性能的监视与分析等。

5. 数据库对象

Access 2010 数据库通过以下 6 种对象进行数据管理。

1)表(table)

在 Access 数据库中,对象中的表是用来存储数据的地方,是整个数据库的核心和基础,其他对象的操作都是在表的基础上进行的。建立或规划数据库,首先要做的就是建立各种相关的数据表。

一个表就是一个关系,即一个二维表,它是由行和列组成的。每一行由各个特定的字段组成,称为记录。每一列代表某种特定的数据类型,称为字段,用来描述数据的某类特征,如"姓名""性别"等,字段中存放的信息种类很多,包括文本、日期、数字、OLE 对象、备注等,每个字段包含同一类信息。

2)查询(query)

查询是指通过事先设置某些条件,从一个表、一组相关表或其他查询中获取所需要的数据,并最终将其集中起来形成一个集合,供用户浏览的过程。

将查询保存为一个数据库对象后,就可以随时查询数据库中的数据。在查询对象下显示一个查询时,是以二维表的形式显示数据,但它不是基本的表,是一个以表为基础数据源的"虚表"。每个查询只记录该查询的操作方式,也就是说,每进行一次查询,查询结果显示的都是基本表中当前存储的实际数据,且查询的结果是静态的。

在 Access 中,查询具有极其重要的地位,利用不同的查询方式,可以方便、快捷地浏览数据库中的数据,同时利用查询还可以实现数据的统计分析与计算等操作。

3)窗体(form)

窗体是数据库和用户之间的主要联系界面,是数据库对象中最具有灵活性的一个对象,其数据源可以是表或查询中的数据。在一个完善的数据库应用系统中,通过窗体可以直接调用宏或模块来执行查询、打印、预览、计算等操作。

窗体通过各种控件来显示数据,窗体中的数据不仅包含普通的数据,还可以包含图片、图形、声音、视频等多种对象。通过在窗体中插入按钮,可以控制数据库程序的执行过程。在窗体中插入宏,可以把 Access 的各个对象很方便地联系起来。也可以通过子窗体显示两个表中相联系的数据。

4)报表(report)

在 Access 中,如果要对数据库中的数据进行打印,使用报表是最简单且最有效的方法。利用报表不仅可以将数据库中需要的数据提取出来进行分析、整理和计算,并按照指定的样式通过打印机输出,还可以对要输出的数据进行分组,并计算出各分组数据的汇总结果等。在数据库管理系统中,使用报表会使数据处理的结果多样化。

5)宏(macro)

宏是数据库中一个特殊的数据库对象,是一个或多个操作命令的集合,其中每个命令能够实现一个特定的操作。宏的使用可以简化一些重复性的操作,使数据库的维护和管理更为轻松。如果将一系列的操作设计为一个宏,则在执行这个宏时,其中定义的所有操作就会按照规定的顺序依次执行。宏可以单独使用,也可以与窗体配合使用。

宏的功能主要有：
- 打开或关闭数据表、窗体、执行查询和打印报表。
- 弹出提示信息框，显示警告。
- 实现数据的输入和输出。
- 在数据库启动时执行操作等。
- 查找数据。

6) 模块(module)

模块由声明、语句和过程组成，是用VBA(visual basic for applications)语言编写的程序段，它以Visual Basic为内置的数据库程序语言，通过嵌入Access中的Visual Basic程序设计语言编辑器和编译器，可以创建出自定义菜单、工具栏和其他功能的数据库应用系统，实现了与Access的完美结合。

Access中的模块可以分为类模块和标准模块两类。类模块属于一种与某一特定窗体或报表相关联的过程集合，这些过程均被命名为事件过程，作为窗体或报表处理某些事件的方法。标准模块包含与任何其他对象都无关的常规过程，以及可以从数据库任何位置运行的经常使用的过程。标准模块和某个特定对象相关的类型模块的主要区别在于其范围和生命周期。

9.2.2　创建 Access 2010 数据库

Access 数据库采用的数据模型是关系型，在操作系统中对应的扩展名是".accdb"。Access 2010 可通过以下两种方式创建数据库：

1. 创建空数据库

(1) 启动 Access 2010，默认采用"空数据库"的创建方式。

(2) 在右侧"文件名"文本框中输入数据库名，单击右侧的"浏览"按钮可设置保存路径，单击"创建"按钮即可建立扩展名为".accdb"的空数据库，如图9-2所示。

图 9-2　创建空数据库

2. 创建模板数据库

(1) 启动 Access 2010，在"可用模板"区域中单击"样本模板"按钮。

(2) 单击"学生"模板按钮，在"文件名"文本框中输入数据库名"学生"，单击"浏览"按钮选择保存路径，单击"创建"按钮建立扩展名为".accdb"的学生模板数据库，如图9-3所示。

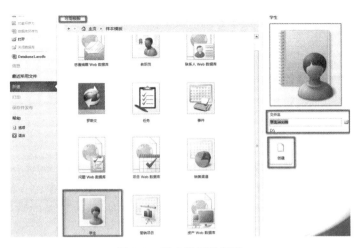

图 9-3 创建模板数据库

9.2.3 Access 2010 数据库的管理操作

1. 打开数据库

1) 通过"打开"对话框

(1) 启动 Access 2010,单击"文件"选项卡中的"打开"按钮。

(2) 在弹出的"打开"对话框中,选择数据库文件的路径及文件名,单击"确定"按钮打开。

2) 快速打开

启动 Access 2010,在左侧"最近所用文件"区域中选择数据库文件打开,如图 9-4 所示。

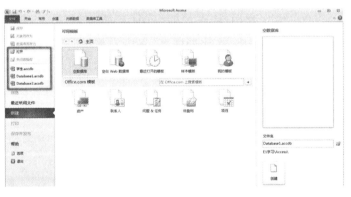

图 9-4 打开数据库

3) 使用快捷键

按下快捷键 Ctrl+O。

2. 保存数据库

1) 保存命令或按钮

新建数据库后或打开并修改数据库后,单击快速访问工具栏中的 按钮,或在"文件"选项卡中单击"保存"命令。

2) 另存为命令或按钮

打开数据库后,在"文件"选项卡中单击"数据库另存为"按钮,弹出"另存为"对话框,选择要保存的路径,输入数据库的文件名后,单击"保存"按钮,如图 9-5 所示。

第 9 章 Access 2010

图 9-5 另存为数据库

3. 关闭数据库

(1) 单击 Access 窗口右上角的"关闭"按钮  。

(2) 双击 Access 窗口左上角的控制菜单图标 A 。

(3) 单击 Access 窗口左上角的控制菜单图标 A ,在弹出的列表中选择"关闭"命令。

(4) 单击打开"文件"选项卡,选择"关闭数据库"命令。

(5) 按下 Alt+F4 组合键。

4. 删除数据库

对于未处于打开状态的数据库文件,在资源管理器中右键单击数据库文件(*.accdb),在弹出的快捷菜单中选择"删除"命令。

5. 查看数据库属性

在"文件"选项卡中单击"信息",然后单击右侧"查看和编辑数据库属性",如图 9-6 所示。

图 9-6 查看数据库属性

9.3 Access 2010 数据表

9.3.1 Access 2010 数据表概述

1. 数据表的定义

Access 2010 数据表是一个满足关系模型的二维表,由行和列组成。表中一列称作字段,用来描述数据的某类特征。表中一行称作记录,用来反映某一实体的全部信息,它由若干字段组成。

表结构是数据表的框架,主要包括以下方面:

(1)字段名称:字段的标识,一个数据库表中的字段名应具有唯一性,字段名称的命名规则如下:

① 长度为1~64个字符。

② 可以包含字母、汉字、数字、空格和其他字符,但不能以空格开头。

③ 不能包含句号(.)、惊叹号(!)、方括号([])和重音符号(')。

④ 不能使用ASCII为0~32的ASCII字符。

(2)数据类型:一个表中的同一列数据必须具有相同的数据类型。

(3)字段属性:描述字段的特征,如字段大小、格式、输入掩码、标题、有效性规则等。

2. 数据类型

Access 2010 提供了12种数据类型,如图9-7所示。

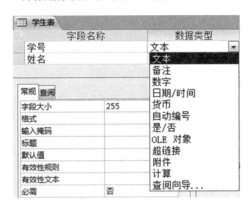

图 9-7 Access 2010 数据类型

(1)文本:英文、汉字、数字、标点符号等,默认字段大小是50个字符,但最多可输入255个字符。

(2)备注:与文本类型相似,用于定义长文本型数据,最多可输入65536个字符。

(3)数字:0~9、+、-,可以进一步设置为整型、长整型、实型等多种数据类型。

(4)日期/时间:表示从100年—9999年之间任意时间或日期,需按照Access 2010规定的格式进行填写。

(5)货币:表示金额和货币符号的字段,可设置货币符号与小数位数等。

(6)自动编号:Access 2010自动添加的递增顺序号。

(7)是/否:有两种取值,如Yes/No、Ture/False、On/Off 等。

(8)OLE对象:存储链接或嵌入的对象,这些对象以文件的形式存在。

(9)超链接:以文本形式保存超链接的地址,用来链接到文件、Web页、电子邮件等。

(10)附件:用于存储所有种类的文档和二进制文件。

(11)计算:用于显示计算结果,必须引用同一表中的其他字段。

(12)查阅向导:用来实现查阅另外表上的数据,或从一个列表中选择的数据。

9.3.2 表的创建

1. 使用数据表视图创建表

数据表视图是按行和列显示表中数据的视图。在数据表视图中,可以进行字段的编辑、添加和删除,也可以完成记录的添加、编辑和删除,还可以实现数据的查找和筛选等操作。

第 9 章　Access 2010

【例 9-1】 创建学生表,表结构如表 9-1 所示。

表 9-1　学生表

字 段 名 称	数 据 类 型	字 段 大 小	字 段 名 称	数 据 类 型	字 段 大 小
学号	文本	6	专业	文本	10
姓名	文本	5	电话	文本	13
班级	文本	8			

(1)启动 Access 2010,通过"文件"选项卡"打开"命令打开"学生"数据库。

(2)在"创建"选项卡中单击"表"按钮,将创建一个名为"表1"的新表,并在"数据表"视图中打开它,如图 9-8 所示。

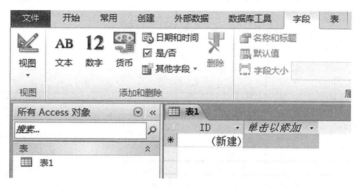

图 9-8　数据表视图

(3)选择 ID 字段列,在"字段"选项卡中单击"数据类型"右侧的下拉按钮,选择"文本"数据类型,如图 9-9 所示。

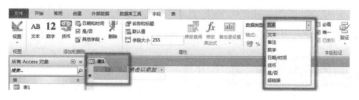

图 9-9　字段数据类型

(4)单击"字段"选项卡中的"名称和标题"按钮,在"输入字段属性"对话框中的"名称"文本框中输入字段名"学号",如图 9-10 所示。

(5)在"字段"选项卡的"字段大小"文本框中,将学号字段大小修改成 6,如图 9-11 所示。

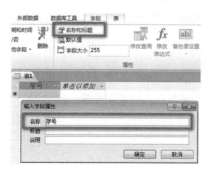

图 9-10　字段名称设置

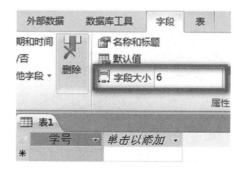

图 9-11　修改字段大小

(6)按相同步骤创建"姓名""班级""专业""电话"字段,如图9-12所示。

图9-12 学生表结构

(7)在快速访问工具栏中单击"保存"按钮,弹出"另存为"对话框,在"表名称"文本框中输入"学生",单击"确定"按钮。

2. 使用设计视图创建表

设计视图中可设置表的字段名、数据类型、字段属性等内容。因此,在使用设计器建立表时,首先需要设计好新表的字段名称及其属性。这种利用设计器创建表的方法非常适用于字段较多、表结构较复杂的大表。

【例9-2】 创建"班级"表,表结构如表9-2所示。

表9-2 班级表结构

字 段 名 称	数 据 类 型	字 段 大 小
班级编号	文本	6
班级名称	文本	10
班级人数	数字	长整型

(1)启动Access 2010,通过"文件"选项卡"打开"命令打开"学生"数据库。
(2)单击"创建"选项卡中的"表设计"按钮,打开表设计视图窗口。
(3)单击"字段名称"列,在文本框中输入"班级编号",单击"数据类型"文本框,选择"文本"类型。
(4)在设计器下方"常规"区域的"字段大小"中设置大小为6,如图9-13所示。
(5)按相同步骤,添加"班级名称""班级人数"字段,如图9-14所示。

图9-13 班级编号字段设置　　图9-14 班级表结构

(6)单击快速访问工具栏上的"保存"按钮,在弹出的"另存为"对话框中输入"班级",单击"确定"按钮。

3. 使用模板创建表

Access 2010可通过两种模板创建表:一种是字段模板,即使用已经设计好了的各种字段属性,直接使用该字段模板中的字;一种是使用表模板。

1) 字段模板

【例 9-3】 创建"课程"表，表结构如表 9-3 所示。

表 9-3 课程表结构

字 段 名 称	数 据 类 型	字 段 大 小
课程编号	文本	6
课程名称	文本	10
学分	数字	长整型

(1)启动 Access 2010，通过"文件"选项卡"打开"命令打开"学生"数据库。

(2)打开"创建"选项卡，单击"表格"组中的"表"按钮，即可创建一个空白表"表 1"，同时进入该表的"数据表视图"，将"表 1"重命名为"课程表"，效果如图 9-15 所示。

图 9-15 新建课程表

(3)右键单击"ID"字段，选择"重命名字段"命令，输入"课程编号"。

(4)右键单击"字段 1"，选择"删除字段"命令。

(5)单击"表格工具"选项卡下的"字段"选项卡，在"添加和删除"组中，单击"其他字段"右侧的下拉按钮，选择"格式文本"类型，如图 9-16 所示。

图 9-16 单击"其他字段"

(6)在表中输入字段名称"课程名称"，如图 9-17 所示。

(7)通过相同方式创建"学分"字段，最终表结构如图 9-18 所示。

2) 表模板

【例 9-4】 创建"联系人"表。

　　图 9-17　输入字段名称　　　　　　　　图 9-18　课程表

（1）启动 Access 2010，通过"文件"选项卡中的"打开"命令打开"学生"数据库。

（2）打开"创建"选项卡，单击"模板"组中的"应用程序部件"按钮，并在弹出的列表中选择"联系人"选项，如图 9-19 所示。

（3）单击"联系人"按钮，在弹出的"是否保存对模块'模块 1'的设计与更改？"提示框中，单击"是"按钮，在"另存为"对话框中输入"学生联系方式"。

（4）等待 Access 准备模板，在"创建关系"对话框的学生信息至联系人的一对多关系中选择"学生信息"表，单击"下一步"按钮，在"自'学生信息'的字段"中选择"学号"，完成创建后在左侧导航窗格中显示联系人的相关信息，如图 9-20 所示。

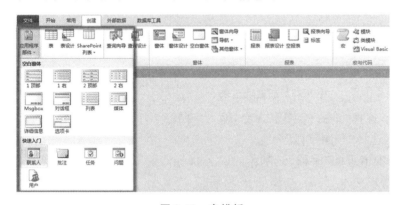

　　图 9-19　表模板　　　　　　　　　　　图 9-20　联系人表

9.3.3　表的属性设置与维护

1. 字段的输入/显示格式设置

字段格式决定数据的输入和显示格式，而不影响数据的存储格式，它可以起到非常好的规范数据输入的作用。

1）文本类型

需要输入带有规律的文本内容时，可以用"格式属性"中的特殊符号来协助数据输入，如表 9-4 所示。

表 9-4　文本与备注字段的字段格式符号

符　　号	说　　明
@	占位文本字符（字符或空格）
<	强制所有字符为小写
>	强制所有字符为大写
\	将其后跟随的第一个字符原文照印
"Text"	可以在"格式"属性中的任何位置使用双引号括起来的文本，并且原文照印
—、+、$、()、空格	可以在"格式"属性中的任何位置使用这些字符并且将这些字符原文照印

比如，在数据表中输入学号（如 SE-180），由于这些数据都有一个共同的特征，即前两位是大写字母，紧接着是"-"字符，最后是 3 位数字。那么，用户只需要在该字段的"格式"框中输入"@@-@@@"，以后在数据表中输入"XX001"时，系统就会自动转换成"XX-001"。为了能自动实现大写转换，可以在"格式"框中多输入一个大于号，即"＞@@-@@@"，这样以后无论用户在数据表中输入大写或小写字母，都可以自动转换成大写字母并添加中间的"-"字符，如图 9-21 所示。

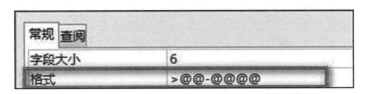

图 9-21 "文本"或"备注"类型的字段格式设置

2）日期/时间类型

对于"日期/时间"数据类型的字段，用户可以在"格式"下拉列表中选择具体的日期/时间格式，如图 9-22 所示。

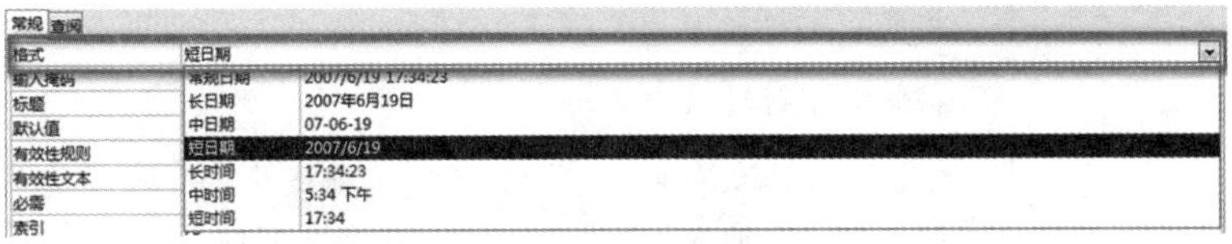

图 9-22 日期/时间格式设置

3）货币类型

对于"货币"数据类型的字段，用户可以在"格式"下拉列表中选择具体的货币格式，如图 9-23 所示。

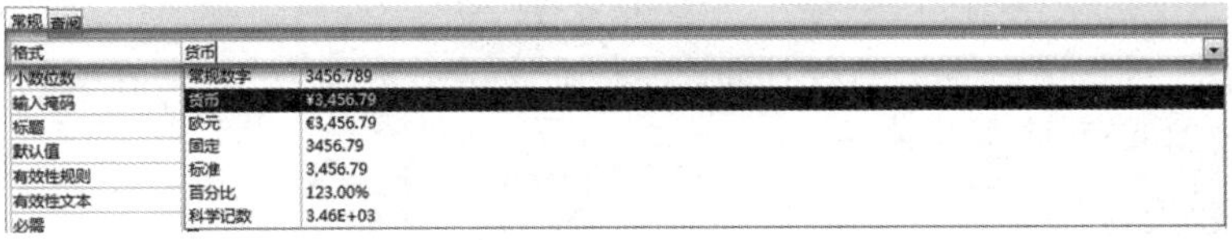

图 9-23 货币格式设置

如果需要输入美元"＄"符号，在"格式"框中手动输入"＄♯"，"♯"的意思是输入数字，在"♯"前面加"＄"表示在输入数字前加上"＄"符号。比如在"格式"框中输入"＄♯,♯♯♯.00"，在数据表视图中输入"1500"后，会显示成"＄1,500.00"。

2. 输入掩码设置

对于文本、数字、日期/时间、货币等数据类型的字段，都可以定义"输入掩码"属性。输入掩码是指数据输入的固定格式，比如电话号码为"027-87654321"，将格式中相对固定的符号设置成格式的一部分，在输入数据时只需输入变化的值即可，如图 9-24 所示。

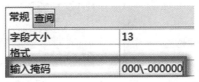

图 9-24 输入掩码设置

输入掩码属性常用的字符及其含义如表 9-5 所示。

表 9-5　输入掩码常用控制字符及含义

字　　符	含　　义
0	数字(0～9,必须输入,不允许输入加号或减号)
9	数字或空格(可选输入,不允许输入加号和减号)
#	数字或空格(可选输入,允许添加加号或减号)
L	字母(A～Z,a～z,必须输入)
?	字母(A～Z,a～z,可选输入)
A	字母或数字(必须输入)
a	字母或数字(可选输入)
&	任意一个字符或空格(必须输入)
C	任意一个字符或空格(可选输入)
. : ; - /	小数点占位符及千位、日期与时间的分隔符(实际的字符将根据"Windows 控制面板"中"区域或语言"中的设置来定)
>	将所有字符转换为大写
<	将所有字符转换为小写
!	使输入掩码从右到左显示。但输入掩码中的字符始终都是从左到右输入的。可以在输入掩码中的任何地方输入感叹号
\	使后面的字符以字面字符显示(例如:"\D"只显示为"D")

3. 默认值设置

默认值是指设定用户不进行输入时自动填充的内容。对于有大多数重复记录的信息,可以将它事先定义成默认值。

设置方法为:单击字段左边的行选定器,显示该字段的所有属性,在"默认值"文本框中输入值即可,如图 9-25 所示。

4. 字段标题设置

字段标题是字段的别名,Access 2010 会自动将字段标题作为表、窗体和报表的字段显示标题,如果字段没有设置标题,系统将会将字段名当成字段标题。

设置方法为:单击字段左边的行选定器,在"标题"文本框中输入标题内容,如图 9-26 所示。

图 9-25　默认值设置

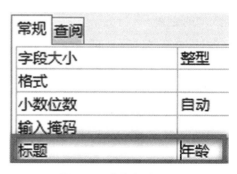

图 9-26　字段标题设置

5. 字段有效性设置

有效性规则的形式和设置目的随字段的数据类型不同而不同。对"文本"类型字段，可以设置输入的字符个数不能超过某一个值；对"数字"类型字段，可以只接收一定范围内的数据，对"日期/时间"类型字段，可以将数值限制在一定的月份或年份之内。"有效性文本"是指设置有效性规则后，当输入了字段为有效性规则所不允许的值时，系统显示的报错提示信息。如果不设置"有效性文本"，报错提示信息为系统默认显示信息。

设置方法为：单击字段左边的行选定器，在"有效性规则"文本框中输入规则，在"有效性文本"文本框中输入"出错信息"，如图 9-27 所示。

有效性规则	[年龄]>=0 And [年龄]<=100
有效性文本	年龄必须在0~100之间

图 9-27　字段有效性设置

6. 主键设置

主键是数据表中唯一标识一条记录的一个字段或一组字段。主键中的值不能重复且不能为 NULL。

设置方法为：单击字段左边的行选定器，单击"表格工具"下的"设计"选项卡，选择"工具"组中的"主键"按钮，或在"学号"行上单击鼠标右键，在弹出的快捷菜单中选择"主键"命令，如图 9-28 所示。

图 9-28　主键设置

7. 修改字段名称

用户可以在任何时候对数据表中的字段名称进行修改，常用操作方法有以下三种。

方法一：
① 打开数据库。
② 在导航窗格中选定要修改字段名称的表，并将其以设计视图方式打开。
③ 在表的设计视图窗口中选定要修改的字段，直接更改字段名称。
④ 修改完后保存表，结束修改操作。

方法二：
① 打开数据库。
② 在导航窗格中双击要修改字段名的表。
③ 在数据表视图下，双击要修改的字段名称，即可马上对名称进行修改。
④ 修改完后保存表，结束修改操作。

方法三：
① 打开数据库。

②在导航窗格中双击要修改字段名的表。

③在数据表视图下,右键单击要修改的字段名称,在弹出的快捷菜单中选择"重命名字段"命令,即可马上对名称进行修改。

④修改完后保存表,结束修改操作。

8. 插入/删除字段

用户可在数据表视图中操作,也可以在设计视图中操作。常用操作方法有以下两种。

方法一:在数据表视图中插入/删除字段。

①打开数据库,双击打开相应的数据表。

②若在某个字段前添加一个新字段或要删除某个字段,可用鼠标右键单击该字段名称,在弹出的快捷菜单中选择"插入字段"或"删除字段"命令。

方法二:在设计视图中插入/删除字段。

①打开数据库,选中相应的数据表,将其以设计视图方式打开。

②若在某个字段前添加一个新字段或要删除某个字段,可用鼠标右键单击该行,在弹出的快捷菜单中选择"插入行"或"删除行"命令。

说明:不管采用哪种方法删除字段,已被删除的字段是无法进行恢复的,而且删除字段后,该字段中包含的数据也会被一起删除。

9. 复制字段

当数据表中有两个类似字段时,用户可以先创建1个字段并进行属性设置,然后再利用复制字段的方法创建第2个字段。

复制字段的操作方法:选中已有字段名称,单击鼠标右键,在弹出的快捷菜单中选择"复制"命令,然后在空表的"字段名称"框处单击鼠标右键选择"粘贴"命令即可。

10. 隐藏/取消隐藏字段

隐藏字段列的操作方法:在数据表视图中,用鼠标右键单击数据表中需要隐藏的字段名称,在弹出的快捷菜单中选择"隐藏字段"命令,该字段列便会自动隐藏起来。

取消隐藏字段列的操作方法:在任意字段列名上单击鼠标右键,在弹出的快捷菜单中选择"取消隐藏字段"命令,弹出取消隐藏列对话框,勾选要取消隐藏的字段名称即可。

9.3.4 表的基本操作

1. 表的复制

Access 2010 数据库中可复制现有表来创建一张新表,可通过以下两种方式完成表的复制。

1) 复制同一个数据库中的表

复制同一个数据库中的全部字段属性和数据记录时,可采用鼠标拖动的方式完成操作,即按住 Ctrl 键,同时用鼠标拖动要复制的数据表即可生成一个表副本,如图 9-29 所示。

另外,也可以通过右键快捷菜单中的"复制""粘贴"命令来实现。

2) 复制另一个数据库中的表

复制不同数据库中的表时,可采用"复制+粘贴"的方式完成操作,即选中要复制的数据库表,单击鼠标右键,在打开的快捷菜单中选择"复制"命令,然后打开要进行粘贴的目的数据库,选择右键快捷菜单中的"粘贴"命令,系统将自动打开图 9-30 所示的"粘贴表方式"对话框。在"粘贴表方式"对话框中输入新表名称,并选择所需的"粘贴选项"。

图 9-29　复制同一个数据库中的表

图 9-30　"粘贴表方式"对话框

粘贴选项有 3 种,分别为"仅结构""结构和数据"和"将数据追加到已有的表"。

①仅结构:用于建立一个与来源表具有相同字段名和属性的空表。该选项通常用于创建一个临时表或历史结构,用户可复制旧的记录。

②结构和数据:用于将来源表所有的内容都复制过来,包括数据和字段名及其属性。

③将数据追加到已有的表:用于把来源表中的数据添加到另一个表的最后。该选项对合并表是非常有用的。

2. 表的重命名

Access 2010 表创建完成之后,可以对其进行重命名操作,操作步骤如下:

(1)启动 Access 2010 后打开"学生"数据库。

(2)在"表"区域中右键单击需要重命名的表,选择"重命名"命令,如图 9-31 所示。

(3)在表名文本框中输入新表名"学生联系信息",按回车键完成重命名操作。

3. 表的删除

Access 2010 可以删除已经建立的数据表,从而节省磁盘空间,具体操作方法如下:

(1)启动 Access 2010 后打开"学生"数据库。

(2)在"表"区域中右键单击需要删除的表,选择"删除"命令,如图 9-32 所示。

图 9-31　重命名表

图 9-32　删除表

(3)在弹出的删除确认对话框中单击"是"按钮完成删除。

4. 表的格式化

Access 2010 中表的格式化是指在数据表视图中,为了方便数据查询而调整表的外观,使表看上去更清楚与美观。调整表外观的操作主要包括调整字段显示宽度和高度、设置字体、调整表中网格线样式、背景颜色、改变字段顺序等。

1)调整字段显示高度

Access 2010 中调整字段显示高度有以下两种方法:

使用鼠标调整:以数据表视图打开所需表,然后将鼠标指针放在表中任意两行选定器之间,当鼠标指针变成双向箭头时,按住鼠标左键不放,并上、下拖动鼠标,当调整到用户所需高度时,松开鼠标左键即可。

使用命令调整:以数据表视图打开所需表,右键单击记录选定器,从弹出的快捷菜单中选择"行高"命令,在弹出的"行高"对话框中输入所需的行高值即可,如图 9-33 所示。

图 9-33 设置行高

2)调整字段显示宽度

Access 2010 也可以通过鼠标与命令调整字段显示宽度,具体操作如下:

使用鼠标调整:以数据表视图打开所需表,然后将鼠标指针放在表中要改变宽度的两列字段名之间,当鼠标指针变成双向箭头时,按住鼠标左键不放,并左、右拖动鼠标,当调整到用户所需宽度时,松开鼠标左键即可。

使用命令调整:以数据表视图打开所需表,先选择要改变宽度的字段两列,右键单击该字段列名,从弹出的快捷菜单中选择"字段宽度"命令,在弹出的"列宽"对话框中输入所需的列宽值即可,如图 9-34 所示。

图 9-34 设置列宽

3)设置网格线样式

Access 2010 中网格线通常出现在字段(列)之间和记录(行)之间。在数据表视图窗口,为数据表设置网格线,可使数据表看上去更为美观。

在数据表视图中,一般都在水平和垂直方向上显示网格线,并且网格线、背景色和替换背景均采用系统默认的颜色。如果需要,用户可以改变单元格的显示效果,可以选择网格线的显示方式和颜色,可以改变表格的背景颜色。

【例9-5】 将"学生信息"表的网格线颜色设置为"红色",边框和线条样式设置为"双实线",操作步骤如下:

①启动Access 2010打开"学生"数据库,以数据表视图方式打开"学生信息"表。

②打开"开始"选项卡,单击"文本格式"组中的"网格线"命令按钮⊞▼,从弹出的下拉列表中选择不同的网格线样式,如图9-35所示。

③单击"文本格式"组右下角的"设置数据表格式"按钮,弹出"设置数据表格式"对话框,如图9-36所示。

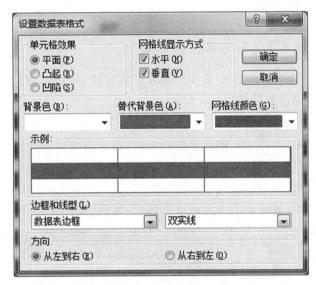

图9-35 网格线样式列表　　　　图9-36 "设置数据表格式"对话框

④在"设置数据表格式"对话框中,可以根据实际需要选择所需选项。比如:可取消选中"网格线显示方式"栏中的"水平"复选框来去掉水平方向的网格线;可单击"背景色"下拉列表框中的下拉箭头按钮▼,并从弹出的下拉列表中设置背景色;可单击"网格线颜色"下拉列表框中的下拉箭头按钮▼,并从弹出的下拉列表中设置网格线的颜色。

⑤当设置完数据表格式后,单击"确定"按钮完成设置。

4) 设置立体效果

Access 2010可为数据表设置立体效果,以增强表格显示的立体感。

【例9-6】 将"学生信息"表的单元格效果设置为"凸起"效果,操作步骤如下:

①启动Access 2010打开"学生"数据库,以数据表视图方式打开"学生"表。

②单击"文本格式"组右下角的"设置数据表格式"按钮,弹出"设置数据表格式"对话框。

③在"单元格效果"选项栏中选择"凸起"单选按钮。当选中了"凸起"或"凹陷"单选按钮后,就不能再对"网格线显示方式""边框和线型"等选项进行设置了。

④单击"确定"按钮完成设置。

5) 设置字体显示

在Access 2010数据表视图方式中,包括字段名在内的所有数据所用字体,其默认值均为宋体5号,如果需要,可以对其进行更改,而且该更改将会影响到整个数据表。

设置字体的操作方法:以数据表视图方式打开一个数据表,打开"开始"选项卡,利用图9-37所示的"文本格式"组中的各个相关命令按钮,进一步进行字体、字型、字号及特殊效果等设置。

宋体 (主体)
11
B I U
文本格式

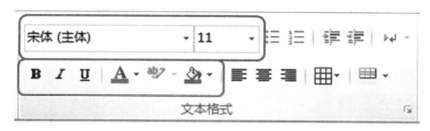

图 9-37　设置字体

9.3.5　表中数据的编辑

Access 2010 中数据以记录形式存储，用户可通过输入、修改、添加、复制、删除、定位操作对记录进行编辑。

1. 数据的输入

Access 2010 创建数据表之后，可通过数据表视图输入数据，具体操作步骤如下：

(1)启动 Access 2010 打开“学生”数据库。

(2)在“表”区域中双击“学生信息”表，在工作区表中显示表的数据信息。

(3)鼠标单击单元格输入数据，如图 9-38 所示。

所有 Access 对象
搜索...
表
班级
课程
学生联系信息
学生信息
学号　姓名　班级编号　年龄　电话　性别
2018-01　赵昊　SE-1801　18　189-5633456　男
2018-02　刘琳　SE-1801　20　177-8689423　女
2018-03　孙朝辉　SE-1801　18　186-7942354　男
2018-04　孙艳　SE-1802　21　135-7896413　女
2018-05　周伟　SE-1802　19　159-7456135　男
2018-06　吴恒　SE-1802　20　18787566894　男

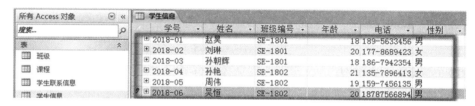

图 9-38　输入数据

2. 数据的修改

在数据表视图中，用鼠标单击数据单元格，当单元格变成白底黄框时输入数据，输入数据后可通过以下三种方式移动光标，具体操作步骤如下：

(1)按回车键移动光标到下一个字段。

(2)按“→”，光标向后移动一个字段；按“←”，光标向前移动一个字段。

(3)按 Tab 键，光标向后移动一个字段；按 Shift＋Tab 键，光标向前移动一个字段。

选中单元格后按 F2 键，单元格中的值会变成黑底白字，然后通过键盘输入值，如图 9-39 所示。

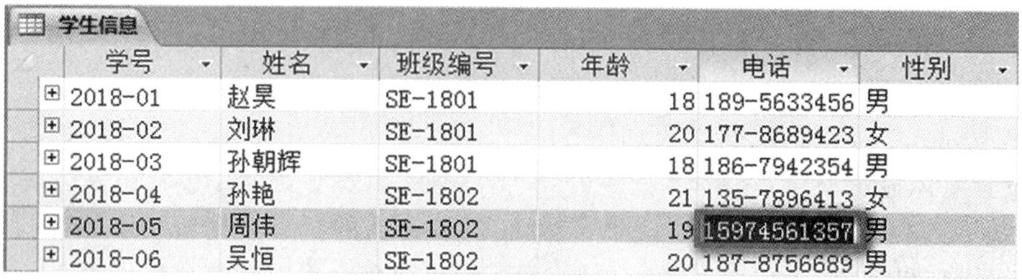

学生信息
学号　姓名　班级编号　年龄　电话　性别
2018-01　赵昊　SE-1801　18　189-5633456　男
2018-02　刘琳　SE-1801　20　177-8689423　女
2018-03　孙朝辉　SE-1801　18　186-7942354　男
2018-04　孙艳　SE-1802　21　135-7896413　女
2018-05　周伟　SE-1802　19　15974561357　男
2018-06　吴恒　SE-1802　20　187-8756689　男

图 9-39　修改数据

3. 记录的添加

Access 2010 进入数据表视图后，可在数据表的最后一行添加记录，具体操作如下：

(1) 启动 Access 2010 打开"学生"数据库，双击"学生信息"表显示数据表视图。

(2) 将光标置于当前数据表的任意位置，打开"开始"选项卡，单击"记录"组里的"新建"命令按钮 ，系统便自动切换到数据表的最后一行等待数据的输入，如图 9-40 所示。

图 9-40　单击"新建"按钮

(3) 在任意行的行选择器处单击鼠标右键，在弹出的快捷菜单中选择"新记录"命令 ，如图 9-41 所示。

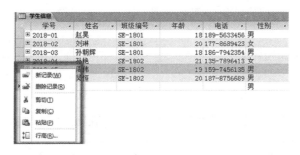

图 9-41　选择"新记录"命令

(4) 鼠标直接在数据表的最后一行的单元格中单击，直接进行数据输入。

4. 数据的复制

Access 2010 可以通过复制记录，快速地在数据表底部添加新记录，具体操作如下：

(1) 启动 Access 2010 打开"学生"数据库，双击"学生信息"表显示数据表视图。

(2) 单击工作区左侧的行选择器，选中需要复制的数据记录行。

(3) 打开"开始"选项卡，单击"剪贴板"组中的"复制"命令按钮 ，或在选区内单击鼠标右键，在弹出的快捷菜单中选择"复制"命令。

(4) 单击"剪贴板"组中的"粘贴"命令按钮 下的下拉箭头按钮，打开图 9-42 所示的下拉菜单，最后根据实际需求选择合适的粘贴方式即可。

5. 数据的删除

Access 2010 可以在数据表视图窗口中对数据记录进行删除。记录删除有以下两种方式：

1) 删除单行数据记录

在数据表视图中单击选中要删除的数据记录行，然后选择"开始"选项卡中"记录"组里的"删除"命令按钮 ，或直接按键盘上的 Delete 键，或单击鼠标右键，在弹出的快捷菜单中选择"删除记录"命令,如图 9-43 所示,在弹出的删除确认对话框中单击"是"按钮。

图 9-42　单击"粘贴"命令下的下拉箭头按钮　　图 9-43　删除单行记录

2)删除多行数据记录

单击选中要删除的第一条数据记录行,然后按住鼠标拖动到要删除的最后一行记录,或将鼠标移动到要删除记录的末尾后按键盘上的 Shift 键单击选中要删除的多行记录,选择"开始"选项卡中"记录"组里的"删除"命令按钮✗,或直接按键盘上的 Delete 键,或单击鼠标右键,在弹出的快捷菜单中选择"删除记录"命令,在弹出的删除确认对话框中单击"是"按钮。

注:Access 2010 删除数据记录操作后不能进行撤销。

6. 记录的定位

Access 2010 在进行浏览、编辑等操作之前,需要先进行记录的定位,记录可通过以下三种方法进行定位:

①使用"记录定位器"定位。

②使用快捷键定位。

③使用"转至"命令按钮定位。

【例 9-7】　使用"记录定位器"将光标定位于"学生信息"表的第 3 条记录上。

具体操作步骤如下:

①启动 Access 2010 打开"学生"数据库,双击"学生信息"表显示数据表视图。

②在记录定位器中的记录编号框中输入要定位的记录号"3"。

③按 Enter 键,光标便定位于第 3 条记录上,如图 9-44 所示。

图 9-44　定位记录

另外,使用快捷键可以快速实现记录定位。快捷键及其相应的定位功能如表 9-6 所示。

表 9-6　快捷键及其定位功能

快 捷 键	定 位 功 能
Tab 或 → 或 Enter	移到下一个字段
End	移到当前记录中的最后一个字段
Shift＋Tab 或 ←	移到上一个字段
Home	移到当前记录中的第一个字段
↓	移到下一条记录的当前字段
Ctrl＋↓	移到最后一条记录中的当前字段
Ctrl＋End	移到最后一条记录中的最后一个字段
↑	移到上一条记录中的当前字段
Ctrl＋↑	移到第一条记录中的当前字段
Ctrl＋Home	移到第一条记录中的第一个字段
Page Down	下移一屏
Page Up	上移一屏
Ctrl＋Page Down	右移一屏
Ctrl＋Page Up	左移一屏

通过"转至"按钮定位记录的操作方法是:打开"开始"选项卡,单击"查找"组中的"转至"按钮,在弹出的下拉列表中包含了"首记录""上一条记录""下一条记录""尾记录"和"新建"等命令,用户根据实际情况执行相应的定位操作即可。

习题 9

1. 单项选择题

(1) Access 2010 是(　　)类型的软件。
　　A. 应用　　　　B. 游戏　　　　C. 文本　　　　D. 数据库　　D

(2) Access 2010 数据库对象中不包括(　　)。
　　A. 表　　　　　B. 查询　　　　C. 网络　　　　D. 窗体　　C

(3) Access 2010 的工作界面中不包括(　　)。
　　A. 命令窗口　　B. 标题栏　　　C. 选项卡　　　D. 功能区　　A

(4) database 的含义是(　　)。
　　A. 抽象　　　　B. 数据　　　　C. 网络　　　　D. 数据库　　D

(5) 数据库表中的一整行称作(　　)。
　　A. 特征　　　　B. 标题　　　　C. 记录　　　　D. 功能　　C

(6) Access 2010 数据表是一张( )。
    A. 字段　　　　B. 文本　　　　C. 二维表　　　　D. 数据

C

(7) Access 2010 数据表中一行称作( )。
    A. 数据　　　　B. 类型　　　　C. 二维表　　　　D. 记录

D

(8) Access 2010 数据表提供的数据类型中不包括( )。
    A. 实验　　　　B. 文本　　　　C. 数字　　　　D. 货币

A

(9) Access 2010 字段格式设置中@符号代表( )。
    A. 数字　　　　B. 字符或空格　　　　C. 所有字符为小写　　　　D. 货币

B

(10) Access 2010 中可通过( )键复制记录。
    A. Alt　　　　B. Shift　　　　C. Tab　　　　D. Ctrl

D

2. 名词解释题

(1) 数据。

(2) 数据库。

(3) 表结构。

3. 填空题

(1) Access 2010 数据库对象包括标题栏、_____、窗体、报表、宏和模块。

(2) Access 2010 是_____类型的数据库。

(3) Access 2010 数据表中一整列称作_____。

(4) Access 2010 数据库文件的扩展名是_____。

(5) Access 2010 数据表通过_____标识字段。

(6) Access 2010 数据表中对于大量重复的数值可以设置成_____。

4. 简答题

(1) Access 2010 是什么软件？

(2) Access 2010 的启动方式有哪些？

(3) Access 2010 的退出方式有哪些？

(4) Access 2010 创建空数据库的步骤是什么？

(5) Access 2010 打开数据库的方式有哪些？

(6) Access 2010 数据表有哪些创建方式？

附录 ASCII 码表

	000	001	010	011	100	101	110	111
0000	NUL	DLE	SP	0	@	P	`	p
0001	SOH	DC1	!	1	A	Q	a	q
0010	SIX	DC2	"	2	B	R	b	r
0011	ETX	DC3	#	3	C	S	c	s
0100	EOT	DC4	$	4	D	T	d	t
0101	ENQ	NAK	%	5	E	U	e	u
0110	ACK	SYN	&	6	F	V	f	v
0111	BEL	ETB	'	7	G	W	g	w
1000	RS	CAN	(	8	H	X	h	x
1001	HT	EM	)	9	I	Y	i	y
1010	LF	SUB	*	:	J	Z	j	z
1011	VT	ESC	+	;	K	[	k	{
1100	FF	FS	,	<	L	\	l	|
1101	CR	GS	-	=	M	]	m	}
1110	SO	RS	.	>	N	↑	n	~
1111	SI	VS	/	?	O	↓	o	DEL

其中：

ENQ——询问　　　　VT——纵表　　　　DCI——设控 1　　　ETB——组终
GS——勘隙　　　　NUL——空白　　　 ACK——应答　　　　FF——换页
DC2——设控 2　　　CAN——作废　　　 RS——录隙　　　　 SOH——序始
BEL——告警　　　　CR——回车　　　　DC3——设控 3　　　EM——载终
VS——元隙　　　　 STX——文始　　　 BS——退格　　　　 SO——移出
DC4——设控 4　　　SUB——取代　　　 SP——空格　　　　 ETX——文终
HT——横表　　　　 SI——移入　　　　NAK——否认　　　　ESC——扩展
DEL——删除　　　　EOT——送毕　　　 LF——换行　　　　 DLE——转义
SYN——同步　　　　FS——卷隙

参 考 文 献

[1] 何友鸣. 大学计算机基础[M]. 北京:人民邮电出版社,2010.
[2] 刘腾红,王少波,范爱萍. 大学计算机基础[M]. 3版. 北京:清华大学出版社,2013.
[3] 刘腾红,何友鸣,等. 大学计算机基础[M]. 北京:清华大学出版社,2007.
[4] 刘腾红,何友鸣,等. 计算机应用基础[M]. 北京:清华大学出版社,2009.
[5] 刘腾红,何友鸣. 计算机程序设计基础[M]. 北京:清华大学出版社,2007.
[6] 何友鸣. 汇编语言程序设计[M]. 武汉:武汉大学出版社,2006.
[7] 何友鸣,方辉云. 计算机组成与结构[M]. 北京:清华大学出版社,2007.
[8] 陈臣,何友鸣,等. 现代信息技术[M]. 成都:电子科技大学出版社,2007.
[9] 科教工作室. Word/Excel/PowerPoint 2010 应用三合一[M]. 北京:清华大学出版社,2011.
[10] 卞诚君. 完全掌握Office 2010高效办公超级手册[M]. 北京:机械工业出版社,2012.
[11] 谢希仁. 计算机网络[M]. 5版. 北京:电子工业出版社,2008.
[12] 刘腾红,阮新新. 多媒体技术及应用[M]. 北京:中国铁道出版社,2009.
[13] 王永辉. 会声会影X3从入门到精通[M]. 北京:人民邮电出版社,2011.